U0324112

复杂介质中
球面波传播规律和正反演方法
及其在矿震定位中的应用

王　帅◎著

中国矿业大学出版社

·徐州·

内 容 提 要

本书开展了复杂介质中球面波传播规律和正反演方法的理论研究,并将其应用于矿山灾害预测防治、矿山微震监测定位。在球面波传播规律方面,研究了矿震波经煤矿采空区的传播规律,开展了采空区围岩在矿震影响下的动力响应模型试验,研究结果可以作为矿震波经煤矿采空区后地表沉陷加剧、采空区中夹岩柱产生水平加速度、地表建筑物破坏加剧等问题的试验依据。在球面波正反演方面,开展了多层水平或倾斜介质中的矿震定位研究,基于惠更斯原理推导折射定律的过程提出了等时线概念,推导了震源深度与水平坐标分离的走时方程,选取规则的"观测系统"降低维数和指数阶数并进行合理修正,提出了确定二层水平介质中震源深度的解析计算方法——几何平均法;对二层水平介质中发震时刻进行了反演,根据震波路径可逆性,假设台站发出震波并对球面波波前面进行了正演模拟,得到了包含震源位置参数的非线性方程组,从而提出了确定二层水平介质中震源时空坐标的正反演联用法;将发震时刻作为未知数引入多层介质中球面波前面的正演非线性方程组,基于4个监测台站到时时差,提出了多层介质中基于任意观测系统的波前正演法,该方法实现了多层水平或倾斜介质中的震源定位。

本书可供岩土地震工程、矿山微震实时动态监测及定位、采矿地球物理学等领域的科研人员和相关专业的高校师生参考阅读。

图书在版编目(C I P)数据

复杂介质中球面波传播规律和正反演方法及其在矿震

定位中的应用 / 王帅著.—徐州:中国矿业大学出版

社,2023.6

ISBN 978 - 7 - 5646 - 5339 - 2

Ⅰ.①复… Ⅱ.①王… Ⅲ.①球面波－应用－矿井－

地震监测－定位法 Ⅳ.①TD214

中国版本图书馆 CIP 数据核字(2022)第 057755 号

书　　名	复杂介质中球面波传播规律和正反演方法及其在矿震定位中的应用
著　　者	王　帅
责任编辑	满建康
出版发行	中国矿业大学出版社有限责任公司
	(江苏省徐州市解放南路　邮编 221008)
营销热线	(0516)83885370　83884103
出版服务	(0516)83995789　83884920
网　　址	http://www.cumtp.com　E-mail:cumtpvip@cumtp.com
印　　刷	徐州中矿大印发科技有限公司
开　　本	787 mm×1092 mm　1/16　**印张** 16　**字数** 313 千字
版次印次	2023 年 6 月第 1 版　2023 年 6 月第 1 次印刷
定　　价	62.00 元

前　言

　　本书以复杂介质中的球面波为研究对象,复杂介质是指含采空区的岩土介质,以及考虑岩土层节理面的岩土体介质;球面波是指波阵面为同心球面的弹性动力学波,即点源球面波。球面波是一种弹性动力学模型,在工程中有广泛的应用,包括单点爆破、冲击地压和矿山微震建模及机理解释等。我国煤矿开采已逐渐进入深部开采阶段,而采空区和多层岩土体节理面的存在,使得爆破动荷载、冲击动荷载、矿震动荷载的传播规律和对地上结构的影响更加复杂和难以预测。因此,研究复杂介质中球面波传播规律和正反演方法,并将其应用于矿震震源机理研究、采空区岩土体在矿震影响下的动力响应规律研究、矿山微震实时动态监测定位研究等方面,具有重要理论意义和工程价值。

　　本书通过推导连续、均匀、各向同性介质中的点源球面纵波模型和二维点源圆形横波模型,建立了冲击地压的动力学模型;通过模型试验研究,得到了矿震波在含采空区介质中的传播规律;通过推导点源球面波在多层水平或倾斜介质中的正反演公式,采用震源参数反演与多层介质中球面波波前正演互相结合的方法,提出了专门针对多层介质的矿震定位方法——几何平均法、正反演联用法、波前正演法,并进行了误差分析和数值稳定性分析。具体研究内容和结论如下:

　　(1) 为了得到球面波在连续、均匀、各向同性介质中的传播规律,利用二维点源横波与点源球面纵波微分方程的达朗贝尔解,将中心对称点源位移场表示为位移通量源与位移漩涡源的叠加,得出了任意中心对称点源位移场的解析表示和产生机理。

　　(2) 开展了矿震波经煤矿采空区的传播规律试验。当采空区围岩发生矿震时,地表沉陷和地表建筑物的破坏机制和影响因素等更加复杂,该试验建立了矿震波经煤矿采空区后地表沉陷机理和地表建筑物破坏机理的试验模型。

（3）采用理论推导、模型试验和数值计算方法，研究了均匀介质中和煤矿采空区中点源球面波的传播规律。研究结果可以作为矿震波经煤矿采空区后，地表沉陷加剧、采空区中夹岩柱产生水平加速度、地表建筑物破坏加剧等问题的试验依据。

（4）开展了二层混凝土介质中震波传播特性对定位算法的影响试验。为了研究应力波在多层介质中的传播特性是否会对定位算法产生影响，设计了二层混凝土介质的敲击试验，基于试验结论，证明了基于纵波"初至时刻"的定位方法的合理性和有效性。

（5）基于惠更斯原理推导折射定律的过程提出了等时线概念，推导了震源深度与水平坐标分离的走时方程，选取规则的"观测系统"，降低维数和指数阶数，并合理修正，提出了确定二层水平介质中震源深度的解析计算方法——几何平均法。

（6）对二层水平介质中发震时刻进行反演，根据震波路径可逆性，假设台站发出震波并对球面波波前面进行正演模拟，得到了包含震源位置参数的非线性方程组，从而提出了确定二层水平介质中震源时空坐标的方法——正反演联用法。

（7）将发震时刻作为未知数引入多层介质中球面波波前面的正演非线性方程组，基于 4 个监测台站到时时差，提出了多层介质中基于任意观测系统的震源定位方法——波前正演法，该方法实现了多层水平或倾斜介质中的震源定位。

（8）对"几何平均法""正反演联用法""波前正演法"三种矿震震源定位算法进行了定位误差分析。误差分析结果表明，三种方法有效解决了二层、多层水平或倾斜介质中的矿震震源定位问题。针对"波前正演法"进行了数值稳定性分析，评估了已知定位参数的偏差引起的定位结果误差的误差敏感度和算法的病态程度，评估结果表明，"波前正演法"是良态的，具有高度的数值稳定性。

本书得到了辽宁省教育厅青年育苗项目（LJ2020QNL010）"走时与射线路径无关波速场构建及震源定位方法研究"的资助，在此表示感谢。

感谢辽宁工程技术大学张向东教授、贾宝新教授、孙琦教授、张彬教授、郭嗣琮教授、李永靖教授、金佳旭教授，他们为本书的撰写提出了很多宝贵的意见。尤其感谢我的导师张向东教授，老师认真严谨地对本书的初稿进行了审读和指正。

由于作者水平所限，书中难免存在错误和疏漏之处，恳请各位专家和读者批评和指正。

作　者

2023 年 6 月

目　录

目　录

1　绪　论

岩石力学从广义的角度可分为岩石静力学和岩石动力学,它们虽然都是以固体力学为基础的,严格地说是以弹塑性、黏弹塑性力学为其理论基础的,但它们之间存在荷载形式不同这一主要差别。如图 1-1 所示,时间相关性的现象涵盖了整个应变率范围,准静态和动态的界线区别是不确定的[1]。虽然岩石动力学领域通常认为应变率超过 1×10^{-3} s^{-1} 将会产生震动,而实验室测试的准静态应变率是没有实际意义的。常规的岩石力学应变率在 $1 \times 10^{-5} \sim 1 \times 10^{-1}$ s^{-1} 之间的荷载范围,如常规的刚性伺服试验机荷载;当应变率小于 1×10^{-5} s^{-1} 时,属于岩石流变学研究范畴;当应变率大于 1×10^{5} s^{-1} 时,岩体处于热流体状,属爆炸流体力学范畴。因此,只有当应变率在 $1 \times 10^{-1} \sim 1 \times 10^{4}$ s^{-1} 之间的荷载范围,才属于岩石动力学研究范畴,如动载机、霍布金逊压杆、常规爆炸荷载等[2]。

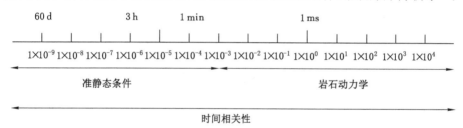

图 1-1　与应变率相关的岩样破坏时间

在岩石动力学研究范畴,岩石承受的荷载典型的是冲击荷载,因而必须考虑惯性效应,即波效应。岩石动力学也是以应力波为理论基础的,但由于受载岩石结构构造的非均质、各向异性以及岩石的多节理孔隙性,作为理论基础的应力波也需针对岩石做一些特定的限定与发展。因此,应力波在岩体(石)中的传播与衰减、应力波与节理孔隙的相互作用、应力波通过多层介质结构面折反透射关系,均是岩石动力学的研究重点[2]。

岩体中爆炸产生的应力波向四周传播时,除了随着几何扩散而引起衰减外,又受到岩体的不均匀作用,导致其能量大大衰减。而岩体的不均匀性受到地质条件的影响,且岩性的随机性很大,所以岩体中应力波的传播和衰减是一个十分复杂的问题[2]。

关于波的反问题,一类是介质反问题,另一类是波源反问题,如岩体物理力学特性参数的探测就是介质反问题,而确定波源性质的如震源机制则属于波源反问题。地下岩体三维速度结构的层析成像,为介质反问题;基于三维速度结构的震源定位,为波源反问题。

在单一介质中考虑几何衰减的球面波见图 1-2。

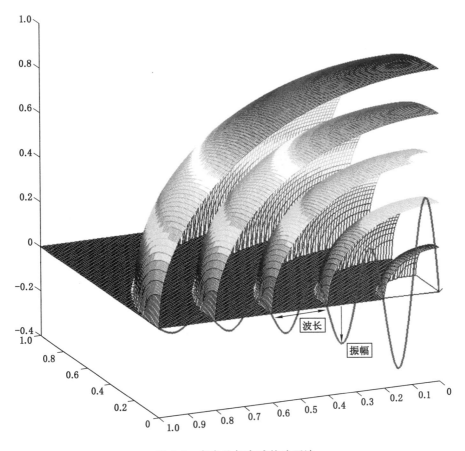

图 1-2　考虑几何衰减的球面波

1.1　问题的提出

在弹性动力学中,点源球面波模型是一种广泛应用的动力学模型。点源球面波模型中,波源是介质中心的某一质点,在连续均匀各向同性介质中,由该点波源激发的波,以波源为中心,向波源四周呈放射状传播,且同一时刻的波阵面是正球或正圆。

在实际应用中,波源所在范围的大小一般并不是理想化的质点,但如果球面波传播的距离很远,相对于球面波波阵面扫略过的范围,波源所在范围很小,则波源就可以近似看作一点。工程中最重要的波源应用实例就是单点爆破、地震和矿山微震等。

对于单点爆破,在爆炸冲击波作用下,围岩中的应力波以爆源为中心向四周呈放射状传播,爆炸空腔内的爆生气体介质不会产生扭转围岩壁的作用,因此应力波只沿径向传播,径向介质受拉压应力为主,而波的传播方向与质点的振动方向相同,因此是纵波。爆源周围的围岩受拉压力,拉压力也可称为胀缩力,受胀缩力作用的质点,只有散度,没有旋度,因此位移场是无旋场。因此,单点爆破的力学模型是典型的点源球面纵波模型。

地下核爆炸也是典型的点爆炸,地下集中装药爆炸时,在研究较远距离以外的力学效应时,也常近似地按点爆炸模型来处理。

地震的震源机理则较为复杂,地震会产生面波和体波,体波又包括纵波和横波。

从理论上讲,即使某一震源的机制类似于爆源,实际上横向波动也经常会在远处被监测到,但这并不一定是波源特性的体现。事实上,在爆炸源区内(弹性边界以内的区域)和波的传播路径上,只要波遇到结构(介质出现局部不连续或局部力学性质发生变化),除可能因位错而产生横波外,还可能次生新的非点源纵向扰动(纵波),其非对称扰动的叠加有可能造成质点的横向波动,故在学术界和工程实际中,爆(震)源机理是研究的热点问题,广受关注。

在震源机理研究中,假如只考虑震源的效应,将传播介质视为连续均匀各向同性介质,考察在理想条件下,不同波源机制叠加,产生纵波和横波叠加的耦合位移场。

在连续均匀各向同性介质中,横波的产生不是因介质的非均匀性和各向异性,而是震源发生机制的类型不同导致的。例如,压缩、断裂等震源发生机制,产生的波动以纵波为主,而剪切错动等震源发生机制,产生的波动则会带有横波。

因此,根据震源发生机制的不同,将其简化为对应的动力学模型,将不同机制的动力学模型叠加,以此统一解释均匀介质中的震源机理。

研究中将介质理想化为连续均匀各向同性物质,且以体波作为重点解释对象。

有时由于围岩力学性质的各向异性和非均匀性,可能产生非径向的横向运动。因此,研究复杂介质中球面波的传播规律时,将连续均匀各向同性介质中的球面波引入复杂介质中,这不仅是一个自然的研究思考过程,而且有重要的工程意义。

我国煤矿开采已逐渐进入深部开采阶段,且煤炭"三下"(水体下、建筑物下、铁路下)开采的情况日趋普遍。采空区的存在,使得矿山微震对地上结构的影响更加严重,考察矿震波经过煤矿采空区后的传播规律,引起地表沉陷和地表建筑物损坏的机制,亟待进一步研究。

震源定位是地震学中的经典问题,定位算法由最初的几何作图法,发展到现在的数值计算方法。随着地下结构三维层析成像技术的高速发展,基于全球地下三维速度结构的震源定位方法成为研究的热点,被广泛关注。

现有经典数值定位方法的共有思想是,构建误差与震源参数的函数表达式,震源的准确位置参数将使误差函数达到极小值。这是一种以误差为导向的定位思路,研究人员试图将其进一步改进,以更好地利用地下三维速度结构方面的研究成果。

如果提出一种以三维速度结构模型为导向的震源定位方案,即针对实际的三维速度结构模型,设计与之匹配的震源定位方法。所选的三维速度模型由简单到复杂,逐渐接近真实的三维速度结构的复杂程度。这不失为一种更充分利用三维速度结构进行震源定位的高效方法。

各向异性介质中最简单的一种就是横观各向同性介质,且国内外学者广泛认为,横观各向同性介质可以代表广泛的地基[3-4]。各向异性弹性力学理论中的横观各向同性介质[5]与本书研究的多层介质联系紧密,又有所区别。

如果物体内每一点都存在一个平面,与该平面对称的两个方向,具有相同的弹性,则该平面称为物体的弹性对称面。而垂直于弹性对称面的方向,称为弹性主方向或材料主方向[5]。

如果物体内每一点都存在一条直线,经过该直线的所有平面都是该物体的弹性对称面,与该直线正交的所有方向都是弹性主方向或材料主方向,则这条直线叫作该物体的弹性对称轴,该物体称为横观各向同性体[5]。

对于横观各向同性体,其内的每一点都有一个弹性对称轴,也就是说每一点都有一个各向同性面,在这个垂直于弹性对称轴的各向同性面上,所有方向的弹性都是相同的[5]。

理论意义上的横观各向同性体,其各向同性面的厚度可以是微量,也可以是有限量。本书研究的震源定位所处的介质是多层水平或倾斜介质,每一层都是各向同性体,每一层的层厚都是有限量,不能是微量。除此之外,本书中的多层水平或倾斜介质中其他概念一律与横观各向同性介质等价,即多层水平介质是一种特殊的水平横观各向同性体。同理,多层倾斜介质是一种特殊的倾斜横观各向同性体。另外,在本书的研究中,无论多层介质是水平分布的还是倾斜分布的,不同层间的介质分界面彼此平行。

研究横观各向同性介质中的专门定位方法,是充分利用全球三维速度结构进行震源定位的第一步。本书拟提出的几种成层介质中的震源定位方法,均基于监测台站的纵波到时,因此,有必要考察多层介质中纵波的震相识别和到时拾取是否能满足定位算法的要求。

1.2　研究现状

1.2.1　矿震波传播机理研究进展

国内外学者根据冲击地压发生的位置、机理等对冲击地压进行了分类。

赵本钧[6]将龙凤矿矿震分为煤爆、浅部矿震和深部矿震3种类型。经常发生的是煤爆,压力不大,有片帮和煤块抛射现象。浅部矿震和深部矿震属于较强烈矿震,深部矿震虽然威力巨大,但因发生在深处,破坏性不大。危害大的是浅部矿震,它多数是突然发生,并伴有冲击波,造成严重片帮、冒顶和底鼓,会摧毁支架、堵塞巷道和颠翻设备。

张少泉等[7]将矿震分为冒落型、冲击型、断层型和错动型。

潘一山等[8]根据矿震发生时岩体的失稳机理,将矿震分为3种:

① 煤体压缩型矿震。煤体压缩型矿震是由煤体压缩失稳而产生的,多发生在厚煤层开采的采煤工作面和回采巷道中。震级一般不超过2级,但矿震发生后,突出的煤量较多,易造成设备的破坏和人员的伤亡。

② 顶板断裂型矿震。顶板断裂型矿震是由顶板岩石拉伸失稳而产生的,多发生在工作面顶板坚硬、致密、完整且厚,煤层开采后形成采空区而大面积空顶的岩体中。顶板断裂型矿震涉及范围广,释放能量大,发生强度高,一般震级在2~3级之间。

③ 断层错动型矿震。断层错动型矿震是由断层围岩体剪切失稳而产生的,多发生在采掘活动接近断层时,受采矿活动影响而导致断层突然破裂错动,发生深度一般为800~1 000 m,震级为3~4级。

对于冲击地压其他方面的研究,国内外学者已开展了大量工作[9-11]。潘一山等[8]提出,应将我国冲击地压分布、类型、机理和防治作为一个有机整体进行研究。本书按此思路,建立各类型冲击地压的弹性动力学模型,并用该模型概括连续、均匀、各向同性介质中冲击地压的发生机理,使研究只考虑震源效应而不考虑介质对震波传播的影响,以更好地对冲击地压分类。

1.2.2 矿震波经煤矿采空区后传播规律的研究进展

国内学者对矿震的动力破坏效应展开了大量研究。杨凯等[12]通过现场监测分析了矿山微震对地面环境的影响;余永强等[13]通过研究矿山微震的监测数据,系统分析了矿震引起的动荷载对建筑物造成危害的原因;邵良杉等[14]通过建立矿山微震影响下建筑破坏的鱼骨图-支持向量机预测模型,重点研究了矿山微震的不同参数与建筑破坏程度间的关系;姜德义等[15]采用事故树法定性分析了矿震引起的动荷载影响区域,并分别从矿震波的峰值频率及震动传播速度方面,评估了建筑物的安全性。

目前,关于矿震引起的动荷载对地面建筑物破坏的研究,多集中在微震引起的动荷载的预报方法及微震的动力响应分析方面[16-44],对矿震与采空区同时存在时,地表沉陷和地表建筑物的破坏机制和影响因素等相关研究,罕有报道。另外,相关结论缺乏理论和试验支持,尤其是参变量容易控制的室内等效模型试验,目前尚未见到相关报道。

1.2.3 震源定位方法研究进展

地震定位是地震学中最经典、最基本的问题之一,对于研究诸如地震预报、工程地震、地壳应力场分析、地震活动构造、地球内部结构、震源的几何构造等此类地震学中的基本问题有重要意义。此外,基于快速准确地对地震定位的地震速报,对于震后的减灾、救灾工作及震后地震趋势预测等也是至关重要的。另外,近几年发展起来的地震预警技术也需要发展高速准确的地震定位新方法。因此,相关学者一直在不断改进或提出新的定位方法[45]。

地震定位问题的提法如下:根据台站拾取到的地震波的波形参数和初至时刻等观测资料,来确定震源的空间坐标和发震时刻,有时还同时确定出传播介质的速度结构,并给出对解的评价[45]。

研究地震定位方法和提高地震定位精度,一直是地震科学中的一个重要课题,相关学者在不断改进或提出新的定位方法,期望得到更高的地震定位精度。影响地震定位精度的因素很多,朱元清等[46]对地震定位精度的可能误差进行了较详细的分析,认为影响地震定位精度的主要因素有台网布局、震相识别、到时读数、地壳结构以及定位算法等。

地震定位根据实际应用情况大致分为两大类,即用于科学研究的精细定位和用于实时地震观测的快速定位。通过精细定位方法可以得到高质量的地震定位结果,对研究地震学、地球内部物理学以及工程地震学等都有重要意义;而台网实时快速定位方法的研究,可提高地震速报的速度和速报数据的准确度,对于地震应急、震后减灾和救灾工作以及震后地震趋势预测等至关重要。随着地震预警思想的提出,对地震定位提出了更高要求,特别是台网或单台实时地震定位的速度和准确度。未来,在实时观测中提高震相拾取的精度和准确度,是快速自动定位的基础,为此需要发展高质量的震相识别技术。应用三维地壳结构模型的地震定位研究以及其他快速、高精度、高质量的地震定位方法研究是未来提高地震定位精度的发展趋势[47]。

1.2.3.1 定位方法

从数学上讲,地震定位问题的实质是求目标函数的极小值。各种定位方法产生于对目标函数的构造、处理以及求极小值方法的不同。在数值计算中,常遇到下列问题:走时的计算,偏导数的计算,方程的反演求解等。由于台网分布在地表,给深度定位带来一定的困难。各种定位方法正是针对其中的某几个问题而设,侧重点不同,各有优缺点,应用领域也有所区别[48]。

早期地震定位方法主要是几何作图法,它的历史可以追溯到地震仪问世的时期,并已形成多种经典的方法[49]。近几十年来,由于计算机技术的飞速发展和广泛应用,基于科学计算和计算机技术的智能化数值自动定位方法也得到了迅速发展,并已成为当前地震定位的主流方法。我国最初的地震定位工作由李善邦先生于 1930 年在北京鹫峰地震台开创,1953 年开始采用多台站大规模观测数据确定震中,现在大多使用国际流行的定位方法。在目前广泛使用的计算机定位方法中,以格革(Geiger)法最为基础和经典[50],它是计算定位的起源,于1912 年由德国物理学家 Geiger 提出。大部分定位方法均是在 Geiger 法的基础上建立的,如绝对定位法中的联合定位法,相对定位法中的主事件定位法、双重残差法等。Geiger 法及其衍生算法,都是基于时间域的定位方法,除此之外,还有一类基于空间域的定位方法,如台偶时差法。

(1)绝对定位法

① 单事件定位法

现行的线性定位方法大多源于 Geiger 法,它的本质是建立观测走时和计算走时的残差与待定震源参数的非线性表达式,并将非线性问题线性化,利用最小二乘原理或加权最小二乘原理建立线性方程组,并代入与真值解接近的试探解,利用数值计算方法反复迭代求解。

直到 20 世纪 70 年代,随着计算机的迅速兴起,Geiger 的思想才被广泛用于地震定位工作。Lee 等[51]连续给出了 HYPO71,HYPO78—81 系列程序,现已形成 HYPOELLIPSE 定位程序[52],至今仍被普遍使用,我国的赵仲和参与了80、81 版本程序的研制。姜燕 1986 年编写了 BLOC86,经过多次修改补充而形成 NC91 地震定位和震级计算程序。美国国家地震情报中心的 EDR 报告、中国地震局地球物理研究所出版的《中国地震台临时报告》和《中国地震年报》等报告还有各省的地震编目工作仍然采用这种方法。

Klein[53]提出了 HYPOIN-VERSE 算法,Lienert 等[54]在此基础上进一步得到 HYPOCENTER 算法,Nelson 等[55]改进了 HYPOIN-VERSE 算法,提出了三维速度模型下的 QUAKE3D 方法。在国内,经典方法也得到了广泛应用。赵仲和[56]将 HYPO81 用于北京台网,吴明熙等[57]、赵卫明等[58]分别将经典方法用于禄劝地震和灵武地震序列的定位。

Geiger 法对初始值的依赖性较大,有时会使得定位发散或得不到定位结果。在实际地震观测中,如果台站较好的包围震中,则可以得到较精确的定位结果;如果台站分布不合理,地震偏在台网的一侧等,则使得方程是一个病态方程,由最小二乘法求解会不稳定,得不到正确的震源位置或导致解发散。针对求解基于 Geiger 法的线性方程组所遇到的各种问题,许多学者提出了各种改进方法。a. 由最小二乘原理得到的线性方程组的反演有多种方法。例如当线性方程组的系数矩阵奇异或接近奇异时,会引起迭代过程的失稳和发散,此时可以采用奇异值分解法求得估计解,同时还可得到解的分辨率与误差估计。当矩阵较大时,可以采用共轭梯度法求解。b. 为了提高数值计算的稳定性,通常采用中心化、定标化、阻尼最小二乘法等方法[54]。c. 使用最小二乘法(L2 准则)的前提是到时残差遵循高斯分布,但这一点常常得不到满足,此时采用残差和法(L1 准则,直接用残差之和而不是残差的平方和)建立与待求震源参数的函数关系,可降低较大的到时残差的影响[59]。

② 多事件定位法

多事件定位法联合定出多个震源以及其他参数(如台站校正或速度模型),旨在解决用简单的速度模型代替复杂的地壳结构所引起的误差,同时也提高了定位效率。

a. 震源位置与台站校正的联合反演

设有 m 个事件(震源),n 个台站。对每个台站,引入"台站校正",以弥补由速度模型简化引起的误差,对于所有事件和台站,利用相应算法,即可联合反演出 m 个事件的震源位置及 n 个台站校正。

1967 年,Douglas[60]最先提出以上理论即 JED 法,后来 Dewey[61]将其扩展成包括震源深度定位的 JHD 方法。为解决由于 m、n 过大而导致矩阵过大的问题,1983 年 Pavlis 和 Booker[62]提出了参数分离的 PMLE 方法,并进一步被 Pujol[63-64]简化。我国王椿镛等[65]根据昆明台网区域地震初至纵波走时资料,用 JHD 和参数分离法,得到各台站纵波走时的校正数据,使定位精度有较大提高。

b. 震源位置与速度结构的联合反演

1976 年,Crosson[66]首次提出震源位置与速度结构的联合反演(SSH)理论。

由于 SSH 方法不需要对波速进行校准,同时还可以获得有关速度结构的很多信息,是目前被广泛使用的一种定位方法。与 JED 方法相比,该方法未引入台站校正,而是将速度结构作为未知参数与震源同时反演,由此消除了人为构造的速度模型引起的误差。

在一维速度结构与震源联合反演的理论基础上,Aki 等[67-68]将地球内部横向非均匀速度结构网格化,于 1977 年提出了三维速度结构与震源联合反演的理论。但是用单一方程组联合反演,需要巨大的运算量,Pavlis 和 Booker[69],Spencer 和 Gubbins[70]用参数分离法进行改进,对耦合的速度参数和震源参数分别求解,大大提高了运算效率。在国内,赵仲和[71]于 1983 年建立了一个新的地震波速度模型,以适应北京地区台网的稀疏分布,并将 SSH 方法用于该模型,提高了北京台网的测定能力。刘福田[72]引入正交投影算子实现参数分离,并提出了利用矩阵的块结构采取顺序正交三角化的方法,减少了运算量。李强等[73]对 SSH 进一步改进,应用最新的三维速度结构研究结果,并考虑方程组的平衡问题以改善震源深度、发震时刻的测定精度。孙若昧等[74]利用阻尼最小二乘法联合测定震源位置和介质速度参数。另外,郭贵安等[75]、赵燕来等[76]、朱元清等[77]分别将 SSH 方法用于震源的精确测定工作中。

但是,多事件定位的几种方法中存在问题,JHD 方法中引入的台站校正过于简单,不足以反映地壳的复杂结构,而 SSH 方法中的三维速度模型会带来巨大的运算量。为此,可以同时借鉴两者的思想,即选取较少的事件,用 SSH 方法进行绝对定位,可以减少运算量。

(2) 相对定位法

相对定位法是一种能有效减小因对地壳结构了解不够精细而引起的误差的定位方法,即 2 个事件至同一台站的走时差只由 2 个事件的相对位置以及它们之间小范围内的波速所决定,与事件到台站全部路程上的波速无关。它曾用于研究与水库断层有关的浅源地震活动,也曾用于研究中东地震的深度,国内马秀芳最早使用相对定位法,周仕勇等[78]引入参考台站对该方法做了改进。为避免主地震误差传递到待定地震中,一些学者采用多重相对定位法或运用波形互相关技术对走时差读数进行校正,并将这一方法称为改进的主事件定位法。Waldhauser[79]把这一方法进行改进并应用于加州北海沃德断层上,将其称为双重残差定位法。后来有学者在双重残差定位法和标准层析成像技术的基础上,发展了 DDA 层析成像定位法,在实际应用中得到的结果优于双重残差定位法。杨智娴等[80]利用双重残差定位法做了大量工作,并得到了很好的重定位结果;还利用主事件定位法对 1998 年张北-尚义地震序列进行了重新定位。

① 主事件定位法(ATD)

相对定位法由 JED 发展而来,是一个经典的、被广泛采用的方法。Spence[81]给出了该理论的详细阐述。其基本原理是选定一震源位置较为精确的主事件,计算发生在其周围的一群事件相对于它的位置,进而计算这群事件的震源位置。

相对定位法通过引入到时差,计算"相对位置"而消除了速度模型引起的误差,有着独特的优点。由于主事件、待定事件相距很近,所以不需要迭代;对主事件、待定事件均不需要计算到时残差。该方法所得相对位置与相对到时的误差比经典方法小 30%,但绝对位置与绝对到时依赖于主事件。

周仕勇等[78]对该方法做了较大改进,即定位中避开发震时刻直接求解,在确定震源后,根据地震波的传播速度和距离计算监测到时,并且采用首波到时资料专门确定深度。

相对定位法所得的震源相对位置精度较高。对于主事件,可以利用改进后的经典方法进行单事件定位。二者结合则可得到较好的定位结果。

② 双重残差定位法(DDA)

2000 年,Waldhauser[79]提出了双重残差定位法,简称"双差法"。选定两个事件组成事件对,分别列出事件对中的每个事件与某个台站的计算到时和监测到时的残差,然后将事件对中每个事件的残差再作差,将此过程用于所有台站和事件对,反演得到震源的绝对位置,此即 DDA。

DDA 的突出优点在于它可以利用谱域中的互相关分析法读取事件的到时差,大大提高了到时数据的精确度。与相对定位法不同,这里的事件对的距离不受限制,很大程度上提高了该方法的适用性。若使用多种相位的到时差,定位效果更为显著。此外,算法的抗干扰性、健壮性也较强。目前来看,这是一种很好的定位方法。

在 DDA 中,当事件对相距较近时,可以将定位公式化简,反演得到事件对的相对距离,从而简化算法,节省计算量。

③ 相对定位法的适用条件

主事件法和双差法都是地震的相对定位方法,但它们的成立条件和应用范围是有区别的。主事件法定位结果依赖于主事件的位置;双差法不要求主事件,结果不依赖于初始的震源位置。主事件法只适用于较小空间范围的地震精确定位;双差法可用于大空间范围的地震精确定位。

(3) 空间域内的定位方法——台偶时差法

上述方法都是基于 Geiger 法的在时间域内的定位方法,基于对到时残差的处理,4 个震源参数彼此不完全独立,定位结果依赖于速度结构和台网分布。为了克服上述缺点,学者们提出了空间域内的定位方法,即用距离残值代替到时残差,方程只涉及震中位置、震源深度和发震时刻,并单独求解,避免了参数的相互折中,定位精度较高。Lomnitz[82]、Carza 等[83]使用该方法进行远震定位,震中误差为 8～20 km。

1957 年,Romney[84]提出了台偶时差近震定位法,利用到时相近、位置相邻的两个台站(即台偶)的到时差和表面平均视速度来建立距离残差方程,所得方程的条件数少,易于求解,并且定位结果对结构的依赖很小,但对震源深度和发震时刻的确定没有很好地解决。赵珠等[85]对此做了改进,利用到时曲线的斜率来确定震源深度,利用到时曲线在时间轴上的截距来确定发震时刻。丁志峰等[86]对京津唐地区采用台偶时差法测定了震中,对震源深度的确定使用了不同震相间的到时差。

(4)非线性定位方法

单事件与多事件定位法都是基于 Geiger 的线性方法,这类方法在很多情况下都会出现问题[87]。例如,处理残差与待定震源参数的非线性表达式时,将非线性问题线性化的方式不一定合理;作为迭代初值的试探解选择不当,线性迭代也会使解陷入局部极小点等。非线性方法是处理这些问题的一个途径。

① 牛顿法

在处理由观测走时与计算走时的残差与待定震源参数组成的非线性表达式时,Thurber[88]提出了用包含二阶偏导数的非线性牛顿法来处理 Geiger 法所遇到的困难。在均匀和多层速度模型中,存在以下问题:对于震源深度接近于地表的浅震,二阶偏导数趋于最大,而一阶偏导数却趋于零,此时二阶偏导数便极为重要;另外,当震源在台网之外时,二阶偏导数的引入提高了算法的稳定性。由于深度定位的不确定性来源于线性方法中发震时刻和震源深度的相关性,而对震源深度的变化,二阶偏导数比一阶偏导数更为敏感,故它的引入减小了相关性,提高了算法的稳定性。需要注意的是,对于多事件定位或三维速度结构,二阶偏导数的引入大大增加了计算量。Thurber[88]根据牛顿法给出了非线性最小二乘解。

② 全局搜索方法

非线性最优化理论中的各种全局搜索方法亦广泛应用于地震定位。由此求目标函数的极小值,能避免解陷入局部极小点,并且对目标函数的形式没有限制,但计算效率一般较低。

Prugger 等[59]、赵珠等[89]分别将单纯形法用于地震定位。单纯形法算法简单,不需要求偏导数或逆矩阵,但它不能给出解的分辨率和误差估计。此外,蒙特卡罗法[90]、模拟退火法、遗传算法[91-92]等也已用于地震定位工作。

③ Powell 法

Powel 法[93]也是全局搜索方法的一种,作为直接搜索目标函数极小值的有效方法,它是一种改进的共轭梯度法。Powell 法不需要求偏导数或逆矩阵,且对迭代初值要求较低,一般只用到时最早的台站位置作为初始值。它在台网的自动快速测报中有一定的优势。

唐国兴[94]将 Powell 直接搜索法用于地震定位。Powell 法本身不能给出误差估计,汪素云等[95]利用对理论走时作随机扰动的数值试验法给出均方根残差与震源位置误差的关系。另外,严尊国等[96]、汪素云等[97]分别将此方法应用于三峡地区和青藏高原地震的重新定位。

④ Bayesian 方法

该定位方法根据 Bayesian 评估理论形成,即从统计学的角度看,模型参数的最佳值使观测数据的概率达到极大。20 世纪 80 年代,Tarantola 和 Valette[98],Jackson 和 Matsu′ura[99-100]提出了 Bayesian 定位方法的严格公式及解。

(5) 其他定位方法

① 非迭代法

非迭代法简单易行,对操作者要求不高,是早期震源定位算法中重要的一类,同时也是最简单的一类。20 世纪 20 年代,Inglada[101]提出了一种震源定位算法,即 Inglada 法。这种算法利用最少传感器个数(二维平面最少传感器个数为 3,三维空间最少传感器个数为 4)进行震源定位,这不仅可能导致出现多解问题,而且也没有引入任何优化方法。另外,Inglada 法只能采用单一波速模型进行震源定位,这大大限制了 Inglada 法的使用范围。

20 世纪 70 年代早期,美国矿业局(USBM)的研究学者提出了一种新的非迭代震源定位算法,称为 USBM 法[102-103]。USBM 法首先将发震时刻分离出去,得到一组新的线性方程;此外,USBM 法在定位求解中还使用了优化分析方法,这在一定程度上提高了定位精度。由于 USBM 法的众多优点,它很快成为北美应用最广的一种震源定位方法,然而 USBM 法和 Inglada 法一样也只能采用单一波速进行震源定位。

② GMEL 法

GMEL 法是一种基于网格搜寻技术的新的多事件定位方法。GMEL 算法是比较早的单事件定位算法(GSEL)的拓展,它利用网格搜索求解,适合于多个台站和多个地震事件,通过拾取多个地震事件的震相,得到地震到时、震源方位等。

③ 全球远震定位方法(EHB 方法)

1999 年,Engdahl 等[104]提出了用于全球远震定位的 EHB 方法,其中运用了多种震相,包括 P、S、PKiKP、PKPdf、Pp、pwP、sP,并且改进得到了一种适用于后达波震相的全球速度模型,用以单独确认远震深度震相(pP,pwP,sP)。与传统近震定位方法(ISC,NEIC)的定位结果相比,用 EHB 方法重新定位得到的震中位置的精度明显提高,而震源深度也得到显著改善。EHB 方法可用于日常的快速定位,也可以用于层析成像及其他地球内部结构的研究。

④ 交切法

交切法具有直观、高效、稳定性强等特点[105-107],在地震台网中有广泛的应用。交切法利用震源轨迹进行定位,不需要求解方程,即使仅有少量的地震记录,利用交切法也能获得有价值的震中信息。但是,交切法的定位精度较低,特别是震源深度的误差常常较大。因此,该方法主要作为辅助的定位手段。交切法定位精度较低的主要原因是它假定地球模型为均匀或水平均匀介质,震源轨迹为圆形或双曲线形。实际上,地球内部在径向上和横向上都存在较强的非均匀性。使用远离实际、过于简化的速度模型必然导致或大或小的定位误差。其次,交切法是利用地表而非空间的震源轨迹进行定位,即将震中定在地表震源轨迹的交会处,震源深度定在对应地表震源轨迹交会得最好的深度。当震源深度与震中距相比不是很小的时候,即使对于均匀介质模型,地表的震源轨迹也不会较好地交会于震中,而是交会成一个区域。如何在交会区域内确定震中位置仍然是一个有待解决的问题。

1.2.3.2　应用三维地壳结构的地震定位研究

近年来,基于现代数字地震观测技术和科学计算以及计算机技术的智能化数值自动定位方法得到了迅速发展,并已成为当前地震定位的主要方法。随着全球及区域速度结构三维层析成像的深入研究,在此基础上应用三维速度结构的地震定位已经被人们所关注,如哈佛大学一直将提高震源定位精度列为主要的研究方向之一,并侧重于探索使用三维速度模型[108]。

以往人们研究地震定位问题都是基于一维的地壳模型,并通过采用不同的参数反演算法和对数据进行相应的加权处理等来提高地震定位的精度。

由于人们对地球内部结构认识的局限性和积累资料的有限性,直至 1940 年 Jeffreys 和 Bullen[109]利用 20 世纪前 40 年艰苦收集的散布全球的地震资料,经统计平滑处理得到的平均走时曲线(又称为 J-B 表)一经发表即被广泛采用。国际上以提供全球实时地震监测快速反应著称的美国国家地震信息中心(NEIC)和以积累、收集和处理巨量震相资料为主要任务的国际地震中心(ISC)至今在其地震报告处理中仍使用 J-B 表[104]。J-B 表对远震主要震相的理论走时可精确到几秒的误差范围,如最典型的远震 P 波走时如为 500 s 的话,J-B 表的理论走时预测可精确到 1‰精度(即 5 s 之内)[110],故在全球各地得到了广泛应用,如美国南卡罗来纳大学在其网页上推出的走时计算工具 tauP Toolkits 和挪威地震台阵 NORSAR 于 1997 年研制的地震定位程序 HYPOSAT 都将 J-B 表列为必备的结构模型之一。

一维地壳模型由最初的 J-B 表发展到二维走时表(ISAP91)和三维模型(SP6),在此基础上发展为 ak135 模型,Engdahl 等[104]应用其对全球 1900—1999 年的地震进行了重新定位。研究发现,应用较精确的一维地球模型可明显改善地震定位结果。

进入数字地震观测时代,随着近年来地震层析成像反演的发展,全球速度结构三维层析成像方面的研究进展迅速[111-113],尤其是不同速度(纵波和横波)联合成像的研究[114-115]以及区域三维速度结构的研究。

旨在给出地球内部地震波速变化的层析成像,是地震学的重要研究领域之一。近几十年,地震走时观测研究使得地球结构的横向变化得以确认,在 20 世纪 70 年代后期地震走时的三维非均匀速度结构反演首次实现。Aki 等[67-68]提出的稳定反演方法,即将震相走时残差直接用以反演区域分块结构模型的三维纵波速度,并成功地用来反演计算以 10°网格划分的全球地幔结构变化。Asad 等[116]从不同的思路提出了另外的反演计算方法,即用球谐函数代替分块划分办法来表示地幔结构,该参量化方式极大地减少了反演计算中的未知量,使得在当时就得以利用大量(多达 70 万)的纵波走时残差来直接计算反演成像矩阵。20 世纪 80 年代早期,通过有效引进矩阵解法极大地推进了对地球结构的反演计算速度[117-118],使大量的地震数据和众多模型参数的反演成像得以实现,并第一次得到了分辨率达 5°×5°×100 km 的全球分块反演图像。几乎同时,球谐反演法也由提出时的 3 阶扩展到高阶,地球内部结构成像的论述也不断发表。

在国内,刘福田[72]将速度图像重建的层析成像法归结为求解一个矩阵方程组,并引入了正交投影算子。正交投影算子的引入不仅使震源位置和速度结构联合反演的数学描述简洁,物理解释清楚,而且参数分离之后,与震源有关的方程组是相容的。这就使得通过台网的适当布局来获得地震定位的唯一解成为可能。在数值方面,刘福田还提出了利用矩阵的块结构并采取顺序正交三角化的方法,然后对上三角矩阵进行阻尼最小二乘反演。该方法可以大大减少内存占用量,减少计算量。

众多的全球和区域性深浅部的三维层析成像结果的取得,使得三维地震定位在地震成像、精细地质结构刻画、核查、地震精细定位、推断断层走向、地震成核、震源参数反演等方面展现出了良好的应用前景和相当大的应用研究潜力[119-121]。研究者还在震源研究中获得了许多地震破裂的精细过程。

国际核查数据中心(EIDC)建立的称为"地表真实事件"数据库提供的,定位精度分别达 0 km、1 km、2 km、5 km 和 10 km 的大量的核爆破目录和地震目录,为进一步开展三维地震定位研究以检验和改善三维层析成像结果提供了较可靠的验证资料。3SMAC 模型、CRUST5.1 模型[122]等三维地壳模型的建立,也为三维地震定位提供了基础。

Smith 等[123]对已知的 26 个核爆事件和 83 个有良好定位结果的地震事件,通过全球三维纵波波速的纵波模型(SP12/WM13 模型)和一维的联合模型(J-B、PREM、ISAP91)的定位结果进行对比分析,表明三维定位结果明显好于一维模型结果,定位偏差减少约 40%。

在国内,研究人员结合三维地震层析成像,在三维复杂速度结构中的震源定位方面以及区域速度结构分析方面做了大量研究。

赵爱华等[105-107]采用最小走时树射线追踪方法确定复杂横向非均匀介质中的震源轨迹,可用于复杂速度模型中的震源定位。

常规的地震定位方法通常需要拾取地震记录的初至,当初至不明显或被较高水平的噪声淹没时精度较低。曹雷等[124]采用基于三维高斯射线束的偏移成像方法对震源进行定位,较好地解决了该问题。

金星等[125]针对传统方法应对复杂地质情况的能力差、震后处理时间过长、不能根据地震信息的增加自动修改速度模型而提高下一次地震定位的精度等问题,提出了一种基于地震台网资料的网格化地震定位方法,用以解决地震快速定位问题。

谭玉阳等[126-127]利用射孔监测资料,基于初至旅行时差,分别采用Levenberg-Marquardt 反演算法和 Occam 反演算法反演地层速度结构,为微震源定位提供了基础。

邓文泽等[128]将双差地震定位方法和传统走时层析成像方法相结合,利用邻近地震之间相对走时差和地震到台站之间的绝对走时进行震源位置和速度结构联合反演,对龙门山断裂带的精细速度结构进行了双差层析成像研究。

王小娜等[129-130]利用双差地震层析成像方法结合纵波绝对到时数据和相对到时数据联合反演,得到了芦山震源区精细的地壳纵波速度结构及震源参数,给出分辨尺度小于 5 km 的速度结构特征。还对昭通地区进行了地震层析成像研究,对彝良震区进行了构造分析。

许力生等[131]提出一种称为逆时成像技术的确定地震震源中心的非线性方法,该方法是一种绝对定位方法,可以避免经典 Geiger 法及其衍生出的绝对法和相对法遇到的问题,如问题的线性化带来的误差、使用最小二乘法的合理性、使用评价解的统计方法带来的问题等。

李志伟等[132]在前人工作的基础上,发展了一种使用差异演化非线性全局优化算法(DE算法)来反演地壳速度模型并进行地震定位的新方法,可以为区域尺度地震层析成像反演提供初始速度模型和经过重新定位的震源参数。

白超英等[133]讨论了三维复杂速度模型中全局选择震源初始位置下的矩阵反演求取全局解的问题,研究用矩阵反演算法如何得到全局极小值解,以求快速、准确地进行震源定位,适应于地震早期预警、海啸早期预警以及大震速报等实际工作。

李文军等[134]引入了一种新的方法——震源扫描算法(Source-Scanning Algorithm,SSA)对地震定位和地震破裂面进行研究,这种方法充分利用了数字地震波形资料,在不用精确拾取到时和计算理论地震图的情况下能达到比较理想的定位效果。研究结果表明,SSA是普通微小地震定位中的一种效果较好的工具,未来可考虑将其应用于矿山微震的监测定位问题中。

大量中国区域地层速度结构与震源位置的联合反演研究[135-147],不断丰富了国内各地区域速度结构模型,使我国大陆板块的三维层析成像结果不断完善,为基于三维速度模型的震源精确定位奠定了基础。

尽管三维地震定位研究在全球尺度目前还局限于应用探索阶段,三维速度结构的联合反演和特定震源区的应用研究均局限在区域尺度中,但可以预期三维地震定位研究结果将逐渐应用于日常地震定位。

在我国数字地震台网投入运行之际,全国各区域的波速结构成像研究结果和资料日益增多的情况下,尽快开展三维结构的地震定位研究将是我们的必然选择。

1.2.3.3 矿山微震监测定位

矿山微震监测定位具有与地震定位不同的特点,例如矿山微震监测定位的岩土体范围有限,监测范围内的岩土层分布情况、各层波速大小相对容易确定。因此,直接将地震定位算法移植到矿山微震监测定位中不合适,一方面地震定位的精度量级要求达不到矿山微震精确定位的要求,另一方面地震定位算法复杂程度高、计算量大。

辽宁工程技术大学冲击地压研究院开发的矿山微震监测定位系统,采用了适用于矿山微震监测的几种定位方法,包括单台站定位法、2台站或3台站定位法和多台定位法[148]。其中,多台站定位采用了经典线性法。

1.3 存在的问题及初步解决方案

① 不同类型的矿震会产生不同的体波。矿震产生的纵波、横波有时是震源机制类型导致的,但由于介质的不均匀性和各向异性,使得震源发出的球面波在

传播过程中遇到结构面或断层、裂隙等时会产生新的纵波或横波。矿震的机制与类型更多的与矿震震源机制类型相关,而与介质的不均匀效应关系较小。因此,介质的非均匀性和各向异性给矿震分类、震源机理的解释带来干扰。拟从连续均匀各向同性介质中的点源球面纵波和二维点源横波叠加的角度,解释震源产生纵波、横波的机理,从而更利于对矿震进行分类研究。

② 矿震波经过煤矿采空区后在促成地表沉陷、地表建筑物损坏中所起的作用,缺乏理论与试验支持,尤其是参变量易于控制的室内等效模型试验。拟设计室内等效模型试验,为采空区与矿震动荷载同时存在时围岩动力响应分析打下基础。

③ 地下三维速度结构模型在震源精确定位方面的应用引起了广泛关注,以往的以误差为导向的震源定位数值计算方法,移植到三维速度结构模型时,存在效率低、计算量大、实现方法复杂等缺点,缺乏一种专门针对三维速度结构模型的震源定位方案。拟从最简单的横观各向同性介质做起,建立多层水平和倾斜介质中的震源定位方案,新算法对横观各向同性介质应有极强的针对性。

1.4 研究内容

本书采用理论推导、试验验证相结合的研究方法,研究球面波在复杂介质中的传播规律和正反演方法,并将其应用于震源机理解释,矿震动荷载与采空区同时存在对地表沉陷、地表建筑物损坏的影响,矿震震源定位等方面。

① 求解点源球面纵波和二维点源横波的波动微分方程,提出位移通量源与位移漩涡源的概念,并得到位移通量源与位移漩涡源的复势,将位移通量源与位移漩涡源叠加,以此解释连续均匀各向同性介质中不同类型震源的发生机制。并用数值模拟手段验证。

② 为考察采空区存在时,矿震波经煤矿采空区传播后对地表沉陷以及地表建筑物损坏的影响机制,设计室内简化模型进行试验,并用数值模拟手段验证室内试验的结论是否能应用于工程实践,用曲线拟合方法校核验证试验数据。

③ 基于二层混凝土介质的敲击试验,验证基于纵波初至时刻的定位方法的合理性和有效性。

④ 基于惠更斯原理推导折射定律的过程提出等时线概念,并提出二层水平

介质中确定震源深度的解析方法——几何平均法。

⑤ 基于发震时刻反演和曲线拟合修正、二层介质中的球面波的波前面正演,提出二层水平介质中震源三维坐标的确定方法——正反演联用法。

⑥ 仅考虑台站监测到时的时差,结合二层或多层介质中球面波的波前面正演,建立多层水平介质中的震源定位方法——波前正演法。

⑦ 利用波前正演法计算过程与具体观测系统布置无关的特性,采用波前正演法解决多层倾斜介质中的震源定位问题。

1.5 研究方案

① 采用理论推导的研究方法,研究中心对称点源位移场的解析表示和产生机理。中心对称点波源激发的位移场包括点状胀缩荷载产生的无旋场和点状扭转荷载产生的无散场。将考虑几何衰减的达朗贝尔解,应用于点源球面纵波和二维点源横波的表述,揭示该解与二维点源横波微分方程的关系。利用考虑几何衰减的达朗贝尔解给出的二维横波的流函数,以及球面纵波的势函数,结合流体力学中点源(点汇)、点涡的概念,得到位移通量源和位移漩涡源的复势。根据点源矢量弹性波场与工程中其他点源矢量场的共通性以及亥姆霍兹定理,将中心对称点源位移场表示为点源无旋场与点源无散场的叠加,点源无旋场由位移通量源激发,点源无散场由位移漩涡源激发。将有限单元法的稳态计算结果与解析法计算结果比较,考察本书提出的理论与已有理论是否一致。

② 采用等效模型试验的方法,研究矿震动荷载与采空区同时存在时,周围岩体的动力响应。设计底面半径为 25 cm、高 10 cm 的 C40 混凝土圆板,在其上某一半径中点处设置一个半径 5.5 cm 的圆柱形孔洞,以模拟采空区。在混凝土圆板中心处设置一外径为 22 mm 的钢筋,在其上敲击以模拟矿震动荷载。在混凝土圆板周围设置测震仪,拾取敲击荷载传递至混凝土圆板周围时的加速度响应。用数值模拟方法模拟敲击荷载大小不同、混凝土圆板上的孔洞半径不同时,混凝土圆板周围的响应加速度,以考察试验模型中矿震动荷载和孔洞的相对比例不同时,模拟结果的规律是否与试验结果的规律一致。对模拟结果进行曲线拟合,并利用拟合曲线预测试验应得的结果,以验证试验与数值模拟是否一致。将试验结论用于解释采空区与矿震动荷载同时存在时,地表沉陷加剧,多采空区间中夹岩柱产生水平加速度,地表建筑物破坏加剧等现象。

③ 拟提出的多层水平或倾斜介质中的震源定位方法,均是基于纵波的初至时刻的算法。理论上讲,介质层波速相差越大,这类针对多层介质的定位方法就越有优势,但介质层波速相差越大,应力波的反射越强、折射越弱,这将给纵波初至的震相识别和到时拾取带来不利影响。因此,设计二层混凝土介质的敲击试验,以考察多层介质中波的反射和折射效应是否会影响拟提出的多层介质中的震源定位方法的定位效果。

④ 采用基于惠更斯原理推导折射定律的过程提出的等时线概念,结合工程中广泛采用的折射点近似确定方法,得到将震源深度与水平坐标分离的走时方程。采用特定的台站分布方案,具体是将处于同一直线上等间距分布的三个台站分为一组,这样的三个台站要求有两组中的两条直线不平行、不共线,从而将走时方程简化为线性方程组。采用合理假设并取几何平均数的方法修正震源深度的计算结果。对各种定位条件下二层模型的计算结果与经典线性法进行对比分析。

⑤ 根据将水平和铅垂坐标分离并去根号的走时方程,反演出发震时刻,并合理修正,根据二层水平介质中球面波波前面的正演方法,得到含震源空间坐标的非线性方程组,求解得到震源的水平和铅垂坐标。对各种定位条件下定位计算的误差进行对比分析,对定位误差相关的定位参数进行敏感性分析。

⑥ 以正反演联用法为雏形,提出针对多层水平或倾斜介质的定位方法。推导多层水平介质中的波前面方程,并基于该方程,从任意观测系统角度,将发震时刻作为未知量引入非线性方程组求解,基于监测台站到时时差,建立未知数个数等于非线性方程个数的适定非线性方程组,从而建立波前正演法。不同于正反演联用法通过规则观测系统和曲线拟合确定发震时刻,波前正演法将发震时刻作为未知量,确定震源时空参数需要四个台站的非线性方程。为了简化波前正演法的非线性系统,采用变量代换法,减少定位参数,从而减小确定迭代初值的难度。通过将台站所在的原大地坐标系旋转至与介质分界面平行正交,使得新坐标系中的波前面推进方向与坐标轴 z 平行,从而将波前正演法推广应用于多层倾斜介质。设计利用波前正演法解决多层水平或倾斜介质中震源定位问题的数值微震试验算例,以考察波前正演法是否能有效解决多层水平或倾斜介质中的震源定位问题。

1.6　技术路线

本书技术路线见图 1-3。

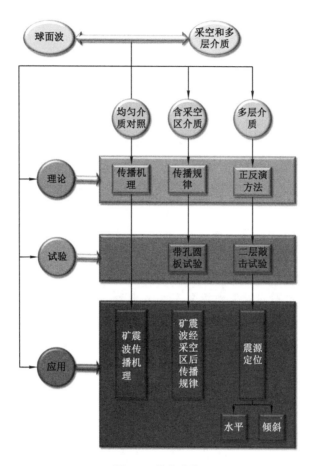

图 1-3 技术路线

2 矿震波在均匀介质及含采空区介质中的传播规律

近年来,我国矿井已经进入深部开采,冲击地压、瓦斯突出、突水、顶底板变形破裂等煤矿事故时有发生,而矿震现象也日益突出。因此,对矿山微震的研究具有重要的意义。

点状胀缩荷载产生的球面波以及扭转荷载产生的柱面波,在工程应用中都是重要的力学模型。例如,潘一山等[149]利用点源球面纵波模型描述冲击地压的传播机理。扭转荷载产生的柱面波,限定在以扭转荷载作用方向为法线的二维平面内,是点源横波模型。点状胀缩荷载与点状扭转荷载耦合作用下的位移场,可以构成任意中心对称点源位移场,因此,研究点状胀缩与扭转荷载耦合的位移场在工程应用中具有一定的价值和意义。

在流体力学的势流和漩涡问题中[150],点源(汇)、点涡描述的是速度场的分布,点源(汇)中的速度场与流体传播方向相同,点涡中的速度场与流体传播方向垂直。点源(汇)可以存在于三维空间中,点涡只能存在于二维平面内。

在无限大区域内,点状胀缩荷载产生纵波,点状扭转荷载产生横波,点源激发的纵波、横波模型[151],是弹性动力学的基本问题,但其与流体力学中点源(汇)、点涡概念非常类似。

在纵波、横波中,传播载体不是流体,而是弹性体质点,场变量不是流体速度,而是弹性体质点位移。

在中心对称点源激发的波场中,纵波的质点位移与波的传播方向相同,因此波阵面是三维空间中的球体,与点源特征相同。横波的质点位移与波的传播方向垂直,因此波阵面无法用三维空间中的球体描述,但在二维平面空间中波阵面是圆形,与点涡的特征相同。

点源球面纵波和二维圆形横波的波动方程在经典弹性力学中已有解答[152],在弹性力学或数理方程中均阐述了一维球面波的类似达朗贝尔解的基本解,其与经典达朗贝尔解的主要区别在于考虑了弹性球面波的几何衰减。

另外,相关文献均给出了由点源球面纵波的微分方程求解得到考虑几何衰减的达朗贝尔解的过程,并直接用其描述二维圆形横波的位移场,但是没有从求解二维圆形横波微分方程的角度引出考虑几何衰减的达朗贝尔解。

在工程数学和力学理论中,中心对称点源矢量场,可根据亥姆霍兹(Helmholtz)定理(电磁)分解成通量源与漩涡源的叠加。基于这一原理,本章首先通过直接求解点源激发的二维圆形横波微分方程来引出考虑几何衰减的达朗贝尔解,并基于流体力学中点源(汇)、点涡与弹性动力学中纵横波的相似性,按照 Helmholtz 定理把中心对称点源位移场表示为无旋场与无散场的叠加。其中无旋位移场由通量源激发,无散位移场由漩涡源激发,并给出中心对称点源位移场的总复势,从而建立点源激发纵波、横波的统一模型,得到任意中心对称点源位移场的解析表示和产生机理。

矿震波传播的介质一般是非均匀的,因此除了要研究均匀介质中纵波、横波的叠加传播机理,还要考虑非均匀介质中矿震波的传播规律。本章主要讨论矿震波经过煤矿采空区后的传播规律。

矿山微震波的动力响应问题前人已做过大量研究,主要集中在地下及地上结构在矿震波作用下的动力响应等方面。矿山进行深部开采时,常常是在既有矿区邻近地带的进一步开采,即有采空区对邻近开采区发生的矿震波在围岩中的动力响应有显著影响。矿震动荷载经过无采空区后监测获得的信号与经过采空区后监测获得的信号有哪些区别,两者在围岩中的动力响应是否一致或者接近,还是有根本不同,这些问题还没有得到充分的研究。

本章首先推导点源球面纵波和二维点源横波微分方程的解析解,得到点源球面纵波、二维点源横波叠加位移场的复势,由此作为矿震波在均匀介质中的传播机理。该解析表述可以作为中置钢筋的不带孔圆板在敲击荷载下的弹性动力学模型,因为有了这个解析理论模型,所以不设计相应的试验,所需结论可从解析理论模型中获得。矿震波经煤矿采空区后的传播规律则与之不同,没有解析理论解,其等效试验模型——中置钢筋的带圆孔混凝土圆板的敲击试验模型,也没有相应的解析理论解,因此必须通过试验才能得到矿震动荷载在带孔圆板中的传播规律。因此,本章后半部分重点介绍了该试验过程和试验结果分析。矿震波在均匀介质中的解析理论传播机理,可以和矿震波在带孔介质中传播规律的试验模型作为对照,相互对比。即对于矿震波经煤矿采空区传播规律试验,虽没有设计矿震波在均匀介质中传播的相应试验作为对照,但可直接以点源球面纵波、二维点源横波在均匀介质中的传播机理模型作为对照。

2.1 点源球面纵波微分方程通解的推导

2.1.1 经典推导方法

如果弹性体具有圆球形的孔洞,而在孔洞内受到球对称的动力作用,或者如果具有圆球形外表面的弹性体在其外表面上受到球对称的动力作用,则由于对称,只可能发生径向位移 u_r,不可能发生切向位移,而且径向位移 u_r 将只是径向坐标 r 和时间 t 的函数。这样,由孔洞向外传播或由外表面向内传播的弹性波将是球对称的,即所谓的球面波[153]。

在按位移求解球对称问题时所需用的弹性力学空间问题的基本微分方程[153]为

$$\frac{E(1-\mu)}{(1+\mu)(1-2\mu)}\left(\frac{\mathrm{d}^2 u_r}{\mathrm{d}r^2}+\frac{2}{r}\frac{\mathrm{d}u_r}{\mathrm{d}r}-\frac{2}{r^2}u_r\right)+f_r=0 \tag{2-1}$$

u_r 是 r 和 t 两个变量的函数,并且不计径向体力 f_r,而用径向惯性力 $\rho\dfrac{\partial^2 u_r}{\partial t^2}$

代替 f_r,即

$$\frac{E(1-\mu)}{(1+\mu)(1-2\mu)}\left(\frac{\partial^2 u_r}{\partial r^2}+\frac{2}{r}\frac{\partial u_r}{\partial r}-\frac{2}{r^2}u_r\right)-\rho\frac{\partial^2 u_r}{\partial t^2}=0 \tag{2-2}$$

令 $\sqrt{\dfrac{E(1-\mu)}{(1+\mu)(1-2\mu)\rho}}=c_1$,则上式可以简写为

$$\frac{\partial^2 u_r}{\partial r^2}+\frac{2}{r}\frac{\partial u_r}{\partial r}-\frac{2}{r^2}u_r-\frac{1}{c_1^2}\frac{\partial^2 u_r}{\partial t^2}=0 \tag{2-3}$$

令 $\Psi=\Psi(r,t)$,作为位移的势函数,则这种位移称为无旋位移,把径向位移 u_r 取为

$$u_r=\frac{\partial\Psi}{\partial r} \tag{2-4}$$

则式(2-3)改写为

$$\frac{\partial^3\Psi}{\partial r^3}+\frac{2}{r}\frac{\partial^2\Psi}{\partial r^2}-\frac{2}{r^2}\frac{\partial\Psi}{\partial r}-\frac{1}{c_1^2}\frac{\partial^2}{\partial t^2}\left(\frac{\partial\Psi}{\partial r}\right)=0 \tag{2-5}$$

由于

$$\frac{\partial}{\partial r}\left[\frac{1}{r}\frac{\partial^2}{\partial r^2}(r\Psi)\right]=\frac{\partial^3\Psi}{\partial r^3}+\frac{2}{r}\frac{\partial^2\Psi}{\partial r^2}-\frac{2}{r^2}\frac{\partial\Psi}{\partial r}$$

$$\frac{\partial^2}{\partial t^2}\left(\frac{\partial\Psi}{\partial r}\right)=\frac{\partial}{\partial r}\left(\frac{\partial^2\Psi}{\partial t^2}\right)$$

则式(2-5)又可以改写为

$$\frac{\partial}{\partial r}\left[\frac{1}{r}\frac{\partial^2}{\partial r^2}(r\Psi)\right]=\frac{1}{c_1^2}\frac{\partial}{\partial r}(\frac{\partial^2\Psi}{\partial t^2}) \tag{2-6}$$

对 r 积分一次,得

$$\frac{1}{r}\frac{\partial^2}{\partial r^2}(r\Psi)-\frac{1}{c_1^2}\frac{\partial^2\Psi}{\partial t^2}=F(t) \tag{2-7}$$

$F(t)$ 为 t 的任意函数。在一般情况下,$F(t)$ 不等于零。但是,我们总可以求出方程(2-7)的任意一个特解 $\Psi_1(t)$,它只是 t 的函数,而由式(2-4)可见,这个特解并不会影响位移 u_r。因此,式(2-7)中的 $F(t)$ 可以取为零。这样,式(2-7)就可以简写为

$$\frac{1}{r}\frac{\partial^2}{\partial r^2}(r\Psi)=\frac{1}{c_1^2}\frac{\partial^2\Psi}{\partial t^2}$$

而它的通解是

$$r\Psi=f_1(r-c_1t)+f_2(r+c_1t) \tag{2-8}$$

其中的 f_1 及 f_2 为任意函数。

式(2-8)中的 f_1 及 f_2 都表示沿径向传播的球面波,它们的传播速度都等于 $c_1=\sqrt{\dfrac{E(1-\mu)}{(1+\mu)(1-2\mu)\rho}}$(由于对称,弹性体的径向线段及环向线段都不会有转动,所以球面波是无旋波)。函数 f_1 表示由内向外传播的球面波,适用于圆球形孔洞内受球对称动力作用时的情况;函数 f_2 表示由外向内传播的球面波,适用于空心或实心圆球在外表面受球对称动力作用时的情况[153]。

2.1.2 利用直角坐标与球坐标间关系推导点源球面纵波的通解

为了引出二维点源横波微分方程的推导方法,采用另一种方法推导点源球面纵波的微分方程,该方法主要利用了直角坐标 (x,y,z) 与球坐标 r 的转换关系。

式(2-1)的直角坐标形式为

$$\left.\begin{array}{l}\dfrac{E}{2(1+\mu)}\left(\dfrac{1}{1-2\mu}\dfrac{\partial\theta}{\partial x}+\nabla^2u\right)+f_x=0\\[2mm]\dfrac{E}{2(1+\mu)}\left(\dfrac{1}{1-2\mu}\dfrac{\partial\theta}{\partial y}+\nabla^2v\right)+f_y=0\\[2mm]\dfrac{E}{2(1+\mu)}\left(\dfrac{1}{1-2\mu}\dfrac{\partial\theta}{\partial z}+\nabla^2w\right)+f_z=0\end{array}\right\} \tag{2-9}$$

式中,$\theta=\dfrac{\partial u}{\partial x}+\dfrac{\partial v}{\partial y}+\dfrac{\partial w}{\partial z}$。

令 $\Psi=\Psi(x,y,z,t)$ 作为位移的势函数,这种位移称为无旋位移,则

$$u = \frac{\partial \Psi}{\partial x}, v = \frac{\partial \Psi}{\partial y}, w = \frac{\partial \Psi}{\partial z} \tag{2-10}$$

在式(2-10)所示的无旋位移状态下,有

$$\theta = \frac{\partial u}{\partial x} + \frac{\partial v}{\partial y} + \frac{\partial w}{\partial z} = \nabla^2 \Psi$$

从而有

$$\frac{\partial \theta}{\partial x} = \frac{\partial}{\partial x} \nabla^2 \Psi = \nabla^2 \frac{\partial \Psi}{\partial x} = \nabla^2 u$$

$$\frac{\partial \theta}{\partial y} = \nabla^2 v, \frac{\partial \theta}{\partial z} = \nabla^2 w$$

将式(2-9)中三式相加合并,并用 x,y,z 三方向惯性力 $-\rho \frac{\partial^2 u}{\partial t^2}$, $-\rho \frac{\partial^2 v}{\partial t^2}$, $-\rho \frac{\partial^2 w}{\partial t^2}$ 代替 f_x, f_y, f_z,得

$$\frac{E}{2(1+\mu)}\left[\frac{1}{1-2\mu}\left(\frac{\partial \theta}{\partial x} + \frac{\partial \theta}{\partial y} + \frac{\partial \theta}{\partial z}\right) + \nabla^2 (u+v+w)\right] = \rho \frac{\partial^2 u}{\partial t^2} + \rho \frac{\partial^2 v}{\partial t^2} + \rho \frac{\partial^2 w}{\partial t^2} \tag{2-11}$$

由于 $\frac{\partial \theta}{\partial x} + \frac{\partial \theta}{\partial y} + \frac{\partial \theta}{\partial z} = \nabla^2 (u+v+w), u+v+w = \nabla \Psi$,代入式(2-11)得

$$\frac{E}{2(1+\mu)}\left[\left(\frac{1}{1-2\mu} + 1\right)\nabla^2 (u+v+w)\right]$$

$$= \frac{E}{2(1+\mu)}\left[\left(\frac{1}{1-2\mu} + 1\right)\nabla^2 (\nabla \Psi)\right]$$

$$= \frac{E(1-\mu)}{(1+\mu)(1-2\mu)} \nabla^2 (\nabla \Psi)$$

$$= \rho \frac{\partial^2}{\partial t^2} \nabla \Psi$$

$$\nabla^2 (\nabla \Psi) = \frac{\partial^2 (\nabla \Psi)}{\partial x^2} + \frac{\partial^2 (\nabla \Psi)}{\partial y^2} + \frac{\partial^2 (\nabla \Psi)}{\partial z^2} \tag{2-12}$$

而且,球坐标 r 与直角坐标 (x,y,z) 关系为

$$r^2 = x^2 + y^2 + z^2$$

得到

$$\frac{\partial (\nabla \Psi)}{\partial x} = \frac{\partial (\nabla \Psi)}{\partial r} \cdot \frac{\partial r}{\partial x} = \frac{x}{r} \cdot \frac{\partial (\nabla \Psi)}{\partial r}$$

且

$$\frac{\partial(\nabla\Psi)}{\partial x^2}=\frac{\partial\left[\dfrac{x}{r}\cdot\dfrac{\partial(\nabla\Psi)}{\partial r}\right]}{\partial x}$$

$$=\frac{x}{r}\frac{\partial\left[\dfrac{x}{r}\cdot\dfrac{\partial(\nabla\Psi)}{\partial r}\right]}{\partial r}$$

$$=\frac{x}{r}\left[\left(-\frac{x}{r^2}+\frac{1}{r}\frac{\partial x}{\partial r}\right)\frac{\partial(\nabla\Psi)}{\partial r}+\frac{x}{r}\frac{\partial^2(\nabla\Psi)}{\partial r^2}\right]$$

$$=\frac{x}{r}\left[\left(-\frac{x}{r^2}+\frac{1}{r}\frac{r}{x}\right)\frac{\partial(\nabla\Psi)}{\partial r}+\frac{x}{r}\cdot\frac{\partial^2(\nabla\Psi)}{\partial r^2}\right]$$

$$=\frac{x^2}{r^2}\cdot\frac{\partial^2(\nabla\Psi)}{\partial r^2}+\frac{1}{r}\left(1-\frac{x^2}{r^2}\right)\frac{\partial(\nabla\Psi)}{\partial r} \tag{2-13}$$

同理得到

$$\frac{\partial(\nabla\Psi)}{\partial y^2}=\frac{y^2}{r^2}\cdot\frac{\partial^2(\nabla\Psi)}{\partial r^2}+\frac{1}{r}\left(1-\frac{y^2}{r^2}\right)\frac{\partial(\nabla\Psi)}{\partial r} \tag{2-14}$$

$$\frac{\partial(\nabla\Psi)}{\partial z^2}=\frac{z^2}{r^2}\cdot\frac{\partial^2(\nabla\Psi)}{\partial r^2}+\frac{1}{r}\left(1-\frac{z^2}{r^2}\right)\frac{\partial(\nabla\Psi)}{\partial r} \tag{2-15}$$

将式(2-13)、式(2-14)和式(2-15)相加,得到

$$\frac{\partial^2(\nabla\Psi)}{\partial x^2}+\frac{\partial^2(\nabla\Psi)}{\partial y^2}+\frac{\partial^2(\nabla\Psi)}{\partial z^2}$$

$$=\frac{x^2+y^2+z^2}{r^2}\cdot\frac{\partial^2(\nabla\Psi)}{\partial r^2}+\frac{1}{r}\left(3-\frac{x^2+y^2+z^2}{r^2}\right)\frac{\partial(\nabla\Psi)}{\partial r}$$

由于 $r^2=x^2+y^2+z^2$,则

$$\nabla^2(\nabla\Psi)=\frac{\partial^2(\nabla\Psi)}{\partial r^2}+\frac{1}{r}(3-1)\frac{\partial(\nabla\Psi)}{\partial r}$$

$$=\frac{\partial^2(\nabla\Psi)}{\partial r^2}+\frac{2}{r}\frac{\partial(\nabla\Psi)}{\partial r}$$

$$=\frac{1}{r}\frac{\partial^2(r\nabla\Psi)}{\partial r^2} \tag{2-16}$$

将式(2-16)代入式(2-12),并设 $\sqrt{\dfrac{E(1-\mu)}{(1+\mu)(1-2\mu)\rho}}=c_1$,得

$$\frac{1}{r}\frac{\partial^2(r\nabla\Psi)}{\partial r^2}=\frac{1}{c_1^2}\frac{\partial^2}{\partial t^2}\nabla\Psi \tag{2-17}$$

$$\frac{\partial^2[r\nabla\Psi]}{\partial r^2}=\frac{1}{c_1^2}\cdot\frac{\partial^2[r\nabla\Psi]}{\partial t^2}$$

因为 $\dfrac{\partial\Psi}{\partial x}=\dfrac{\partial\Psi}{\partial r}\dfrac{\partial r}{\partial x}=\dfrac{\partial\Psi}{\partial r}\dfrac{x}{r}$,所以 $(\dfrac{\partial\Psi}{\partial x})^2=(\dfrac{\partial\Psi}{\partial r})^2(\dfrac{x}{r})^2$。

同理,得$(\frac{\partial \Psi}{\partial y})^2 = (\frac{\partial \Psi}{\partial r})^2 (\frac{y}{r})^2$,$(\frac{\partial \Psi}{\partial z})^2 = (\frac{\partial \Psi}{\partial r})^2 (\frac{z}{r})^2$

即$(\frac{\partial \Psi}{\partial x})^2 + (\frac{\partial \Psi}{\partial y})^2 + (\frac{\partial \Psi}{\partial z})^2 = (\frac{\partial \Psi}{\partial r})^2 \frac{x^2 + y^2 + z^2}{r^2}$ （2-18）

由于$\frac{\partial \Psi}{\partial x} = u$,$\frac{\partial \Psi}{\partial y} = v$,$\frac{\partial \Psi}{\partial z} = w$,且$r^2 = x^2 + y^2 + z^2$,所以式(2-18)变形为

$$(\frac{\partial \Psi}{\partial r})^2 = u^2 + v^2 + w^2$$

因为Ψ是位移的势函数,是标量函数,因此$\nabla \Psi$表示一个矢量,$\nabla \Psi$是位移向量u,v,w的矢量合成,因此

$$(\nabla \Psi)^2 = u^2 + v^2 + w^2$$

即$(\nabla \Psi)^2 = (\frac{\partial \Psi}{\partial r})^2$,所以$\nabla \Psi = \frac{\partial \Psi}{\partial r}$。

代入式(2-17)得

$$\frac{1}{r} \frac{\partial^2}{\partial r^2}\left(r \frac{\partial \Psi}{\partial r}\right) = \frac{1}{c_1^2} \frac{\partial^2}{\partial t^2}\left(\frac{\partial \Psi}{\partial r}\right)$$ （2-19）

易得

$$\frac{1}{r} \frac{\partial^2}{\partial r^2}\left(r \frac{\partial \Psi}{\partial r}\right) = \frac{\partial}{\partial r}\left[\frac{1}{r} \frac{\partial^2}{\partial r^2}(r\Psi)\right]$$

$$\frac{\partial^2}{\partial t^2}\left(\frac{\partial \Psi}{\partial r}\right) = \frac{\partial}{\partial r}\left(\frac{\partial^2 \Psi}{\partial t^2}\right)$$

则式(2-19)又可以改写为

$$\frac{\partial}{\partial r}\left[\frac{1}{r} \frac{\partial^2}{\partial r^2}(r\Psi)\right] = \frac{1}{c_1^2} \frac{\partial}{\partial r}\left(\frac{\partial^2 \Psi}{\partial t^2}\right)$$ （2-20）

可见与式(2-6)完全一致,由此,根据式(2-6)的求解过程,即得点源球面纵波的通解。通解是

$$r\Psi = f_1(r - c_1 t) + f_2(r + c_1 t)$$

与式(2-8)一致,其中的f_1及f_2为任意函数。

2.2 二维点源涡旋横波微分方程的建立及求解方法

2.2.1 二维点源涡旋横波在极(柱)坐标系下的微分方程

极坐标下的平衡微分方程为

$$\begin{cases} \frac{\partial \sigma_\rho}{\partial \rho} + \frac{1}{\rho} \frac{\partial \tau_{\rho\theta}}{\partial \theta} + \frac{\sigma_\rho - \sigma_\theta}{\rho} + f_\rho = 0 \\ \frac{1}{\rho} \frac{\partial \sigma_\theta}{\partial \theta} + \frac{\partial \tau_{\rho\theta}}{\partial \rho} + \frac{2\tau_{\rho\theta}}{\rho} + f_\theta = 0 \end{cases}$$

对于极坐标中的平衡微分方程,在点状波源形成的中心对称平面应力场中,应力不随角坐标 θ 变化,所以 $\frac{\partial \tau_{\rho\theta}}{\partial \theta} = 0$ 且 $\frac{\partial \sigma_{\theta}}{\partial \theta} = 0$。由于只考虑剪应力作用,因此在点状波源中,只施加中心对称的环状剪切初始应力扰动,不施加任何 ρ 向和 θ 向的正应力,即该平面应力场中,在 ρ 向和 θ 向的极坐标正方向中,各单元体处于纯剪切状态,因此 $\sigma_{\rho} = \sigma_{\theta} = 0$ 且 $\frac{\partial \sigma_{\rho}}{\partial \rho} = 0$。

因此,极坐标平衡微分方程简化为

$$\frac{\partial \tau_{\rho}}{\partial \rho} + \frac{2\tau_{\rho}}{\rho} + f_{\theta} = 0 \tag{2-21}$$

式中,ρ 为径向坐标;θ 为环向角坐标;τ_{ρ} 为剪应力;f_{θ} 为环向体力。

极坐标下的几何方程为

$$\begin{cases} \varepsilon_{\rho} = \dfrac{\partial u_{\rho}}{\partial \rho} \\[2mm] \varepsilon_{\theta} = \dfrac{u_{\rho}}{\rho} + \dfrac{1}{\rho}\dfrac{\partial u_{\theta}}{\partial \theta} \\[2mm] \gamma_{\rho\theta} = \dfrac{1}{\rho}\dfrac{\partial u_{\rho}}{\partial \theta} + \dfrac{\partial u_{\theta}}{\partial \rho} - \dfrac{u_{\theta}}{\rho} \end{cases}$$

在极坐标的几何方程中,由于单元体处于 ρ 向和 θ 向的纯剪切状态,因此不存在 ρ 向位移,所以 $u_{\rho} = 0$,且 $\frac{\partial u_{\rho}}{\partial \rho} = \frac{\partial u_{\rho}}{\partial \theta} = 0$。另外,平面剪切应力场关于波源呈中心对称分布,所以对于固定的环向坐标 θ,u_{θ} 是常数,不随环向坐标 θ 变化而变化,即 $\frac{\partial u_{\theta}}{\partial \theta} = 0$。因此,极坐标几何方程可简化为

$$\gamma_{\rho\theta} = \frac{\partial u_{\theta}}{\partial \rho} - \frac{u_{\theta}}{\rho} \tag{2-22}$$

式中,$\gamma_{\rho\theta}$ 为剪应变;u_{θ} 为环向位移。

在平面应力情况下,其物理方程为

$$\begin{cases} \varepsilon_{\rho} = \dfrac{1}{E}(\sigma_{\rho} - \mu\sigma_{\theta}) \\[2mm] \varepsilon_{\theta} = \dfrac{1}{E}(\sigma_{\theta} - \mu\sigma_{\rho}) \\[2mm] \gamma_{\rho\theta} = \dfrac{1}{G}\tau_{\rho\theta} = \dfrac{2(1+\mu)}{E}\tau_{\rho\theta} \end{cases}$$

由前文分析,点源横波模型中,$\sigma_{\rho} = \sigma_{\theta} = 0$,同理 $\varepsilon_{\rho} = \frac{1}{E}\sigma_{\rho} = \varepsilon_{\theta} = \frac{1}{E}\sigma_{\theta} = 0$,因

此,略去平面应力物理方程中 σ_ρ、ε_ρ 和 σ_θ、ε_θ,则极坐标中物理方程简化为

$$\gamma_{\rho\theta} = \frac{1}{G}\tau_{\rho\theta} = \frac{2(1+\mu)}{E}\tau_{\rho\theta} \qquad (2\text{-}23)$$

式中,E 为弹性模量;μ 为泊松比;G 为剪切模量。

式(2-21)、式(2-22)和式(2-23)就是平面点源纯剪切球对称应力场的基本方程,将物理方程式(2-23)代入几何方程式(2-22),得到由应力表达位移的方程,再代入平衡微分方程式(2-21),用矢径 r 替换径向坐标 ρ,即得到用位移表示的平衡微分方程为

$$\frac{E}{2(1+\mu)}\left(\frac{\partial^2 u_\theta}{\partial r^2} + \frac{1}{r}\frac{\partial u_\theta}{\partial r} - \frac{1}{r^2}u_\theta\right) + f_\theta = 0 \qquad (2\text{-}24)$$

在波动微分方程中,u_θ 是 r 和 t 两个变量的函数,不计环向体力 f_θ,而用环向惯性力代替 f_θ,即得平面点源纯剪切球对称应力场的动力学波微分方程为

$$\frac{E}{2(1+\mu)}\left(\frac{\partial^2 u_\theta}{\partial r^2} + \frac{1}{r}\frac{\partial u_\theta}{\partial r} - \frac{1}{r^2}u_\theta\right) - \rho\frac{\partial^2 u_\theta}{\partial t^2} = 0 \qquad (2\text{-}25)$$

式中,ρ 表示弹性体密度;u_θ 为环向位移;r 为二维矢径;t 为时间。

2.2.2 二维点源涡旋横波微分方程与柱坐标系下扭转波微分方程的关系

极坐标系下二维点源横波的波动微分方程,与柱坐标系下的扭转波的波动微分方程形式相同,柱坐标系下的扭转波动微分方程,限定 z 坐标为 0,就是极坐标下点源涡旋横波的微分方程;极坐标下点源涡旋横波的波动微分方程,沿着 z 坐标复制扩展,就是柱坐标系下的扭转微分方程。

该式在表示点源横波的微分方程时,初始条件、边界条件和扭转波动方程不同。点源横波情况下的边界条件是无限大平面,某点存在集中旋转位移 u_θ,且径向位移 u_r 为 0。

扭转波动情况下,式(2-25)在 Fourier 变换域中有解析解,解是柱坐标系下扭转波的波动方程[154-155]。

点源横波情况下,即考察式(2-25)中 $z=0$ 的情况,环向位移与矢径方向垂直,矢径方向即波的传播方向,且位移场关于坐标原点中心对称。对于任意一条矢径,质点位移沿其传播并作几何衰减,因此点源涡旋横波的位移场可简化成考虑几何衰减的二维涡旋波。

点源横波的达朗贝尔解与 Fourier 变换域中的解析解是同一个公式的不同描述,达朗贝尔解是经典的解析解,而 Fourier 变换域中的解析解是无穷级数解,达朗贝尔解在 Fourier 变换域中的无穷级数形式就是 Fourier 变换域中的解析解,而 Fourier 变换域中解的无穷级数收敛,收敛到的形式就是考虑几何衰减的达朗贝尔解。

通过求解微分方程式(2-25),可直接得到二维点源涡旋横波的微分方程的解析解——考虑几何衰减的达朗贝尔解。

2.2.3 "超维-解低维"求解法

本书提出了一种"超维-解低维"的求解微分方程的方法。具体方法是,从高维度的超视角考虑问题,并根据直角坐标与球坐标关系,解决低维度的微分方程的求解难题。

考虑几何衰减的达朗贝尔解即式(2-8)中,矢径 R 是三维的,式(2-25)中矢径 r 是二维的,因此,不能将式(2-8)直接应用于式(2-25),需要将式(2-25)推广到三维。

考虑式(2-25)在 $z=0$ 平面,即在二维极坐标系中,位移场的分布与点源球面纵波位移场分布非常相似,都可简化成中心对称球形波,且都存在几何衰减,区别在于位移的方向,式(2-25)代表的点源涡旋横波位移与波传播方向垂直,而点源球面纵波位移与波传播方向相同。

对于二维极坐标下点源球面纵波,将其推广到三维球坐标空间是有实际物理意义的,因为位移方向均与矢径方向相同,可得到三维球坐标下点源球面纵波。

对于二维极坐标下的点源涡旋横波,由于位移方向与矢径方向垂直,将其推广到三维球坐标后,在 $z\neq0$ 的区域没有实际物理意义,但在 $z=0$ 的平面内与二维极坐标下的位移场相同。

这是一种纯数学意义上的推广,推广后的三维球坐标下的方程在 $z\neq0$ 时只有数学意义,必须限定 $z=0$ 才有实际物理意义。下面将借助直角坐标系将式(2-25)推广到三维球坐标中。

(1) 式(2-25)的直角坐标形式

式(2-25)的直角坐标形式为

$$\frac{E}{2(1+\mu)}\left[\nabla^2(u_\theta)+\nabla(u_\theta)-\frac{u_\theta}{r^2}\right]-\rho\frac{\partial^2 u_\theta}{\partial t^2}$$
$$=\frac{E}{2(1+\mu)}\left[\frac{\partial^2 u_\theta}{\partial x^2}+\frac{\partial^2 u_\theta}{\partial y^2}+\frac{\partial u_\theta}{\partial x}+\frac{\partial u_\theta}{\partial y}-\frac{u_\theta}{r(x,y)^2}\right]-\rho\frac{\partial^2 u_\theta}{\partial t^2}$$
$$=0 \tag{2-26}$$

式(2-25)在 $z=0$ 平面中表示二维点源横波位移场,将 $z=0$ 平面置换到三维球坐标中,在 $z\neq0$ 时没有意义,但在 $z=0$ 平面与极(柱)坐标系中意义相同,如将式(2-25)推广到三维球坐标,这是一种纯数学意义上的强行跨维度变换,没有实际的物理意义,因为现实中没有呈中心对称的点源球面涡旋横波。

式(2-25)中 $\frac{\partial^2 u_\theta}{\partial r^2}$ 一项对应的式(2-26)中的拉普拉斯算子为

$$\nabla^2(u_\theta) = \frac{\partial^2 u_\theta}{\partial x^2} + \frac{\partial^2 u_\theta}{\partial y^2}(二维) \tag{2-27}$$

$$\nabla^2(u_\theta) = \frac{\partial^2 u_\theta}{\partial x^2} + \frac{\partial^2 u_\theta}{\partial y^2} + \frac{\partial^2 u_\theta}{\partial y^2}(三维) \tag{2-28}$$

式(2-25)中$\frac{\partial u_\theta}{\partial r}$一项对应的式(2-26)中的哈密顿算子(即 Nabla 算子)为

$$\nabla(u_\theta) = \frac{\partial u_\theta}{\partial x} + \frac{\partial u_\theta}{\partial y}(二维) \tag{2-29}$$

$$\nabla(u_\theta) = \frac{\partial u_\theta}{\partial x} + \frac{\partial u_\theta}{\partial y} + \frac{\partial u_\theta}{\partial z}(三维) \tag{2-30}$$

式(2-25)中的常函数项$\frac{u_\theta}{r^2}$对应的式(2-26)中的关于(u_θ, x, y, z)的函数为

$$f(u_\theta, x, y) = \frac{u_\theta}{r^2} = \frac{u_\theta}{x^2 + y^2}(二维) \tag{2-31}$$

$$f(u_\theta, x, y, z) = \frac{u_\theta}{R^2} = \frac{u_\theta}{x^2 + y^2 + z^2}(三维) \tag{2-32}$$

(2) 二维和三维时拉普拉斯算子的差异

二维和三维情况下,拉普拉斯算子的具体形式为式(2-27)、式(2-28)。

算子的变换为

$$\frac{\partial u_\theta}{\partial z} = \frac{\partial u_\theta}{\partial R}\frac{\partial R}{\partial z} = \frac{z}{R}\frac{\partial u_\theta}{\partial R}$$

进一步变换为

$$\frac{\partial^2 u_\theta}{\partial z^2} = \frac{z^2}{R^2}\frac{\partial^2 u_\theta}{\partial R^2} + \frac{1}{R}\left(1 - \frac{z^2}{R^2}\right)\frac{\partial u_\theta}{\partial R}$$

当$z = 0$时,有

$$\left[\begin{cases}\frac{\partial^2 u_\theta}{\partial z^2} = \frac{z^2}{R^2}\frac{\partial^2 u_\theta}{\partial R^2} + \frac{1}{R}\left(1 - \frac{z^2}{R^2}\frac{\partial u_\theta}{\partial R}\right)\\ z = 0\end{cases}\right] = \frac{1}{R}\frac{\partial u_\theta}{\partial R}$$

所以,当由二维超越至三维时,拉普拉斯算子额外增加一项,即

$$\frac{\partial^2 u_\theta}{\partial z^2} = \frac{1}{R}\frac{\partial u_\theta}{\partial R} \tag{2-33}$$

(3) 二维和三维时哈密顿算子的差异

二维和三维情况下,Nabla 算子的具体形式是式(2-29)、式(2-30)。

存在如下变换:

$$\frac{\partial u_\theta}{\partial z} = \frac{\partial u_\theta}{\partial R}\frac{\partial R}{\partial z} = \frac{z}{R}\frac{\partial u_\theta}{\partial R}$$

当 $z=0$ 时，有

$$\frac{\partial u_\theta}{\partial z} = \frac{\partial u_\theta}{\partial R}\frac{\partial R}{\partial z} = \frac{z}{R}\frac{\partial u_\theta}{\partial R} = 0$$

所以，当由二维超越至三维时，Nabla 算子自然变换，不产生额外项。

(4) 二维和三维时常函数项 $f[u_\theta, r(x,y)]$ 和 $[u_\theta, R(x,y,z)]$ 的差异

对于点源球面纵波，波前面是球面，坐标 $R(x,y,z)$ 表示球面上的空间点。

二维点源涡旋横波存在于二维空间中，升维至三维只有数学意义，没有物理意义，因为三维点源中心对称的涡旋横波是不存在的。因此，二维和三维情况下，常函数项的具体形式如式(2-31)、式(2-32)所示。

$r(x,y)$ 是二维平面内的点。坐标 z 有两重含义：一是表示 (x,y) 平面的法向，即二维涡旋横波的旋转角向量的方向；二是表示由二维到三维中，二维点源涡旋横波对应的三维球体必须与点源球面纵波重合，也即坐标 z 表示由二维超越到三维后 (x,y) 平面法向拓展的范围。但此处是球扩展，并不是柱扩展，且坐标 z 只有数学意义，没有具体的物理意义。

因此，可以认为

$$r^2 = x^2 + y^2 = z^2$$

扩展到三维后，有

$$
\begin{aligned}
R^2 &= x^2 + y^2 + z^2 \\
&= x^2 + y^2 + x^2 + y^2 \\
&= r^2 + r^2 \\
&= 2r^2
\end{aligned}
$$

因此，由二维扩展到三维后，有如下变化：

$$\frac{1}{r^2} = \frac{2}{R^2} \tag{2-34}$$

此即二维和三维时，式(2-31)和式(2-32)中，常函数项 $f[u_\theta, r(x,y)]$ 和 $f[u_\theta, R(x,y,z)]$ 的变化情况。

二维的常函数项为 $\dfrac{u_\theta}{r^2}$，扩展到三维时变为 $\dfrac{2u_\theta}{R^2}$。

(5) 利用两个转换因子直接求解式(2-25)

综合前文的分析，式(2-26)在二维坐标下和在三维坐标下差两项。三维情况下比二维情况下增加一项，即 $\dfrac{1}{R}\dfrac{\partial u_\theta}{\partial R}$；三维情况下比二维情况下变化一项，由 $\dfrac{u_\theta}{r}$ 拓展为 $\dfrac{2u_\theta}{R^2}$。

而式(2-26)是式(2-25)的直角坐标形式,式(2-25)和式(2-26)等价。因此,超三维情况下的二维点源涡旋横波的微分方程式(2-25)变形为

$$\frac{E}{2(1+\mu)} = \left(\frac{\partial^2 u_\theta}{\partial r^2} + \frac{1}{r}\frac{\partial u_\theta}{\partial r} - \frac{1}{r^2}u_\theta\right) - \rho\frac{\partial^2 u_\theta}{\partial t^2}$$

$$= \frac{E}{2(1+\mu)}\left(\frac{\partial^2 u_\theta}{\partial R^2} + \frac{1}{R}\frac{\partial u_\theta}{\partial R} + \frac{1}{R}\frac{\partial u_\theta}{\partial R} - \frac{1}{R^2}u_\theta \cdot 2\right) - \rho\frac{\partial^2 u_\theta}{\partial t^2}$$

$$= \frac{E}{2(1+\mu)}\left(\frac{\partial^2 u_\theta}{\partial R^2} + \frac{2}{R}\frac{\partial u_\theta}{\partial R} - \frac{2u_\theta}{R^2}\right) - \rho\frac{\partial^2 u_\theta}{\partial t^2} = 0$$

即

$$\begin{cases} \dfrac{E}{2(1+\mu)}\left[\dfrac{\partial^2 u_\theta}{\partial r^2} + \dfrac{2}{R}\dfrac{\partial u_\theta}{\partial R} - \dfrac{2u_\theta}{R^2}\right] - \rho\dfrac{\partial^2 u_\theta}{\partial t^2} = 0 \\ z = 0 \text{ 且 } R = R(x,y,0) \end{cases} \tag{2-35}$$

式(2-35)就是"超维-解低维"解法求解二维点源横波的微分方程的重要过渡方程,该式只在 $z=0$ 的条件下才有实际物理意义。且式(2-35)与式(2-2)形式完全相同。

式(2-35)是二维点源涡旋横波超维到三维视角后的微分方程,有解析解,且解也是考虑几何衰减的达朗贝尔解形式,即

$$r\Phi = f_1(r - c_2 t) + f_2(r + c_2 t) \tag{2-36}$$

式中,$u_\theta = \dfrac{\partial \Phi}{\partial r}$,由于 u_θ 表示环向位移,u_θ 的方向与 r 的方向垂直,因此 Φ 是位移 u_θ 的流函数;$c_2 = \sqrt{\dfrac{E}{2(1+\mu)\rho}}$;$r$ 为二维矢径;f_1、f_2 为任意函数。

2.3 工程数学与力学中的相关结论

2.3.1 势函数、流函数及复位势

如果矢量场无旋[156],即

$$\omega_x = \frac{1}{2}\left(\frac{\partial w}{\partial y} - \frac{\partial v}{\partial z}\right) = 0$$

$$\omega_y = \frac{1}{2}\left(\frac{\partial u}{\partial z} - \frac{\partial w}{\partial x}\right) = 0$$

$$\omega_z = \frac{1}{2}\left(\frac{\partial v}{\partial x} - \frac{\partial u}{\partial y}\right) = 0 \tag{2-37}$$

则存在函数 $\Psi(x,y,z)$，使得 $v_x=\dfrac{\partial\Psi}{\partial x}$，$v_y=\dfrac{\partial\Psi}{\partial y}$，$v_z=\dfrac{\partial\Psi}{\partial z}$。

$\Psi(x,y,z)$ 称为矢量的势函数。

极坐标形式为 $v_r=\dfrac{\partial\Psi}{\partial r}=\dfrac{\partial\Phi}{r\partial\theta}$，$v_\theta=\dfrac{\partial\Psi}{r\partial\theta}=-\dfrac{\partial\Phi}{\partial r}$。

相应势函数为 $\Psi(r,\theta,z)$。

如果矢量场介质不可压缩，或者说介质等容，则连续性方程成立，存在流函数 $\Phi(r,\theta)$，并且

$$v_r=\frac{\partial\Psi}{\partial r}=\frac{\partial\Phi}{r\partial\theta}，v_\theta=\frac{\partial\Psi}{r\partial\theta}=-\frac{\partial\Phi}{\partial r} \tag{2-38}$$

复数为 $z=x+iy$。

令 $W(z)=\Psi(r,\theta)+i\Phi(r,\theta)$，由于 $\dfrac{\partial\Psi}{\partial r}=\dfrac{\partial\Phi}{r\partial\theta}$，$\dfrac{\partial\Psi}{r\partial\theta}=-\dfrac{\partial\Phi}{\partial r}$，所以 $W(r,\theta)$ 是解析函数，称为复位势。

根据复变函数理论，该复势可以表示任意的矢量场。可以仿照矢量场论中的方法，建立中心对称点波源位移矢量场的复变函数表达式。

2.3.2 点源和点涡

设在半径为 r_0 的圆周上，环向速度 $v_\theta=0$，径向速度 $v_r>0$，且均匀分布，圆周上的体积流量为 $Q=2\pi r_0 v_r$，当 $r_0\to0$ 时，保持 Q 不变，这种流动称为点源流动，Q 称为点源强度。

下面推导点源流的复势[157]：

设点源位于原点，以原点为圆心，作一个半径为 r 的圆周，在此圆周上只有法向速度 v_r，没有切向速度 v_θ，则有

$$2\pi r v_r=Q，v_r=\frac{Q}{2\pi r}，v_\theta=0 \tag{2-39}$$

$$\frac{\partial\Psi}{\partial r}=v_r=\frac{Q}{2\pi r}，\frac{\partial\Psi}{r\partial\theta}=v_\theta=0 \tag{2-40}$$

$$\Psi=\frac{Q}{2\pi}\ln r \tag{2-41}$$

$$\frac{\partial\Phi}{r\partial\theta}=v_r=\frac{Q}{2\pi r}，\frac{\partial\Phi}{\partial r}=-v_\theta=0 \tag{2-42}$$

$$\Phi=\frac{Q}{2\pi}\theta \tag{2-43}$$

则点源流的复势为

$$W = \Psi + i\Phi = \frac{Q}{2\pi}(\ln r + i\theta) = \frac{Q}{2\pi}\ln(re^{i\theta}) = \frac{Q}{2\pi}\ln z \qquad (2\text{-}44)$$

设在半径为 r_0 的圆周上无径向速度,环向速度均匀分布,且圆周上的速度环量为 $\Gamma = 2\pi r_0 v_\theta$($\Gamma$ 以逆时针方向为正),当 $r_0 \to 0$ 时,保持环量 Γ 不变,则称为点涡,Γ 称为点涡强度。

下面推导点涡的复势[157]:

设圆心位于原点,在半径为 $r(r > r_0)$ 的圆周上有

$$v_r = 0, \; 2\pi r v_\theta = \Gamma, \; v_\theta = \frac{\Gamma}{2\pi r} \qquad (2\text{-}45)$$

$$v_r = \frac{\partial \Psi}{\partial r} = 0, \; v_\theta = \frac{\partial \Psi}{r\partial \theta} = \frac{\Gamma}{2\pi r} \qquad (2\text{-}46)$$

$$\Psi = \frac{\Gamma}{2\pi}\theta \qquad (2\text{-}47)$$

$$v_r = \frac{\partial \Phi}{r\partial \theta} = 0, \; v_\theta = -\frac{\partial \Phi}{\partial r} = \frac{\Gamma}{2\pi r} \qquad (2\text{-}48)$$

$$\Phi = -\frac{\Gamma}{2\pi}\ln r \qquad (2\text{-}49)$$

则点涡的复势为

$$W(z) = \frac{\Gamma}{2\pi}(\theta - i\ln r) = \frac{\Gamma}{2\pi i}\ln z \qquad (2\text{-}50)$$

2.3.3　Helmholtz 定理

根据矢量场论中的 Helmholtz 定理[158],空间区域 V 上的任意矢量场,如果它的散度、旋度和边界条件(即限定区域 V 的闭合曲面 S 上的矢量场的分布)为已知,则该矢量场可以唯一地表示为一个标量函数的梯度场(无旋场)和一个矢量函数旋度场(无散场)的叠加。其中,无旋场由通量源激发,无散场由漩涡源激发。

2.4　已有结论向弹性动力学中的迁移

弹性动力学中的中心对称点激发位移矢量场,与流体速度场具有相同的特征,概念具有对应关系,只需将速度场替换为位移场。

中心对称点波源发出的体波分别为纵波和横波。纵波中质点的位移方向与波的行进方向相同,如果弹性体中只存在纵波,则弹性体中的位移场是无旋场;横波中质点的位移方向与波的行进方向正交,如果弹性体中只存在横波,则弹性

体中的位移场是无散场。

中心对称点激发的位移波场中,纵波等同于三维球坐标中的球面发散位移波,横波是二维极坐标中的点对称漩涡位移波。

根据 Helmholtz 定理,在弹性体中,如果分别已知纵波的点源球面无旋场和横波的点源极坐标漩涡无散场,则可按照 Helmholtz 定理将中心对称的点激发位移矢量场表示为点源激发的位移无旋场和点涡激发的位移无散场的叠加。

下面结合已知的点源球面纵波波动方程和推导出的二维点源横波波动方程,建立中心对称点源激发条件下弹性体中完整波动位移场的表述。

2.4.1　位移通量源

（1）位移通量源的定义

式(2-8)中取

$$f_1 = \frac{R \cdot S}{2\pi} \cdot \ln(R - c_1 t) \qquad (2\text{-}51)$$

式中,S 为胀缩荷载作用下的初始径向位移通量。

初始时刻 $t=0$ 时,径向位移的势函数为

$$\Psi = \frac{S}{2\pi}\ln R \qquad (2\text{-}52)$$

以矢径 R 作为变量,则

$$u_R = \frac{\partial \Psi}{\partial R} = \frac{S}{2\pi R} = \frac{\partial \Phi}{R\partial \theta}, u_\theta = \frac{\partial \Psi}{R\partial \theta} = 0 = -\frac{\partial \Phi}{\partial R} \qquad (2\text{-}53)$$

因此,径向位移的流函数为

$$\Psi = S \cdot \theta / 2\pi \qquad (2\text{-}54)$$

（2）位移通量源的含义及其复势

在半径为 R 的圆周上,环向位移 $u_\theta=0$,径向位移 $u_r>0$,且均匀分布,圆周上径向位移的通量为 $S=2\pi R u_r$。某次胀缩荷载作用下,当 $R\to 0$ 时,径向位移通量 S 应保持不变,不同强度的胀缩荷载下径向位移通量 S 不同。

因此,位移通量源激发的点源无旋场的复势为

$$W_1 = \Psi + i\Phi = \frac{S}{2\pi}(\ln R + i\theta) \qquad (2\text{-}55)$$

2.4.2　位移漩涡源

（1）位移漩涡源的定义

式(2-36)中取

$$f_1 = \frac{-r \cdot \Gamma}{2\pi} \cdot \ln(r - c_2 t) \tag{2-56}$$

式中，Γ 为某扭转荷载下的初始环向位移流量。

初始时刻 $t = 0$，则环向位移的流函数为

$$\Phi = \frac{-\Gamma}{2\pi} \ln r \tag{2-57}$$

以二维矢径 r 作为变量，则

$$u_r = \frac{\partial \Phi}{r \partial \theta} = 0 = \frac{\partial \Psi}{\partial r}, u_\theta = -\frac{\partial \Phi}{\partial r} = \frac{\Gamma}{2\pi r} = \frac{\partial \Psi}{r \partial \theta} \tag{2-58}$$

因此，环向位移的势函数为

$$\Psi = \frac{\Gamma}{2\pi} \theta \tag{2-59}$$

（2）位移漩涡源的含义及其复势

在半径为 r 的圆周上，径向位移 $u_r = 0$，环向位移 $u_\theta > 0$，且均匀分布，圆周上环向位移的环流量为 $\Gamma = 2\pi r u_\theta$（Γ 以逆时针方向为正）。某扭转荷载作用下，当 $r \rightarrow 0$ 时，环向位移环流量 Γ 应保持不变，不同强度扭转荷载作用下环向位移环流量 Γ 不同。

因此，位移漩涡源激发的点源无散场的复势为

$$W_2 = \Psi + i\Phi = \frac{\Gamma}{2\pi}(\theta - i \cdot \ln r) \tag{2-60}$$

位移通量源与位移漩涡源见图 2-1。

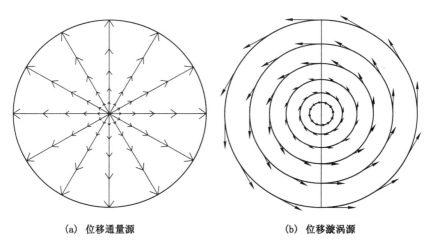

(a) 位移通量源   (b) 位移漩涡源

图 2-1 位移通量源与位移漩涡源

2.4.3 位移通量源与位移漩涡源复势的叠加

根据 Helmholtz 定理,并利用 2.4.1 和 2.4.2 的结论,一个中心对称的点源平面位移场可表示为一个点源无旋位移场和点源无散位移场的叠加,复势为 $W=W_1+W_2$。一个点源无旋位移场既可以是二维的,也可以是三维的;一个点源无散位移场只能是二维的。

中心对称点源激发的位移场处于三维环境中,激发的横波也存在于三维环境中。根据本章推导的结果,一个位移漩涡源激发的点源无散位移场是一个二维平面的位移场。因此,实际三维位移场中可能存在多个横波位移平面,即多个点源无散位移场平面,相应地对应于多个处于不同平面的位移漩涡源。这在实际点源激发的位移场中是普遍存在的,也是本章的理论推导所允许的。这种情况的总位移场,由一个三维点源无旋场与多个二维点源无散场叠加构成,点源无旋场由位移通量源激发,多个点源无散场由不同的位移漩涡源激发。相应的复势为

$$W = W_1 + W_2(1) + W_2(2) + W_2(3) \cdots\cdots + W_2(n) \tag{2-61}$$

2.5　与有限元计算方法结果的对比

为了对比本章的理论推导与其他已有方法的计算结果,采用通用有限元求解程序阿迪娜(Adina)建立数值模型,有限元数值计算方法是已有的成熟理论,且与本章的解析结论相互独立,如果两种各自独立的方法计算结果一致,则说明本章的理论推导与已有方法一致。为了简便,数值计算模型取初始时刻 $t=0$ 的状态模拟。

模型中的位移场可表示为位移通量源与位移漩涡源的叠加。

对于位移通量源:$u_r=S/(2\pi R)$,$u_\theta=0$;

对于位移漩涡源:$u_r=0$,$u_\theta=\Gamma/(2\pi r)$。

荷载向量见表 2-1,模型网格划分与荷载施加见图 2-2。数值模型参数如下:在 y、z 坐标平面内,取半径为 1 单位和半径为 100 单位的两个同心圆,构成的圆环为计算范围,内圆上取 24 个节点施加位移荷载,外圆施加固定约束。首先分别在 24 个节点上施加量值为 1 的径向位移,模拟位移通量源,相应位移通量 $S=2\pi$;然后分别在 24 个节点上施加量值为 1 的环向位移,模拟位移漩涡源,相应位移环流量 $\Gamma=2\pi$。单元类型为平面应变单元,划分网格并求解,在计算结果中取与 y 轴正向平行的一条半径,读取节点 y 向、z 向位移,由于模型关于圆心对称,该半径上的位移即代表整个位移场中的径向位移 u_r、环向位移 u_θ。将模拟结果与理论计算结果对比,如图 2-3 所示。

表 2-1 半径为 1 的单位圆上 24 个均分点处的径向和环向单位向量

点号	径向 y	径向 z	环向 y	环向 z
1	0	1	−1	0
2	−0.258 819	0.965 926	−0.965 926	−0.258 819
3	−0.5	0.866 025	−0.866 025	−0.5
4	−0.707 107	0.707 107	−0.707 107	−0.707 107
5	−0.866 025	0.5	−0.5	−0.866 025
6	−0.965 926	0.258 819	−0.258 819	−0.965 926
7	−1	0	0	−1
8	−0.965 926	−0.258 819	0.258 819	−0.965 926
9	−0.866 025	−0.5	0.5	−0.866 025
10	−0.707 107	−0.707 107	0.707 107	−0.707 107
11	−0.5	−0.866 025	0.866 025	−0.5
12	−0.258 819	−0.965 926	0.965 926	−0.258 819
13	0	−1	1	0
14	0.258 819	−0.965 926	0.965 926	0.258 819
15	0.5	−0.866 025	0.866 025	0.5
16	0.707 107	−0.707 107	0.707 107	0.707 107
17	0.866 025	−0.5	0.5	0.866 025
18	0.965 926	−0.258 819	0.258 819	0.965 926
19	1	0	0	1
20	0.965 926	0.258 819	−0.258 819	0.965 926
21	0.866 025	0.5	−0.5	0.866 025
22	0.707 107	0.707 107	−0.707 107	0.707 107
23	0.5	0.866 025	−0.866 025	0.5
24	0.258 819	0.965 926	−0.965 926	0.258 819

由图 2-3 可见,理论计算曲线与数值模拟曲线基本重合。在 $y=0$ 附近,即靠近圆心区域,曲线完全重合;在靠近有限元固定边界处,曲线出现微小偏差,原因是边界条件不同,本章解析理论是在无限大空间中,而有限元计算模型是在有限固定边界中。由此可见在初始时刻 $t=0$ 条件下,本章解析理论计算值与有限元数值计算方法一致。

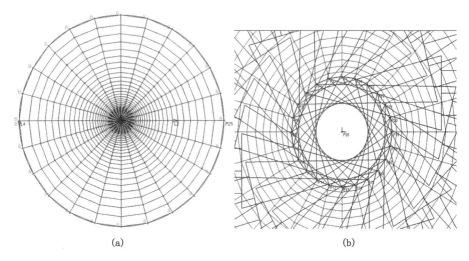

(a)   (b)

图 2-2　数值模拟模型的网格划分与荷载施加

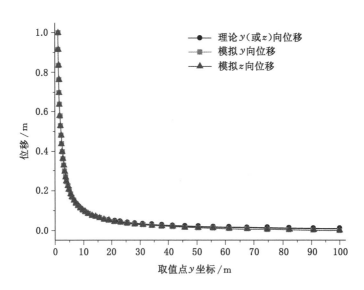

图 2-3　初始状态 $t=0$ 时解析理论结果与数值模拟结果对比

2.6　矿山微震波经煤矿采空区后传播规律的试验研究

本章前述研究将矿震波视为点状胀缩荷载和点状扭转荷载的叠加，推导了二维或三维坐标下均匀介质中点状荷载产生的纵波、横波叠加传播机理的解析表述。对于中置钢筋的无孔混凝土圆板,钢筋上施加敲击动荷载时,其理论模型就是本章前述研究的二维点源球面纵波模型,该弹性力学微分模型存在解析解答,因此无须试验验证。

在经典弹性力学理论中,带圆孔的无限大平板在静荷载作用下的应力分布有解析解,有限大小的带圆孔薄板在静荷载下的应力分布也可以通过有限单元法求解。动荷载下带圆孔薄板的动力响应暂时还没有解析解,因此本章建立试验模型进行研究,试验模型为带圆孔的混凝土圆板,圆板中央内置钢筋用来施加动荷载,在圆板周围布置传感器接收信号。同时,通过有限单元法进行验证和扩展,在此基础上,建立圆孔孔径由小到大的系列数值模型,计算并寻找孔径大小不同时动力响应的变化规律。以此为力学模型,揭示矿震波经过有采空区的围岩时的动力响应规律。

正因为中置钢筋的带圆孔圆板受到中心敲击荷载的动力学模型没有解析解答,因此需要设计室内试验来获取带圆孔圆板的动力响应规律。只设置了中置钢筋的带孔混凝土圆板的敲击试验,而没有设计不带孔均质圆板的敲击试验,是因为本章的前述研究采用理论推导方式给出了不带孔均质圆板中心受敲击荷载时的解析解。

2.6.1　试件模具及尺寸

共制作两个试件,其尺寸材质相同,试验结果相互验证校核。

两个试件尺寸:混凝土圆板底面半径为 25 cm,高 10 cm,圆孔设一个,位于混凝土圆板某条半径的中央,圆孔半径为 5.5 cm。混凝土强度等级为 C40。

模型的制作方法:用薄铁板制作模具,圆孔处放置半径为 5.5 cm 的 PVC 圆管,然后浇筑强度等级为 C40 混凝土,并在混凝土圆板的圆心处竖直放置 $\phi 22$ mm 带肋钢筋。模具及模型尺寸见图 2-4 和图 2-5。

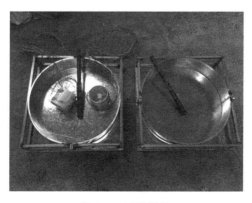

图 2-4　试验模具

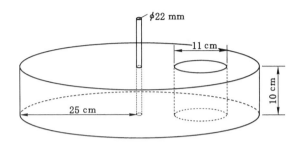

图 2-5　模具及模型尺寸

2.6.2　C40 强度等级的混凝土各组分配合比的计算

水泥品种、标号、品牌：P·O42.5/海螺；设计强度等级：C40；设计坍落度：(100 ± 30) mm；石子品种规格：$5\sim25$ mm，连续级配；黄砂品种规格：中砂。

① 确定试配强度 $f_{cu,o}$：

$$n>25 \text{ 时，} \sigma=\sqrt{\dfrac{\sum\limits_{i=1}^{n}(f_{cu,i}^2-nm_{f_{cu}}^2)}{n-1}}=6.0$$

σ 也可按表 2-2 取值。

表 2-2　混凝土不同强度等级对应的 σ

混凝土强度等级	σ/MPa
<C20	4.0
C20~C35	5.0
>C35	6.0

$f_{cu,o}=f_{cu,k}+1.645\sigma=49.9$ MPa

② 水泥实际强度 $f_{ce}=42.5$ MPa 或 $f_{ce}=\gamma_c\cdot f_{ce,g}=45.9$ MPa。

③ 计算混凝土等效水灰比：

$$\frac{W}{C_0}=\frac{W}{C}=\frac{0.46\times f_{ce}}{f_{cu,o}+0.46\times0.07\times f_{ce}}=0.411$$

按《普通混凝土配合比设计规程》(JGJ 55—2011)中的要求校核耐久性或抗渗要求允许的最大水灰比。取 $W/C_0=0.41$。式中，W 为水用量；C 为水泥用量。

④ 按《混凝土外加剂》(GB 8076—2008)测定外加剂减水率 $W_R=15.00\%$。

⑤ 按《普通混凝土配合比设计规程》(JGJ 55—2011)并考虑外加剂减水率及矿物掺合料性能，计算确定单位用水量 $W=180$ kg/m³。

⑥ 总灰量 $C_0=C=W\div(W/C)=438\ \mathrm{kg/m^3}$。

⑦ 按《普通混凝土配合比设计规程》(JGJ 55—2011)选用砂率 $\beta_S=32\%$。

⑧ 按绝对体积法计算砂用量 S、石子用量 G。

a. 原材料表观密度见表 2-3。

表 2-3　原材料表观密度

材料名称	水泥	水	砂	石子
表观密度/(kg/m³)	3 100	1 000	2 650	2 720

b. 混凝土含气量百分数(应视外加剂而定)$\alpha=1$。

计算公式为

$$C/\rho_C+Z/\rho_Z+F/\rho_F+S/\rho_S+G/\rho_G+W/\rho_w+0.01\times\alpha=1$$

$$\beta_S=\frac{S}{S+G}\times100\%=32\%$$

解方程得

$$S=577\ \mathrm{kg/m^3}$$

$$G=1\ 227\ \mathrm{kg/m^3}$$

⑨ 确定基准配合比:按 JGJ 55 的要求确定混凝土试拌用量 L,外加剂掺量为 0.30%。试拌并测定坍落度,当需调整单位用水量、砂率时,计算出调整后的基准配合比,并测量新拌混凝土表观密度。计算结果见表 2-4。

表 2-4　C40 强度等级的混凝土基准配合比与表观密度

材料名称	水泥	水	砂	石子	外加剂
用量/(kg/m³)	438	180	577	1 227	1.31
坍落度/mm	115	表观密度/(kg/m³)			2 423

2.6.3　各材料用量

混凝土各材料用量见表 2-5。

表 2-5　各试件各层混凝土组分用量

序号	体积/m³	实际水泥用量/kg	实际水用量/kg	实际砂用量/kg	实际石子用量/kg	实际外加剂用量/kg
试件 1	实心圆板	8.595 750	3.532 5	11.323 6	24.079 9	0.025 708 8
	去掉空心圆柱	8.179 716	3.361 5	10.775 6	22.914 4	0.024 464 4

表 2-5(续)

序号	体积/m³	实际水泥用量/kg	实际水用量/kg	实际砂用量/kg	实际石子用量/kg	实际外加剂用量/kg
试件 2	实心圆板	8.595 750	3.532 5	11.323 6	24.079 9	0.025 708 8
	去掉空心圆柱	8.179 716	3.361 5	10.775 6	22.914 4	0.024 464 4

2.6.4 将矿震信号等效为重锤敲击信号并换算为加速度输入

试验中以重锤敲击混凝土圆板中置的钢筋等效为矿震动荷载,爆破测震仪的传感器接收到的是加速度信号。因此,需要将重锤的敲击动荷载换算为加速度,以方便后文数值模拟中矿震动荷载信号的输入。

控制重锤敲击动荷载大小的两个变量是重锤重量和重锤下落高度。试验采用的重锤质量是 3 kg,连接支架和重锤的细杆质量忽略不计,通过调整重锤下落的高度,来调节敲击动荷载量的大小。

重锤下落高度分别取为 $h_1 = 8$ cm 和 $h_2 = 125$ cm,撞击时间取为 $t = 0.01$ s。

下落动能为 $\frac{1}{2}mv^2 = mgh$,撞击速度 $v = \sqrt{2gh}$,由动量定理可得 $Ft = mv - 0$,而 $F = ma$,所以撞击加速度 $a = \frac{F}{m} = \frac{mv}{t \cdot m} = \frac{v}{t} = \frac{\sqrt{2gh}}{t}$。

将上述条件代入可得,$a_1 \approx 125$ m/s²,$a_2 \approx 500$ m/s²。

a_1、a_2 为以加速度衡量的施加敲击动荷载的大小,在后文试验分析和数值模拟中取这两个值。

2.7 动荷载试验

2.7.1 敲击方法及测试仪器

试验试件制作过程见图 2-6,敲击试验图示见图 2-7,试验过程见图 2-8。

采用固定高度落锤敲击法,敲击试验操作过程为用敲击支架上的重锤敲击钢筋,钢筋受到动荷载并传递给混凝土圆板,在混凝土圆板边缘布置四个加速度信号传感器,其中一个传感器布置在圆孔所在半径端部,与之相对的另一端布置一个传感器,与该直径垂直的直径两端各布置一个传感器。

加速度信号监测及接收系统采用成都中科测控有限公司研发的 TC-4850 型爆破测震仪。

敲击动荷载分别为 125 m/s²,500 m/s²。每种荷载、每个试件各敲击两个循环,每个循环敲击 10 次,最后结果取平均值。

(a) 敲击支架与混凝土的调制

(b) 试件的制备和震捣

图 2-6 试件的制作过程

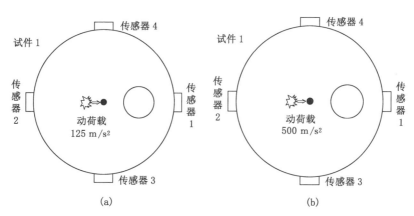

图 2-7 敲击试验图示

图 2-8 动荷载试验过程

2.7.2 试验数据与结果分析

以传感器 1 处为位置 1,传感器 2 处为位置 2,传感器 3 处为位置 3,传感器 4 处为位置 4。传感器的 y 分量为混凝土圆板的径向加速度信号,传感器的 x 分量为混凝土圆板的切线方向加速度信号,传感器的 z 分量为竖直方向信号。径向方向中以从圆心向外为正,竖直方向以竖直向上为正,切线方向的正负根据 y 轴、z 轴的正向以立体几何中的右手定则确定。

试验中,混凝土原板放置于地面上,无隔震措施,因此重锤敲击钢筋时,震动会从地面传递至传感器,本试验中所用测震仪的传感器是三分向加速度传感器,传感器 z 方向会收到加速度信号。但该信号并非本试验所要分析的内容,因此未将 z 方向接收到的加速度信号列于表中,但 z 方向加速度在试验中确实存在。

根据表 2-6 至表 2-9 中位置 1 处传感器 1 所接收到的数据,圆孔所在半径的径向处,没有接收到切向加速度信号,表示位置 1 处不受动剪切荷载。但径向加速度是负值,原因在于加速度扰动绕过圆孔传递,应力波传递受到阻隔和干扰,并在圆孔远离圆心侧汇聚,两股加速度扰动导致该处形成了负加速度。

根据试验模型,在震源到采空区连线上,采空区远离震源的一侧会出现指向震源的负加速度,这从试验角度提供了矿山微震动荷载会加剧采空区沉陷的动力模型。在以往的理论中,往往认为重力作用是采空区沉陷的主要原因,而矿山微震动荷载只是重力效应的催化剂。本试验提出了采空区沉陷的另一种理论模型。这种理论模型的理想条件是,震源、采空区地表依次自下向上竖直分布。这种分布方式也符合浅部被采空、深部继续开采的普遍的矿山开采结构,只要采空区围岩发生矿震,就会在采空区远离震源的一侧产生负加速度,因此会加剧沉陷。

表 2-6　第 1 轮敲击试验数据

加速度/(m/s²)		敲击 1	敲击 2	敲击 3	敲击 4	敲击 5
传感器 1	x 方向峰值	0	0	0	0	0
	y 方向峰值	−6.426 20	−7.324 62	−8.447 65	−8.335 35	−9.233 77
传感器 2	x 方向峰值	0	0	0	0	0
	y 方向峰值	6.133 756	5.246 272	6.526 946	9.459 016	3.729 684
传感器 3	x 方向峰值	−3.449 850	−3.953 840	−2.828 88	−4.643 46	−2.725 38
	y 方向峰值	4.387 598	5.838 705	4.993 179	5.633 037	6.183 615
传感器 4	x 方向峰值	3.691 342	3.633 844	4.404 311	3.794 837	4.059 326
	y 方向峰值	7.551 366	7.252 530	9.240 941	8.551 319	7.057 137
加速度(m/s²)		敲击 6	敲击 7	敲击 8	敲击 9	敲击 10
传感器 1	x 方向峰值	0	0	0	0	0
	y 方向峰值	−8.035 87	−8.410 21	−8.472 60	−8.260 48	−7.661 53
传感器 2	x 方向峰值	0	0	0	0	0
	y 方向峰值	6.740 392	5.942 779	6.819 030	5.190 102	9.672 462
传感器 3	x 方向峰值	—	—	—	—	—
	y 方向峰值	—	—	—	—	—
传感器 4	x 方向峰值	—	—	—	—	—
	y 方向峰值	—	—	—	—	—

注:—表示拾取失败,下同。

震源、采空区地表依次自下向上竖直分布,并不意味着沉陷仅仅源于重力效应,试验中的对应点分别是震源、圆孔和圆孔远离震源侧,三者是在水平直线排列的情况下产生指向震源的负加速度。因此,该模型对于与多采空区相邻的,在其水平邻侧继续开采的矿山结构的动力响应也有解释意义,矿震动荷载会使相邻采空区之间的岩柱产生指向爆源的加速度,这对采空区中夹岩柱的稳定分析及加固支护具有指导意义。

表 2-7 第 2 轮敲击试验数据

加速度/(m/s²)		敲击 1	敲击 2	敲击 3	敲击 4	敲击 5
传感器 1	x 方向峰值	0	0	0	0	0
	y 方向峰值	−5.240 79	−7.262 23	−4.591 93	−5.228 31	−6.176 64
传感器 2	x 方向峰值	0	0	0	0	0
	y 方向峰值	2.932 070	3.235 388	2.909 602	2.842 198	3.100 580
传感器 3	x 方向峰值	−3.702 040	−4.044 82	−3.245 000	−4.044 82	−3.827 72
	y 方向峰值	3.462 089	3.199 291	3.587 776	2.410 894	2.548 006
传感器 4	x 方向峰值	15.397 840	13.247 430	8.141 651	14.926 360	12.396 470
	y 方向峰值	10.349 560	10.648 540	15.673 830	8.072 654	6.290 230
加速度(m/s²)		敲击 6	敲击 7	敲击 8	敲击 9	敲击 10
传感器 1	x 方向峰值	0	0	0	0	0
	y 方向峰值	−5.502 830	−6.526 030	−7.137 45	−4.354 840	−5.652 560
传感器 2	x 方向峰值	0	0	0	0	0
	y 方向峰值	2.797 263	2.943 304	3.269 09	2.269 265	2.943 304
传感器 3	x 方向峰值	−3.772 880	—	—	—	—
	y 方向峰值	3.041 611	—	—	—	—
传感器 4	x 方向峰值	12.821 95	—	—	—	—
	y 方向峰值	10.206 96	—	—	—	—

根据表 2-6 至表 2-9 中位置 2 处传感器 2 所接收到的数据,位置 2 处无切向加速度,且径向加速度为正值。位置 2 处加速度分布规律与无圆孔圆板的加速度分布规律相似,由于呈局部轴对称,所以只有径向加速度,无切向加速度。

需要指出的是位置 1 处无切向加速度,并非因为圆孔的阻隔,与位置 2 处一样,无切向加速度是由于模型关于位置 1、2 连线呈轴对称。

表 2-8 第 3 轮敲击试验数据

加速度/(m/s²)		敲击 1	敲击 2	敲击 3	敲击 4	敲击 5
传感器 1	x 方向峰值	0	0	0	0	0
	y 方向峰值	−31.082 90	−24.020 30	−25.492 70	−32.692 50	−29.710 30
传感器 2	x 方向峰值	0	0	0	0	0
	y 方向峰值	33.533 45	43.419 36	41.869 07	37.532 75	30.758 66
传感器 3	x 方向峰值	−16.327 80	−22.166 50	−23.697 60	−20.018 40	−21.252 40
	y 方向峰值	29.227 81	14.054 03	29.639 14	16.396 36	14.293 97
传感器 4	x 方向峰值	22.907 02	23.976 47	32.819 59	39.259 32	44.353 60
	y 方向峰值	17.286 54	12.470 67	24.274 71	15.114 23	14.148 75
加速度/(m/s²)		敲击 6	敲击 7	敲击 8	敲击 9	敲击 10
传感器 1	x 方向峰值	0	0	0	0	0
	y 方向峰值	−47.366 70	−43.036 80	−27.064 90	−40.478 80	−35.587 40
传感器 2	x 方向峰值	0	0	0	0	0
	y 方向峰值	81.940 70	47.733 21	54.529 77	58.955 96	54.496 07
传感器 3	x 方向峰值	−20.692 60	—	—	—	—
	y 方向峰值	20.722 26	—	—	—	—
传感器 4	x 方向峰值	47.067 48	35.291 99	40.213 78	38.822 33	40.834 75
	y 方向峰值	18.608 31	17.079 65	15.688 91	14.688 96	16.091 19

位置 3 与位置 4 关于震源与圆孔的连线对称，因此加速度分布也对称一致，这从表 2-6 至表 2-9 中的试验数据也可以看出。

根据表 2-6 至表 2-9 中位置 3、4 处传感器 3、4 所接收到的数据，位置 3 与位置 4 不但存在径向加速度，还存在明显切向加速度，加速度方向垂直于位置 3、4 连线并背离圆孔侧的方向。产生切向加速度是由于圆孔的作用，圆孔边界对混凝土圆板中心传递的加速度扰动起到阻隔及反射的作用，反射的加速度扰动与径向传递的加速度经过矢量合成，构成了传感器 3、4 中的径向、切向加速度信号。

采空区除了会导致地表沉陷，与矿山微震动荷载等同时存在时还会对地表建筑物的稳定安全产生不利影响。

在地震波研究中发现，对于面波和体波，面波对地表建筑物的损伤更大；对于体波中的纵波和横波，横波对地表建筑物的损伤更大。分析原因，这是因为地表的水平剪切震动对建筑物的危害较大。

根据试验模型，当矿山微震震源与采空区在同一个水平面时，会在震源与采空区水平连线垂直的上方(下方)产生水平方向的剪切震动,因此该试验模型可以解释矿山微震动荷载与采空区同时存在时,会对地表建筑物产生更不利的影响。

表 2-9 第 4 轮敲击试验数据

加速度/(m/s²)		敲击 1	敲击 2	敲击 3	敲击 4	敲击 5
传感器 1	x 方向峰值	0	0	0	0	0
	y 方向峰值	−27.826 10	−30.159 50	−24.556 8	−24.145 00	−23.583 50
传感器 2	x 方向峰值	0	0	0	0	0
	y 方向峰值	22.501 67	61.135 36	40.745 67	41.460 90	—
传感器 3	x 方向峰值	−39.636 90	−41.099 50	−43.658 9	−42.310 60	−43.441 80
	y 方向峰值	49.417 60	52.605 50	50.446 0	50.823 00	51.017 30
传感器 4	x 方向峰值	22.826 52	26.586 86	24.574 45	25.632 40	22.493 04
	y 方向峰值	41.986 51	34.446 64	40.952 08	43.457 71	33.366 23
加速度/(m/s²)		敲击 6	敲击 7	敲击 8	敲击 9	敲击 10
传感器 1	x 方向峰值	0	0	0	0	0
	y 方向峰值	−21.562 10	−21.512 20	−22.822 40	−24.319 70	−34.164 90
传感器 2	x 方向峰值	—	—	—	—	—
	y 方向峰值	—	—	—	—	—
传感器 3	x 方向峰值	—	—	—	—	—
	y 方向峰值	—	—	—	—	—
传感器 4	x 方向峰值	25.413 91	36.660 43	26.563 86	22.861 02	5.064 38
	y 方向峰值	32.998 44	42.250 87	34.504 11	40.342 91	5.457 21

2.8 不同圆孔直径下各位置加速度响应变化的数值模拟

为了考察不同荷载大小条件下加速度分布规律是否变化,选择两种不同大小的敲击荷载敲击钢筋,第 1、2 轮用 125 m/s² 的敲击荷载敲击,第 3、4 轮用 500 m/s² 的敲击荷载敲击,1、2 轮和 3、4 轮相互印证,表 2-10 中为 4 轮敲击下每轮敲击信号的平均值。根据试验结果,不同敲击荷载下,加速度的分布规律一致,只是加速度信号的量值明显增大。

表 2-10　敲击响应加速度平均值　　　　　　　单位:m/s²

传感器	第 1 轮		第 2 轮	
传感器 1	$x=0$	$y=-8.060\ 830$	$x=0$	$y=-5.767\ 360$
传感器 2	$x=0$	$y=6.546\ 044$	$x=0$	$y=2.924\ 206$
传感器 3	$x=-3.520\ 280$	$y=5.407\ 227$	$x=-3.772\ 880$	$y=3.041\ 611$
传感器 4	$x=3.916\ 732$	$y=7.930\ 659$	$x=12.821\ 950$	$y=10.206\ 960$
传感器	第 3 轮		第 4 轮	
传感器 1	$x=0$	$y=-33.653\ 30$	$x=0$	$y=-25.465\ 20$
传感器 2	$x=0$	$y=48.476\ 90$	$x=0$	$y=41.460\ 90$
传感器 3	$x=-20.692\ 60$	$y=20.722\ 26$	$x=-42.029\ 50$	$y=50.861\ 90$
传感器 4	$x=36.554\ 63$	$y=16.545\ 19$	$x=23.867\ 69$	$y=34.976\ 27$

　　通过试验主要得到两个结论,即试验模型可作为采空区地表沉陷加剧的理论依据,还可作为矿震动荷载下采空区地表建筑物受破坏的理论依据。但在实际工程中,采空区大小不一,小至溶洞孔穴,大到成片的多个采空区。在这种情况下,采空区周围的加速度分布是否还和试验模型一致,这个问题仍需探究。

　　同时,将实际采空区与震源的模型按比例缩小至本试验的模型是否合理?实际较大尺寸的采空区与实际大小的震源,其所在围岩内的加速度分布是否会呈现不同规律?当采空区由小到大变化时,加速度分布规律是否发生变化?这些问题也需进一步探究。

　　将本章的试验模型用于解释真实采空区灾害的理论模型,难以把握之处是实际采空区体积大小与实际震源大小的相对比例。因此,拟用数值模拟方法,考察不同大小的矿震动荷载在不同采空区孔径下,关键位置的加速度分布规律是否发生变化,这样就能回答上述问题,即试验模型的结论能否应用于工程实际。

　　另外,从试验变量角度考虑,试验中的关键变量除了敲击荷载的大小,另一个是圆孔直径,为了考察圆孔直径不同时对混凝土圆板 4 个典型位置加速度分布规律的影响,本章采用数值模拟的研究方法。通过数值模拟得到的不同圆孔直径下4 个位置的加速度数据,得到加速度对圆孔直径的拟合函数,并将试验条件中的圆孔直径输入拟合函数,得到加速度的计算值,用以验证数值模拟的正确性。

2.8.1　数值模型的几何尺寸

　　荷载施加节点见图 2-9,模型圆孔附近及模型整体的网格划分见图 2-10。数值模型参数如下:在 y、z 坐标平面内,取半径为 1 cm 和半径为 200 cm 的两个同心圆,构成的圆环为 C40 强度等级的混凝土实体,内圆上取 24 个节点施加加速度荷载,外圆外侧布置宽度为 1 cm 的圆环,设置为黏弹性材料,作为黏弹性人工边界,在黏弹性材料的外边缘施加固定约束,以使刚度矩阵正定。在 y—z 面的 y 轴上,距混凝土圆板中心 12.5 cm 的半径处,分别设置直径为 2.2 cm、4.4 cm、6.6 cm、8.8 cm、11 cm、13.2 cm、15.4 cm、17.6 cm、19.8 cm、22 cm 的圆形孔洞。

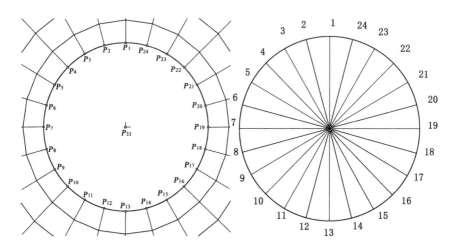

图 2-9　施加荷载的 24 个节点

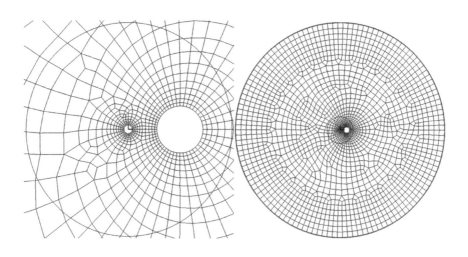

图 2-10　模拟模型与网格划分

有限元数值模拟软件是对有限边界区域内的微分方程进行离散化。本试验中,混凝土圆板为有限大小,半径为 25 cm,且边缘为临空面。施加荷载与边界条件时,为了避免影响数值模拟模型中加速度的分布,以使数值模型和试验模型一致,采取的方法是,扩展混凝土圆板的半径至 200 cm,并在距圆心 200 cm 为半径的圆的外侧,设置黏弹性人工边界,再在黏弹性材料的外侧,施加固定约束。

在圆心施加的加速度扰动传播至半径 25 cm 处,正是读取加速度数据的位置,加速度再传播 200 cm,将进一步衰减,这时边界条件对加速度传播的影响已经很有限,再在 200 cm 以外设置一层黏弹性人工边界,其可以有效吸收残余加速度在边界上的震荡,这样可将边界条件对数值模型的影响降到最低,并使数值模型与试验模型的加速度分布一致。

在考虑动力荷载时,本章的数值模拟分析若在指定的有限区域内进行,应力波在有限区域的边界上势必发生反射,从而干扰分析结果。虽然选取较大的分析范围可以减弱这种影响,但仍不能从根本上消除反射波的干扰。要使有限元求解过程中的刚度矩阵正定,必须在模型上施加固定约束。使固定约束对模型中加速度分布的影响降到最低,正是施加黏弹性人工边界的目的。

因此,考虑动荷载的数值模拟采用一致黏弹性人工边界。

2.8.2 Adina 中一致黏弹性人工边界的建立方法

建立黏弹性人工边界时需要定义三个参量:弹性模量、剪切模量和瑞利阻尼。在 Adina 中,可采用两种方法建立黏弹性人工边界。

第一种方法使用弹簧单元(Spring 单元),在计算区域边界上,每个节点连接两个 Spring 单元,Spring 单元的另一端为固定约束,见图 2-11。其中一个 Spring 单元提供法向弹性模量,弹性模量大小即 Spring 单元的刚度(element stiffness);另一个 Spring 单元提供切向剪切模量,剪切模量大小也为该 Spring 单元的 element stiffness。瑞利阻尼不在弹簧元的特性界面中定义,而是在"菜单—Control—Analysis assumption—Rayleigh Damping"中定义,其中质量阻尼 Alpha 设定为 0,刚度阻尼 Beta 需要根据材料力学参数选取。

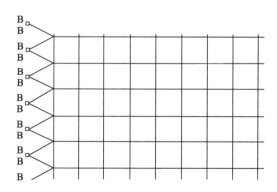

图 2-11 弹簧元法建立的黏弹性人工边界图

这种方法需要在边界每个节点上建立两个 Spring 单元，对于中等规模的模型，即使使用 Adina 提供的 Auto 自动填表功能，也是相当烦琐的。因此，清华大学刘晶波等[159-161]提出了"一致黏弹性人工边界"的方法，该方法在计算域的周围建立一层连续的黏弹性介质层，分别起到提供弹性模量和剪切模量的作用，操作起来极为简便。

在 Adina 中可使用弹性材料中的正交各向异性材料，材料的杨氏模量即为黏弹性人工边界的弹性模量，材料的剪切模量即为黏弹性人工边界的剪切模量。瑞利阻尼的输入与弹簧元法相同。

用这种方法建立一致黏弹性人工边界非常方便，使用效果和弹簧元方法完全相同。

对于黏弹性人工边界的弹性模量、切变模量和瑞利阻尼，不同力学参数的模型各不相同，需要事先计算。

从图 2-12 中可以看到，黏弹性人工边界可以在很短的时间内吸收到达的应力波。

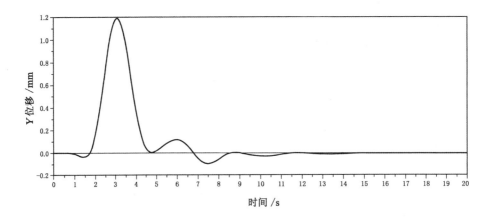

图 2-12　应力波吸收曲线示意图

2.8.3　数值模拟的参数设置

荷载的径向单位向量见表 2-11。首先分别在 24 个节点上施加量值为 1 的径向加速度。单元类型为平面应力单元，选择瞬态时间步隐式积分求解方式，时间步 100 步，每步时长 0.2 s，荷载在 1 s 时由 0 倍增加到 125 倍或 500 倍，相当于加速度为 125 m/s² 或 500 m/s²。未将最终施加的加速度直接布置在 24 个节点上，是为了施加荷载步骤的快速简便，与在时间函数中定义放大系数的效果一致。C40 强度等级混凝土材料的弹性模量取 45 GPa，泊松比取 0.17，密度取

2 423 kg/m³。划分网格并求解,在计算结果中,以混凝土圆板中心为圆心,取半径为 25 cm 处的圆与 y 轴、z 轴的正向、负向的交点处读取数据。

表 2-11 半径为 1 的单位圆上 24 个均分点处的径向单位向量

序号	y	z	序号	y	z
1	0	1	13	0	-1
2	$-0.258\ 819$	0.965 926	14	0.258 819	$-0.965\ 926$
3	-0.5	0.866 025	15	0.5	$-0.866\ 025$
4	$-0.707\ 107$	0.707 107	16	0.707 107	$-0.707\ 107$
5	$-0.866\ 025$	0.5	17	0.866 025	-0.5
6	$-0.965\ 926$	0.258 819	18	0.965 926	$-0.258\ 819$
7	-1	0	19	1	0
8	$-0.965\ 926$	$-0.258\ 819$	20	0.965 926	0.258 819
9	$-0.866\ 025$	-0.5	21	0.866 025	0.5
10	$-0.707\ 107$	$-0.707\ 107$	22	0.707 107	0.707 107
11	-0.5	$-0.866\ 025$	23	0.5	0.866 025
12	$-0.258\ 819$	$-0.965\ 926$	24	0.258 819	0.965 926

2.8.4　模拟结果分析

图 2-13 至图 2-18 的横坐标表示圆孔直径,纵坐标表示敲击的加速度信号。6 幅图分别表示位置 1、2、3、4 处的径向位移和环向位移在不同荷载下,随着圆孔直径的增大,相应敲击响应加速度的变化趋势。图 2-13 和图 2-14 中的两组点分别为敲击荷载为 125 m/s² 和 500 m/s² 时,敲击响应加速度随圆孔直径的变化数据。图 2-15 至图 2-18 中的两组点分别为径向、环向敲击响应加速度随圆孔直径的变化数据。

从图 2-13 中可以看出,当圆孔孔径很小时,位置 1 的加速度在较小范围出现了正值,原因是圆孔较小,对加速度扰动的分流再聚合过程帮助不大,但从该部分加速度量值角度观察,圆孔对加速度扰动的阻隔作用仍然很明显。

从图 2-13 曲线整体观察,在大部分孔径范围内,随着圆孔孔径逐渐增大,位置 1 的负加速度呈指数增长。

根据图 2-14 以及前面的分析,位置 2 的加速度分布特征与不带孔圆板最为接近,在全部孔径范围内,加速度未出现负值,且随着孔径增大,位置 2 的加速度呈指数增长。

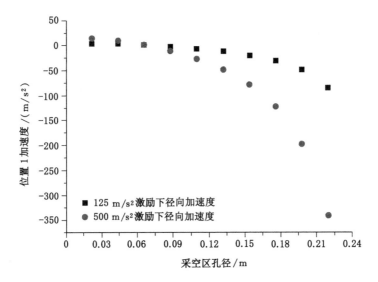

图 2-13　传感器 1 所在位置 1 径向加速度响应随圆孔直径的变化数据

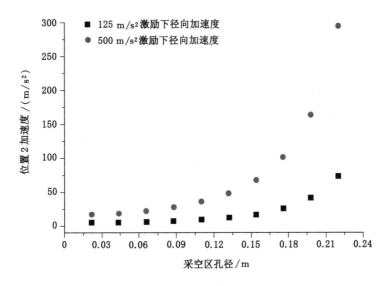

图 2-14　传感器 2 所在位置 2 径向加速度响应随圆孔直径的变化数据

　　从图 2-15 中可以看出,在两种不同荷载下,随着圆孔直径的增加,径向、环向加速度均呈指数增长。值得注意的是,环向加速度的增长速度明显大于径向加速度。这说明采空区越大,处于同一水平位置的震动,在震源与采空区上部形成的水平方向的动剪切荷载越大,对地表建筑物的危害也越大。

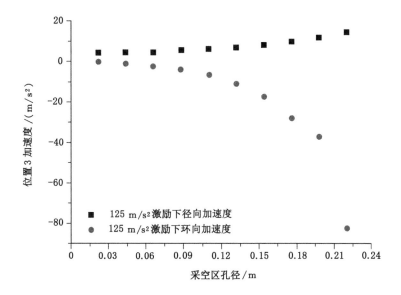

图 2-15 125 m/s² 荷载下传感器 3 所在位置 3 径向、环向加速度响应
随圆孔直径的变化数据

从图 2-15 和图 2-16 的对比中还可以看出,荷载从 125 m/s² 增加到 500 m/s² 的过程中,径向、环向加速度只是量值按比例线性增加,其随圆孔直径的总体变化规律不变。

图 2-17 和图 2-18 两图中的规律与前图中体现的规律基本一致,从图 2-17、图 2-18 中可以更明显地看出,当圆孔孔径很小时径向位移大于环向位移,随着圆孔孔径增加,环向位移快速增加,并很快超过径向位移。原因在于,孔径较小时,圆孔边界对加速度波的反射量有限,而直接传递过来的径向加速度相对较大,两者矢量合成后,使环向加速度不占主导,因而量值较径向加速度小。

为了考察将实际采空区与震源的模型比例缩小至本试验的模型是否合理,即本章的试验模型能否用于解释真实采空区灾害的理论模型,采用不同荷载、不同采空区半径建立数值模型进行模拟。

模拟结果显示:随着动荷载量值的增加,关键位置的加速度呈线性增加,且由小到大不同圆孔孔径情况下均呈现这个规律。

随着圆孔孔径的增加,径向、环向加速度在 4 个关键位置均呈指数增长,而且环向位移增长速率明显大于径向位移。

另外,模拟中选取了不同大小的加速度动荷载以及不同大小的圆孔孔径,孔径大小与动荷载大小均取到该试验模型和数值模型所能达到的最大和最小值,

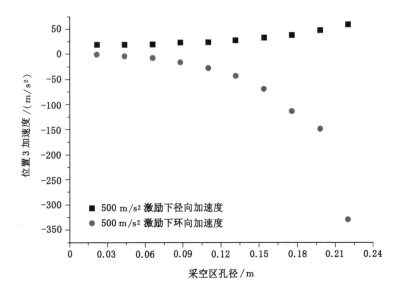

图 2-16　500 m/s² 荷载下传感器 3 所在位置 3 径向、环向加速度响应
随圆孔直径的变化数据

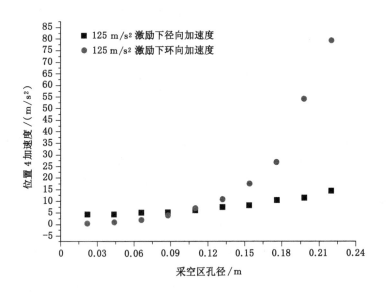

图 2-17　125 m/s² 荷载下传感器 4 所在位置 4 径向、环向加速度响应
随圆孔直径的变化数据

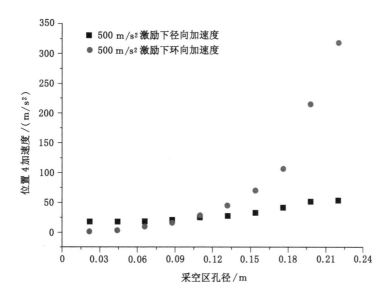

图 2-18　500 m/s² 荷载下传感器 4 所在位置 4 径向、环向加速度响应
随圆孔直径的变化数据

因此孔径与动荷载的相对比例的覆盖范围较大，基本能够包括实际中常见矿山微震动荷载与采空区体积的相对比例。

因此，可以认为实际较大尺寸的采空区与实际大小的震源，其所在围岩内的加速度分布均呈现这一相同的规律，当采空区由小到大变化时，对于加速度分布规律，试验和模拟结果一致。

试验模型既可作为采空区地表沉陷加剧的理论依据，还可作为矿震动荷载下采空区地表建筑物破坏的理论依据，因此，试验模型的结论能应用于工程实际。

2.8.5　模拟数据的拟合以及试验数据的校核

对上述数据进行拟合，以得到径向、环向位移随圆孔直径变化的函数。

拟合函数形式选定为：

$$y = a + b \cdot \exp(c \cdot x)$$

式中，a、b、c 为拟合参数；x 表示圆孔直径；y 表示径向或环向加速度。

对于传感器 1，125 m/s² 激励下径向加速度数据的拟合参数为 $a=3.730\,23$，$b=-0.937\,24$，$c=20.621\,99$，拟合度 R^2 因子为 $0.997\,471\,35$；500 m/s² 激励下径向加速度数据的拟合参数为 $a=14.920\,83$，$b=-3.748\,94$，$c=20.622\,03$，拟合度 R^2 因子为 $0.997\,471\,26$。拟合曲线见图 2-19。

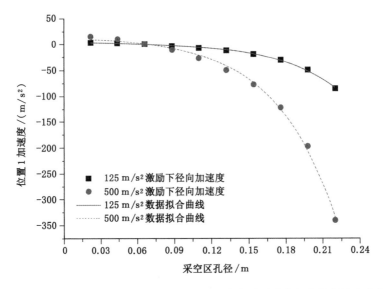

图 2-19 传感器 1 所在位置 1 径向加速度响应随圆孔直径变化的拟合曲线

对于传感器 2,125 m/s² 激励下径向加速度数据的拟合参数为 $a=4.766\ 47$,$b=0.168\ 02$,$c=27.318\ 43$,拟合度 R^2 因子为 $0.998\ 663\ 34$;500 m/s² 激励下径向加速度数据的拟合参数为 $a=19.065\ 93$,$b=0.672\ 09$,$c=27.318\ 44$,拟合度 R^2 因子为 $0.998\ 663\ 28$。拟合曲线见图 2-20。

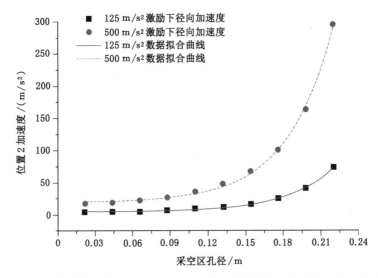

图 2-20 传感器 2 所在位置 2 径向加速度响应随圆孔直径变化的拟合曲线

对于传感器 3,125 m/s² 激励下径向加速度数据的拟合参数为 $a=3.484\ 69$, $b=0.618\ 84$，$c=13.176\ 64$，拟合度 R^2 因子为 0.998 496 82；125 m/s² 激励下环向加速度数据的拟合参数为 $a=-1.938\ 21$，$b=-0.185\ 96$，$c=27.452\ 18$，拟合度 R^2 因子为 0.985 044 80。拟合曲线见图 2-21。

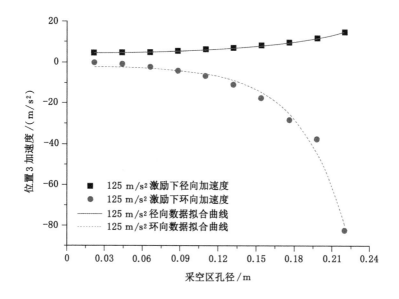

图 2-21　125 m/s² 荷载下传感器 3 所在位置 3 径向、环向加速度响应
随圆孔直径变化的拟合曲线

对于传感器 3,500 m/s² 激励下径向加速度数据的拟合参数为 $a=14.339\ 32$，$b=2.166\ 02$，$c=13.769\ 74$，拟合度 R^2 因子为 0.998 777 02；500 m/s² 激励下环向加速度数据的拟合参数为 $a=-7.431\ 32$，$b=-0.765\ 53$，$c=27.322\ 59$，拟合度 R^2 因子为 0.984 424 35。拟合曲线见图 2-22。

对于传感器 4,125 m/s² 激励下径向加速度数据的拟合参数为 $a=2.695\ 5$，$b=1.140\ 42$，$c=10.508\ 44$，拟合度 R^2 因子为 0.993 461 09；125 m/s² 激励下环向加速度数据的拟合参数为 $a=-0.925\ 98$，$b=0.65\ 54$，$c=21.930\ 76$，拟合度 R^2 因子为 0.994 190 09。拟合曲线见图 2-23。

对于传感器 4,500 m/s² 激励下径向加速度数据的拟合参数为 $a=8.211\ 79$，$b=6.13\ 15$，$c=9.318\ 14$，拟合度 R^2 因子为 0.979 506 33；500 m/s² 激励下环向加速度数据的拟合参数为 $a=-2.740\ 88$，$b=2.528\ 1$，$c=22.076\ 19$，拟合度 R^2 因子为 0.994 817 61。拟合曲线见图 2-24。

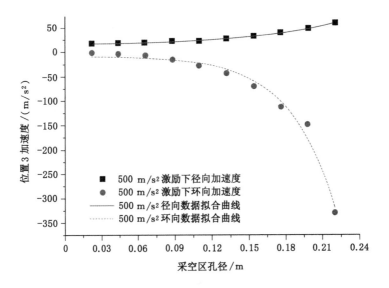

图 2-22　500 m/s² 荷载下传感器 3 所在位置 3 径向、环向加速度响应
随圆孔直径变化的拟合曲线

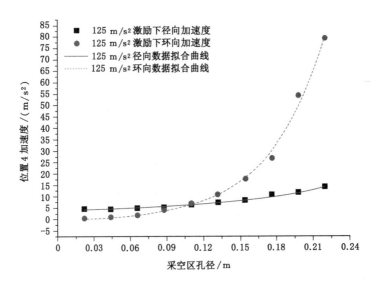

图 2-23　125 m/s² 荷载下传感器 4 所在位置 4 径向、环向加速度响应
随圆孔直径变化的拟合曲线

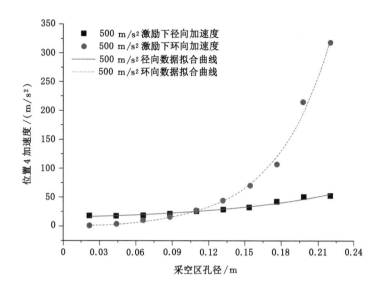

图 2-24 500 m/s² 荷载下传感器 4 所在位置 4 径向、环向加速度响应
随圆孔直径变化的拟合曲线

由上可知,拟合效果良好,拟合函数模型选择正确,关键位置加速度与采空区孔径的关系为指数函数。

将试验条件代入,即 $x=0.11$,计算得加速度值,见表 2-12。

表 2-12 拟合公式计算加速度与试验加速度对比

传感器	第 1 轮		第 2 轮		计算值	
传感器 1	$x=0$	$y=-8.060\ 830$	$x=0$	$y=-5.767\ 360$	$x=0$	$y=-5.327\ 4$
传感器 2	$x=0$	$y=6.546\ 044$	$x=0$	$y=2.924\ 206$	$x=0$	$y=8.158\ 3$
传感器 3	$x=-3.520\ 280$	$y=5.407\ 227$	$x=-3.772\ 88$	$y=3.041\ 611$	$x=-5.747\ 8$	$y=6.121\ 4$
传感器 4	$x=3.916\ 732$	$y=7.930\ 659$	$x=12.821\ 95$	$y=10.206\ 960$	$x=6.388\ 6$	$y=6.318\ 6$

传感器	第 3 轮		第 4 轮		计算值	
传感器 1	$x=0$	$y=-33.653\ 30$	$x=0$	$y=-25.465\ 20$	$x=0$	$y=-21.309\ 5$
传感器 2	$x=0$	$y=48.476\ 90$	$x=0$	$y=41.460\ 90$	$x=0$	$y=32.633\ 3$
传感器 3	$x=-20.692\ 60$	$y=20.722\ 26$	$x=-42.029\ 50$	$y=50.861\ 90$	$x=-22.892\ 0$	$y=24.190\ 2$
传感器 4	$x=36.554\ 63$	$y=16.545\ 19$	$x=23.867\ 69$	$y=34.976\ 27$	$x=25.929\ 1$	$y=25.300\ 8$

可见试验模型与数值模拟结果一致。

2.9 小结

本章采用两种不同方法得到了点源球面纵波微分方程的通解,并借鉴第二种求解方法,从直接求解二维点源横波的微分方程角度引出考虑几何衰减的达朗贝尔解,根据矢量场的共通性,结合流体力学中的已有结论,提出了位移通量源与位移漩涡源的概念,并推导了其复势,根据 Helmholtz 定理将中心对称点源位移场表示为位移通量源与位移漩涡源的叠加。与有限单元法计算结果的对比证明了本书理论推导与已有方法的计算结果一致。

为了研究矿震波经过煤矿采空区的传播规律,本章进行了相似模型试验,采用直径 50 cm、高 10 cm、圆孔直径 11 cm 的混凝土模型,中间内置外径为 22 mm 的带肋钢筋,通过敲击带肋钢筋监测混凝土圆板周围的加速度信号。为了验证试验模型的采空区、震源强度的相对比例是否能应用于工程实际,设计了由小到大的不同采空区孔径,采用数值模拟的方法计算圆板周围的加速度随采空区孔径的变化,并与试验结果对比。

利用点源球面纵波和二维点源横波的叠加传播机理建立中置钢筋不带孔圆板敲击试验的理论模型,因此未进行矿震波在均匀介质中传播规律的相应试验,而是直接以本章前半部分的点源球面纵波、二维点源横波的解析传播机理作为后半部分室内等效模型试验的对照。

通过理论推导和试验分析共得到如下几个结论:

① 二维点源横波微分方程可解,且其解正是考虑几何衰减的达朗贝尔解。点源圆形横波与点源球面纵波的位移大小分布完全相同,两者只有位移方向不同。二维点源横波微分方程的解析解为 $r\Phi = f_1(r-c_2t) + f_2(r+c_2t)$。

② 流体力学中点源和点涡等概念可迁移至弹性动力学中,位移通量源与位移漩涡源激发位移场的复势,能正确表示点源无旋位移场和点源无散位移场。位移通量源激发的点源无旋场的复势为 $W_1 = \Psi + i\Phi = \dfrac{S}{2\pi}(\ln R + i\theta)$;位移漩涡源激发的点源无散场的复势为 $W_2 = \Psi + i\Phi = \dfrac{\Gamma}{2\pi}(\theta - i \cdot \ln r)$。

③ 中心对称的点源位移场,可以根据 Helmholtz 定理表示为点源无旋场和点源无散场的叠加,点源无旋场由位移通量源激发,点源无散场由位移漩涡源激发。

④ 无散与无旋耦合位移场的复势,可以作为任意中心对称点源位移场的解析表示。

⑤ 在采空区孔洞远离震源一侧的半径上监测到指向圆心的负加速度。该负加速度与重力效应无关。当采空区位于浅部，深部继续开采，发生矿震事件时，会在采空区上部地表附近，产生竖直向下的负加速度。因此，试验模型可以作为浅部有采空区、深部继续开采、发生矿山微震导致地表沉陷加剧的试验模型。以往的研究认为，采空区沉陷主要原因是上覆岩层的自身重力作用，而矿震动荷载只是重力作用的催化剂。

⑥ 上述试验结果，也适用于水平方向同时存在多个采空区和矿震动荷载的情况，采空区之间的岩柱会产生指向矿震动荷载震源的加速度，该结论可以指导多个采空区之间中夹岩柱的安全评估和加固。

⑦ 在垂直震源与圆孔之间连线方向的圆板边缘处，不但产生径向加速度，而且产生切向加速度。当采空区与矿震动荷载处于同一水平面时，会在采空区与矿震动荷载发生区的上部地表产生水平剪切加速度，这对地表建筑物的安全非常不利。矿震动荷载与采空区同时存在时，会加剧矿震动荷载的剪切破坏效应，使地表建筑更不安全，因此试验结果也可作为这种现象的试验依据。

⑧ 为了验证试验中的矿震动荷载和采空区孔径的相对大小是否会影响试验结果，是否具有现实的工程意义，对不同矿震动荷载、不同圆孔直径的模型进行了数值模拟，模拟结果与试验结果一致。由于模拟中的不同动荷载、不同圆孔直径的相对比例基本覆盖了从最大到最小的一切可能的取值，而模拟结果均和试验结果一致，因此从数值模拟角度证明了试验模型可以推广应用到工程实际。

⑨ 通过数值模拟发现，4 个位置的径向、环向加速度均随圆孔直径呈指数增长，且环向加速度的增加速度明显大于径向加速度，对模拟所得数据进行了曲线拟合，拟合公式的计算结果证明了试验模型和数值模拟模型是一致的，拟合曲线可以用 $y = a + b \cdot \exp(c \cdot x)$ 这个函数表述。

3 多层介质中应力波传播特性对定位算法的影响

在研究多层介质中的矿震震源定位算法前,应首先探讨应力波在多层介质中的传播特性是否会对定位算法本身产生影响。

目前,台站监测的震波信号中,纵波信号的震相最易识别和拾取,且相对于横波先到达台站。主流震源定位算法均采用纵波由震源到台站的初至时刻作为监测台站的震波到时,在矿山微震的监测定位中也是如此。

根据费马原理及波的折射定律,纵波经多层介质直接折射传播至台站,用时最短。但通常矿震波在多层介质中会发生反射,如果反射波的强度足够,而折射波的衰减较大,则最初到达的折射波可能拾取不到,拾取到的可能是经过介质分界面反射的矿震波。这种情况下,设计基于纵波到时的定位算法将失去意义。

因此,为了考察矿山微震信号经过多层介质后,是折射效应占优,还是反射效应占优,设计了二层混凝土介质的敲击试验。试验利用测震仪测取敲击荷载在二层介质另一侧的透射量,通过比较不同强度组合的二层混凝土介质在不同强度敲击荷载下的透射加速度,分析震波在经过多层介质时,是折射占优还是反射占优,或者折射效应能否满足基于纵波到时算法的要求。

3.1 多层介质间的波速差异对应力波折射透射效应的影响试验

设置二层模型检测应力波透射信号的初衷在于,当震动信号由低波速介质传播至高波速介质,或者由高波速介质传递至低波速介质时,检验是低波速介质的反射阻隔作用为主导,还是高波速介质的透射传递作用为主导。如果反射阻隔作用占主导,则随着二层介质强度相差增大,透射信号应减弱或者至少增强的速率减慢;如果透射传递的作用占主导,则随着二层介质强度相差增大,透射信号增强的速率应加快或者至少增强的速率不会减慢。

试验的具体思路如下：

① 制作 5 件 400 mm×400 mm×100 mm 混凝土试件,强度等级为 C20,以此代替软弱原岩。本质要点是以 C20 强度等级的混凝土结构的低波速来等价替换软弱岩体的低波速。

② 制作 5 件 400 mm×400 mm×100 mm 混凝土试件,强度等级分别为 C60、C50、C40、C30、C20,模拟从硬到软不同强度的硬岩。本质要点在于以不同强度等级混凝土的较高波速来等价替换不同强度硬岩的高波速。

③ 将 5 件 C20 强度等级的混凝土试件分别与 5 件 C60、C50、C40、C30、C20 强度等级不等的混凝土试件组合成 400 mm×400 mm×200 mm 的二层试件,层与层之间的结合务必良好,不得有空隙。采用整体制作方法,即待一层硬化后,再在其上浇筑另一层,并充分震捣。

3.2　试验模型组成及尺寸

试验模具及模型尺寸见图 3-1 和图 3-2。

图 3-1　模具

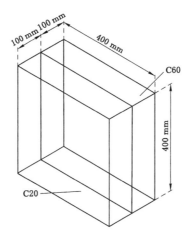

图 3-2 模型尺寸

3.3 五种不同强度混凝土各组分配合比的计算

试验成败的关键因素之一是混凝土强度是否合格,因此在拌和混凝土的过程中,必须严格按照相关规范计算各材料用量,同时按照规范要求操作。混凝土各材料用量计算如下:

3.3.1 C20 强度等级混凝土材料用量

水泥品种、标号、品牌:P·O42.5/海螺;设计强度等级:C20;设计坍落度:(100±30) mm;石子品种规格:5~25 mm,连续级配;黄砂品种规格:中砂。

① 确定试配强度 $f_{cu,o}$:

$$n \geqslant 25 \text{ 时},\sigma = \sqrt{\dfrac{\sum_{i=1}^{n}(f_{cu,i}^2 - nm_{f_{cu}}^2)}{n-1}} = 5.0$$

也可按表 3-1 取值

表 3-1 混凝土不同强度等级对应的 σ

混凝土强度等级	σ/MPa
<C20	4.0
C20~C35	5.0
>C35	6.0

$$f_{cu,o} = f_{cu,k} + 1.645\sigma = 28.2 \text{ MPa}$$

② 水泥实际强度 $f_{ce}=42.5$ MPa 或 $f_{ce}=\gamma_c \cdot f_{ce,g}=45.9$ MPa。

③ 计算混凝土等效水灰比:

$$\frac{W}{C_0}=\frac{W}{C}=\frac{0.46 \times f_{ce}}{f_{cu,0}+0.46 \times 0.07 \times f_{ce}}=0.711$$

按 JGJ 55 中的要求校核耐久性或抗渗要求允许的最大水灰比。取 $W/C_0=0.71$。式中,W 为水用量;C 为水泥用量。

④ 按 GB 8076 测定外加剂减水率 $W_R=15.00\%$。

⑤ 按 JGJ 55 并考虑外加剂减水率及矿物掺合料性能,计算确定单位用水量 $W=180$ kg/m³。

⑥ 总灰量 $C_0=C=W \div (W/C)=253$ kg/m³。

⑦ 按 JGJ 55 选用砂率 $\beta_S=43\%$。

⑧ 按绝对体积法计算砂用量 S、石子用量 G。

a. 原材料表观密度见表 3-2。

表 3-2　原材料表观密度

材料名称	水泥	水	砂	石子
表观密度/(kg/m³)	3 100	1 000	2 650	2 720

b. 混凝土含气量百分数(应视外加剂而定)$\alpha=1$。

计算公式为

$$C/\rho_C+Z/\rho_Z+F/\rho_F+S/\rho_S+G/\rho_G+W/\rho_w+0.01 \times \alpha=1$$

$$\beta_S=\frac{S}{S+G} \times 100\%=43\%$$

解方程得

$$S=842 \text{ kg/m}^3$$

$$G=1\ 116 \text{ kg/m}^3$$

⑨ 确定基准配合比:按 JGJ 55 的要求确定混凝土试拌用量 L,外加剂掺量为 0.30%。试拌并测定坍落度,当需调整单位用水量、砂率时,计算出调整后的基准配合比,并测量新拌混凝土表观密度。计算结果见表 3-3。

表 3-3　C20 强度等级混凝土基准配合比与表观密度

材料名称	水泥	水	砂	石子	外加剂
用量/(kg/m³)	253	180	842	1 116	0.76
坍落度/mm	115	表观密度/(kg/m³)		2 393	

3.3.2　C30 强度等级混凝土材料用量

水泥品种、标号、品牌：P・O42.5/海螺；设计强度等级：C30；设计坍落度：（100±30）mm；石子品种规格：5～25 mm，连续级配；黄砂品种规格：中砂。

① 确定试配强度 $f_{cu,0}$：

$$n \geqslant 25 \text{ 时},\sigma = \sqrt{\dfrac{\sum\limits_{i=1}^{n}(f_{cu,i}^2 - nm_{f_{cu}}^2)}{n-1}} = 5.0$$

也可按表 3-1 取值。

$$f_{cu,0} = f_{cu,k} + 1.645\sigma = 38.2 \text{ MPa}$$

② 水泥实际强度 $f_{ce} = 42.5$ MPa 或 $f_{ce} = \gamma_c \cdot f_{ce,g} = 45.9$ MPa。

③ 计算混凝土等效水灰比：

$$\dfrac{W}{C_0} = \dfrac{W}{C} = \dfrac{0.46 \times f_{ce}}{f_{cu,0} + 0.46 \times 0.07 \times f_{ce}} = 0.532$$

按 JGJ 55 校核耐久性或抗渗要求允许的最大水灰比。取 $W/C_0 = 0.53$。

④ 按 GB 8076 测定外加剂减水率 $W_R = 15.00\%$。

⑤ 按 JGJ 55 并考虑外加剂减水率及矿物掺合料性能，计算确定单位用水量 $W = 180$ kg/m³。

⑥ 总灰量 $C_0 = C = W \div (W/C) = 338$ kg/m³。

⑦ 按 JGJ 55 选用砂率 $\beta_s = 35\%$。

⑧ 按绝对体积法计算砂用量 S、石子用量 G。

a. 原材料表观密度见表 3-2。

b. 混凝土含气量百分数（应视外加剂而定）$\alpha = 1$。

计算公式为

$$C/\rho_C + Z/\rho_Z + F/\rho_F + S/\rho_S + G/\rho_G + W/\rho_W + 0.01 \times \alpha = 1$$

$$\beta_s = \dfrac{S}{S+G} \times 100\% = 35\%$$

解方程得

$$S = 661 \text{ kg/m}^3$$

$$G = 1\,228 \text{ kg/m}^3$$

⑨ 确定基准配合比：按 JGJ 55 的要求确定混凝土试拌用量 L，外加剂掺量为 0.30%。试拌并测定坍落度，当需调整单位用水量、砂率时，计算出调整后的基准配合比，并测量新拌混凝土表观密度。计算结果见表 3-4。

表 3-4 C30 强度等级混凝土基准配合比与表观密度

材料名称	水泥	水	砂	石子	外加剂
用量/(kg/m³)	338	180	661	1 228	1.02
坍落度/mm	115	表观密度/(kg/m³)			2 408

3.3.3 C40 强度等级混凝土材料用量

水泥品种、标号、品牌：P·O42.5/海螺；设计强度等级：C40；设计坍落度：(100 ± 30) mm；石子品种规格：5～25 mm，连续级配；黄砂品种规格：中砂。

① 确定试配强度 $f_{cu,o}$：

$$n \geqslant 25 \text{ 时}, \sigma = \sqrt{\frac{\sum_{i=1}^{n}(f_{cu,i}^2 - nm_{f_{cu}}^2)}{n-1}} = 5.0$$

$$f_{cu,o} = f_{cu,k} + 1.645\sigma = 49.9 \text{ MPa}$$

也可按表 3-1 取值。

② 水泥实际强度 $f_{ce} = 42.5$ MPa 或 $f_{ce} = \gamma_c \cdot f_{ce,g} = 45.9$ MPa。

③ 计算混凝土等效水灰比：

$$\frac{W}{C_0} = \frac{W}{C} = \frac{0.46 \times f_{ce}}{f_{cu,o} + 0.46 \times 0.07 \times f_{ce}} = 0.411$$

按 JGJ 55 校核耐久性或抗渗要求允许的最大水灰比。取 $W/C_0 = 0.41$。

④ 按 GB 8076 测定外加剂减水率 $W_R = 15.00\%$。

⑤ 按 JGJ 55 并考虑外加剂减水率及矿物掺合料性能，计算确定单位用水量 $W = 180$ kg/m³。

⑥ 总灰量 $C_0 = C = W \div (W/C) = 438$ kg/m³。

⑦ 按 JGJ 55 选用砂率 $\beta_S = 32\%$。

⑧ 按绝对体积法计算砂用量 S、石子用量 G。

a. 原材料表观密度见表 3-2。

b. 混凝土含气量百分数（应视外加剂而定）$\alpha = 1$。

计算公式为

$$C/\rho_C + Z/\rho_Z + F/\rho_F + S/\rho_S + G/\rho_G + W/\rho_w + 0.01 \times \alpha = 1$$

$$\beta_S = \frac{S}{S+G} \times 100\% = 32\%$$

解方程得

$S = 557 \text{ kg/m}^3$

$G = 1\ 227 \text{ kg/m}^3$

⑨ 确定基准配合比:按 JGJ 55 的要求确定混凝土试拌用量 L,外加剂掺量为 0.30%。试拌并测定坍落度,当需调整单位用水量、砂率时,计算出调整后的基准配合比,并测量新拌混凝土表观密度。计算结果见表 3-5。

表 3-5 C40 强度等级混凝土基准配合比与表观密度

材料名称	水泥	水	砂	石子	外加剂
用量/(kg/m³)	438	180	577	1 227	1.31
坍落度/mm	115	表观密度/(kg/m³)		2 423	

3.3.4 C50 强度等级混凝土材料用量

水泥品种、标号、品牌:P·O42.5/海螺;设计强度等级:C50;设计坍落度:(100±30) mm;石子品种规格:5~25 mm,连续级配;黄砂品种规格:中砂。

① 确定试配强度 $f_{cu,o}$:

$$n \geqslant 25 \text{ 时}, \sigma = \sqrt{\frac{\sum_{i=1}^{n}(f_{cu,i}^2 - nm_{f_{cu}}^2)}{n-1}} = 6.0$$

也可按表 3-1 取值。

$f_{cu,o} = f_{cu,k} + 1.645\sigma = 59.9 \text{ MPa}$

② 水泥实际强度 $f_{ce} = 42.5 \text{ MPa}$ 或 $f_{ce} = \gamma_c \cdot f_{ce,g} = 45.9 \text{ MPa}$。

③ 计算混凝土等效水灰比:

$$\frac{W}{C_0} = \frac{W}{C} = \frac{0.46 \times f_{ce}}{f_{cu,o} + 0.46 \times 0.07 \times f_{ce}} = 0.344$$

按 JGJ 55 校核耐久性或抗渗要求允许的最大水灰比。取 $W/C_0 = 0.34$。

④ 按 GB 8076 测定外加剂减水率 $W_R = 15.00\%$。

⑤ 按 JGJ 55 并考虑外加剂减水率及矿物掺合料性能,计算确定单位用水量 $W = 180 \text{ kg/m}^3$。

⑥ 总灰量 $C_0 = C = W \div (W/C) = 523 \text{ kg/m}^3$。

⑦ 按 JGJ 55 选用砂率 $\beta_S = 29\%$。

⑧ 按绝对体积法计算砂用量 S、石子用量 G。

a. 原材料表观密度见表 3-2。

b. 混凝土含气量百分数(应视外加剂而定)$\alpha=1$。

计算公式为

$$C/\rho_C+Z/\rho_Z+F/\rho_F+S/\rho_S+G/\rho_G+W/\rho_w+0.01\times\alpha=1$$

$$\beta_s=\frac{S}{S+G}\times100\%=29\%$$

解方程得

$$S=502 \text{ kg/m}^3$$

$$G=1\ 229 \text{ kg/m}^3$$

⑨ 确定基准配合比:按 JGJ 55 的要求确定混凝土试拌用量 L,外加剂掺量为 0.30%。试拌并测定坍落度,当需调整单位用水量、砂率时,计算出调整后的基准配合比,并测量新拌混凝土表观密度。计算结果见表 3-6。

表 3-6 C50 强度等级混凝土基准配合比与表观密度

材料名称	水泥	水	砂	石子	外加剂
用量/(kg/m³)	523	180	502	1 229	1.57
坍落度/mm	115	表观密度/(kg/m³)		2 436	

3.3.5 C60 强度等级混凝土材料用量

水泥品种、标号、品牌:P·O42.5/海螺;设计强度等级:C60;设计坍落度:(100 ± 30) mm;石子品种规格:5~25 mm,连续级配;黄砂品种规格:中砂。

① 确定试配强度 $f_{cu,o}$:

$$n\geqslant25 \text{ 时}, \sigma=\sqrt{\frac{\sum_{i=1}^{n}(f_{cu,i}^2-nm_{f_{cu}}^2)}{n-1}}=6.0$$

也可按表 3-1 取值。

$$f_{cu,o}=f_{cu,k}+1.645\sigma=69.9 \text{ MPa}$$

② 水泥实际强度 $f_{ce}=42.5$ MPa 或 $f_{ce}=\gamma_c\cdot f_{ce,g}=45.9$ MPa。

③ 计算混凝土等效水灰比:

$$\frac{W}{C_0}=\frac{W}{C}=\frac{0.46\times f_{ce}}{f_{cu,o}+0.46\times0.07\times f_{ce}}=0.296$$

按 JGJ 55 校核耐久性或抗渗要求允许的最大水灰比。取 $W/C_0=0.30$。

④ 按 GB 8076 测定外加剂减水率 $W_R=15.00\%$。

⑤ 按 JGJ 55 并考虑外加剂减水率及矿物掺合料性能,计算确定单位用水

量 $W = 180\ \text{kg/m}^3$。

⑥ 总灰量 $C_0 = C = W \div (W/C) = 608\ \text{kg/m}^3$。

⑦ 按 JGJ 55 选用砂率 $\beta_S = 29\%$。

⑧ 按绝对体积法计算砂用量 S、石子用量 G：

a. 原材料表观密度见表 3-2。

b. 混凝土含气量百分数（应视外加剂而定）$\alpha = 1$。

计算公式为

$$C/\rho_C + Z/\rho_Z + F/\rho_F + S/\rho_S + G/\rho_G + W/\rho_w + 0.01 \times \alpha = 1$$

$$\beta_S = \frac{S}{S+G} \times 100\% = 29\%$$

解方程得

$$S = 480\ \text{kg/m}^3$$

$$G = 1\ 176\ \text{kg/m}^3$$

⑨ 确定基准配合比：按 JGJ 55 确定混凝土试拌用量 L，外加剂掺量为 0.30%。试拌并测定坍落度，当需调整单位用水量、砂率时，计算出调整后的基准配合比，并测量新拌混凝土表观密度。计算结果见表 3-7。

表 3-7　C60 强度等级混凝土基准配合比与表观密度

材料名称	水泥	水	砂	石子	外加剂
用量/(kg/m³)	608	180	480	1 176	1.82
坍落度/mm	115	表观密度/(kg/m³)		2 447	

各试件各层混凝土组分用量见表 3-8。二层混凝土试件的制作过程见图 3-3。

表 3-8　各试件各层混凝土组分用量

序号	层位	体积/m³	混凝土强度等级	实际水泥用量/kg	实际水用量/kg	实际黄砂用量/kg	实际石子用量/kg	实际外加剂用量/kg
1	上	0.016	C20	4.048	2.88	13.472	17.856	0.012 16
	下	0.016	C60	9.728	2.88	7.680	18.816	0.029 12
2	上	0.016	C20	4.048	2.88	13.472	17.856	0.012 16
	下	0.016	C50	8.368	2.88	8.032	19.664	0.025 12

表 3-8(续)

序号	层位	体积/m³	混凝土标号	实际水泥用量/kg	实际水用量/kg	实际黄砂用量/kg	实际石子用量/kg	实际外加剂用量/kg
3	上	0.016	C20	4.048	2.88	13.472	17.856	0.012 16
	下	0.016	C40	7.008	2.88	9.232	19.632	0.020 96
4	上	0.016	C20	4.048	2.88	13.472	17.856	0.012 16
	下	0.016	C30	5.408	2.88	10.576	19.648	0.016 32
5	上	0.016	C20	4.048	2.88	13.472	17.856	0.012 16
	下	0.016	C20	4.048	2.88	13.472	17.856	0.012 16

(a)　　　　　　　　　　　　　　(b)

(c)　　　　　　　　　　　　　　(d)

图 3-3　二层混凝土试件的制作过程

3.4　重锤敲击试验

3.4.1　敲击方法及测试仪器

采用固定高度落锤敲击法,敲击 5 件二层混凝土试件,敲击点为与二层混凝土接合面平行的自由表面固定位置,并在该平面、与二层混凝土接合面平行的另一自由面固定位置布设传感器,测量透射应力波的强度。

敲击距离分别为 10 cm、20 cm、30 cm、40 cm、50 cm,分别在高强度和低强度侧敲击,同一敲击距离下每侧各敲击 5 次。各敲击距离下最终透射量取 10 次平均值。测震仪器为成都中科测控有限公司生产的 TC-4850 型爆破测震仪。敲击试验仪器见图 3-4。

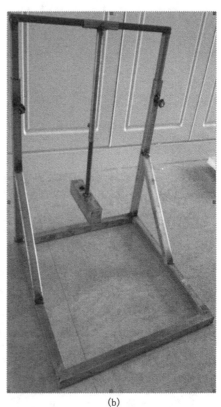

(a)　　　　　　　　　　　　　　(b)

图 3-4　敲击试验仪器

3.4.2　敲击侧及敲击计数

（1）敲击计数 1

敲击 C20 混凝土传感器 B 侧：传感器 B 内部计数从 58 次开始至 63 次；传感器 C 内部计数从 42 次开始至 47 次。

敲击 C20 混凝土传感器 C 侧：传感器 B 内部计数从 65 次开始至 69 次；传感器 C 内部计数从 61 次开始至 65 次。

敲击侧及传感器位置见图 3-5。

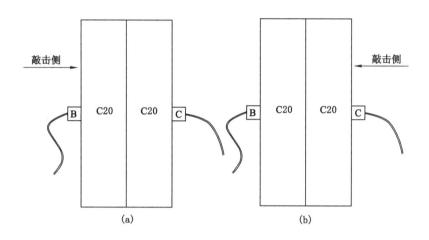

图 3-5　C20-C20 试件敲击侧及传感器位置

（2）敲击计数 2

先敲击 C30 混凝土：传感器 B 内部计数从 70 次开始至 74 次；传感器 C 内部计数从 66 次开始至 70 次。

再敲击 C20 混凝土：传感器 B 内部计数从 77 次开始至 81 次；传感器 C 内部计数从 73 次开始至 77 次。

敲击侧及传感器位置见图 3-6。

（3）敲击计数 3

先敲击 C40 混凝土：传感器 B 内部计数从 92 次开始至 96 次；传感器 C 内部计数从 88 次开始至 92 次。

再敲击 C20 混凝土：传感器 B 内部计数从 98 次开始至 102 次；传感器 C 内部计数从 93 次开始至 97 次。

敲击侧及传感器位置见图 3-7。

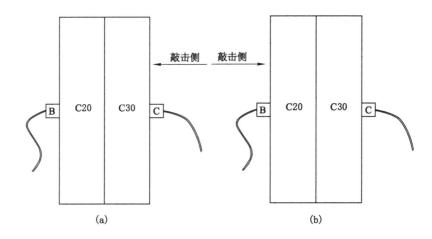

(a)   (b)

图 3-6   C20-C30 试件敲击侧及传感器位置

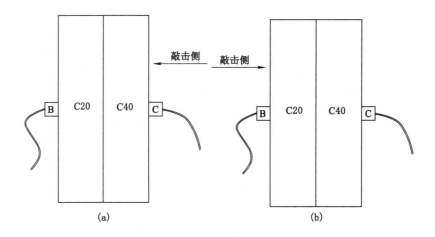

(a)   (b)

图 3-7   C20-C40 试件敲击侧及传感器位置

（4）敲击计数 4

先敲击 C50 混凝土：传感器 B 内部计数从 82 次开始至 86 次；传感器 C 内部计数从 78 次开始至 82 次。

再敲击 C20 混凝土：传感器 B 内部计数从 87 次开始至 91 次；传感器 C 内部计数从 83 次开始至 87 次。

敲击侧及传感器位置见图 3-8。

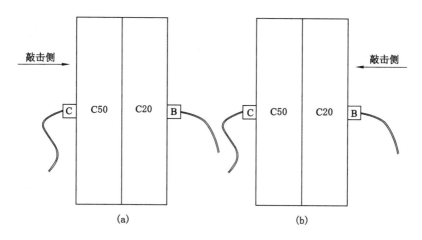

图 3-8 C20-C50 试件敲击侧及传感器位置

（5）敲击计数 5

先敲击 C60 混凝土:传感器 B 内部计数从 40 次开始至 44 次;传感器 C 内部计数从 21 次开始至 25 次。

再敲击 C20 混凝土:传感器 B 内部计数从 47 次开始至 51 次;传感器 C 内部计数从 27 次开始至 31 次。

敲击侧及传感器位置见图 3-9。

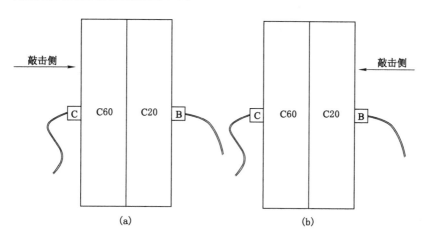

图 3-9 C20-C60 试件敲击侧及传感器位置

敲击试验过程见图 3-10。

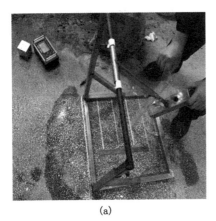 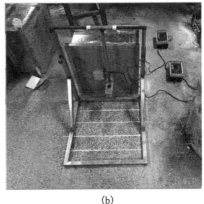

(a)   (b)

图 3-10   敲击试验过程

3.5   试验数据与结果分析

图 3-11 至图 3-15 的横坐标表示混凝土强度,纵坐标表示敲击信号的透射量。5 幅图分别表示敲击距离为 10 cm、20 cm、30 cm、40 cm、50 cm 时,随着试件强度组合中第二层强度的增加,分别取 28.2 MPa、38.2 MPa、49.9 MPa、59.9 MPa、69.9 MPa 时,相应透射量的取值变化趋势。每幅图中三条曲线分别表示敲击侧为高强度侧的透射量变化、敲击侧为低强度侧的透射量变化以及高强度侧、低强度侧透射量平均值的变化。

从图 3-11 中可以看出,无论是敲击高强度侧还是低强度侧,敲击信号的透射加速度均随着混凝土强度的增加而变大;且在敲击距离为 10 cm 时,敲击高强度侧和低强度侧透射量的差别并不明显。这是由于敲击距离小,则敲击强度小,在二层试件上敲击高强度侧和低强度侧透射量体现不出明显差别。

从图 3-12 中可以看出,透射加速度随混凝土强度的增长规律与图 3-11 基本一致。不同之处在于,二层混凝土两层间各自的强度相差较小时,敲击高强度侧和低强度侧透射量的差别并不明显,曲线基本重合。当二层混凝土两层间各自的强度相差较大时,敲击高强度侧和低强度侧透射量的差别明显增大。由此可以看出,二层试件两层混凝土间强度相差越大,则敲击高强度侧和敲击低强度侧引起透射量的差别也越大。

从图 3-13 可以看出,随着敲击距离增加到 30 cm,敲击高强度侧和敲击低

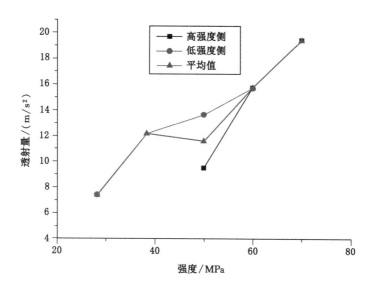

图 3-11   敲击距离 10 cm 时不同强度组合的透射量

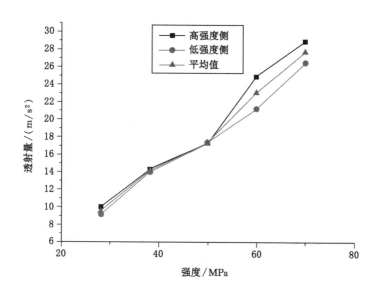

图 3-12   敲击距离 20 cm 时不同强度组合的透射量

强度侧引起透射量的差别明显增大。在二层试件两层混凝土间强度相差不大时,由于敲击距离较大,敲击高强度侧和敲击低强度侧引起透射量的差别也较为明显。当二层试件两层混凝土间强度相差较大时,在 30 cm 敲击距离下,敲击高强度侧和敲击低强度侧引起透射量的差别变得更大。

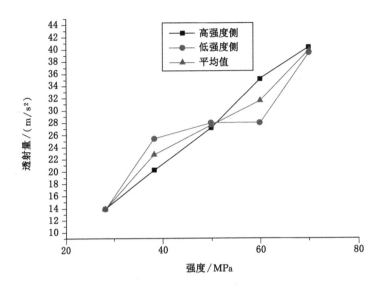

图 3-13 敲击距离 30 cm 时不同强度组合的透射量

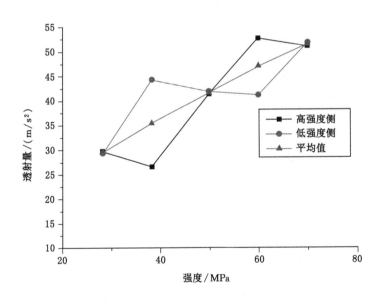

图 3-14 敲击距离 40 cm 时不同强度组合的透射量

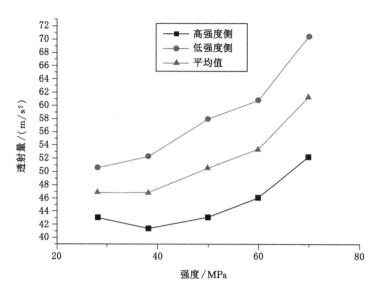

图 3-15 敲击距离 50 cm 时不同强度组合的透射量

从图 3-14 可以看出,其体现的规律与图 3-13 非常相似,且敲击高强度侧和敲击低强度侧引起透射量的差别比图 3-13 更大,这是由于敲击距离由 30 cm 增加到 40 cm 的缘故。综合图 3-13 和图 3-14 可以得出,二层试件两层混凝土间强度相差由小变大、敲击距离由小变大时,都会使敲击高强度侧和敲击低强度侧引起透射量的差别变大。

从图 3-15 可以看出,随着敲击距离增加到 50 cm,敲击高强度侧和敲击低强度侧引起透射量的差别是五幅图中最大的。随着二层试件两层混凝土间强度相差由小变大,敲击高强度侧和敲击低强度侧引起透射量的差别也变大。这印证了图 3-11～图 3-14 的结论。

由于图 3-11～图 3-14 中的敲击距离较小,所以敲击高强度侧和敲击低强度侧引起透射量曲线交叉在一起,导致其体现的规律不明显。从图 3-15 则可以清晰地看出,敲击距离增加到 50 cm 时,敲击高强度侧的透射量明显低于敲击低强度侧的透射量。这是由于敲击强度相同,敲击高强度侧时,加速度信号先经过高强度透射,再被低强度阻隔,因此整个二层试件的阻隔作用占优,透射加速度较小。而与之相似,敲击低强度侧,加速度信号先经过低强度阻隔,在经过高强度透射,整个二层试件的透射作用占优,因此透射加速度明显增大。

图 3-16 横坐标为敲击距离,纵坐标为敲击信号的透射量,曲线表示随着敲

击距离的增加敲击信号透射量的变化趋势。5 条曲线分别为 5 种强度组合。

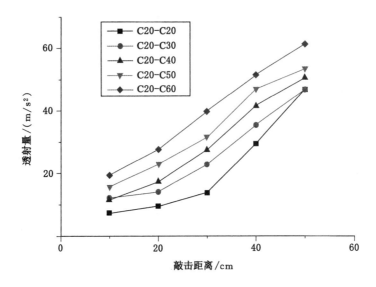

图 3-16　不同敲击距离下各强度组合的透射量分布

　　从图 3-16 可以看出,随着敲击距离增加,5 个试件的透射加速度呈线性增加。随着二层试件的强度增加,5 个试件的透射量依次增加。且从图 3-16 可以看出,随着二层试件强度的增加,5 个试件的透射量曲线,近似呈平行关系,即二层试件第二层混凝土强度增加,其透射加速度曲线相应朝增大的趋势作线性平移。

　　从图 3-17～图 3-20 可以看出,Y 向速度和加速度信号明显大于 X 向和 Z 向,这是由于敲击方向与传感器 Y 向平行,与 X 向和 Z 向正交。

　　综上所述,从图 3-11 至图 3-15 可以看出,随着二层混凝土强度的增加,敲击信号的透射量随之增长,且强度与透射量近似呈线性关系。这一规律从图 3-16 中也容易看出,不同强度组合的透射量随敲击距离变化曲线基本平行,即混凝土强度增加,相应的强度与透射量变化曲线作线性平移。另外,图 3-16 表明透射量与敲击距离也呈线性关系,证明了试验数据的准确性。

　　另外,随着敲击距离由 10 cm 增加到 50 cm,敲击高强度侧和敲击低强度侧引起透射信号强度的差别不断变大。且随着二层试件两层混凝土间强度相差由小变大,敲击高强度侧和敲击低强度侧引起透射量的差别也变大。同时,由于敲击高强度侧二层试件的阻隔占优,敲击低强度侧二层试件的透射占优,因此敲击高强度侧的透射信号强度明显低于敲击低强度侧的透射信号强度。

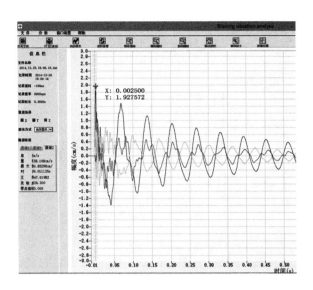

图 3-17 时域上的速度幅值——C20-C60 试件敲击 C60 侧透射信号

（敲击距离 30 cm）

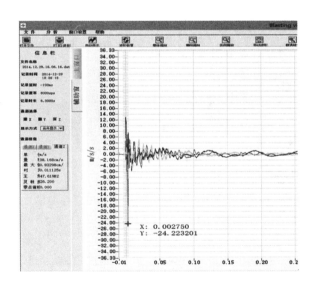

图 3-18 时域上的加速度幅值——C20-C60 试件敲击 C60 侧透射信号

（敲击距离 30 cm）

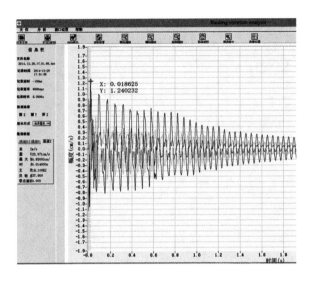

图 3-19　时域上的速度幅值——C20-C30 试件敲击 C30 侧透射信号

（敲击距离 30 cm）

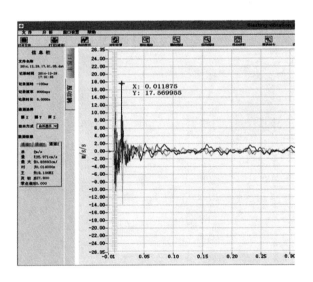

图 3-20　时域上的加速度幅值——C20-C30 试件敲击 C30 侧透射信号

（敲击距离 30 cm）

试验结果表明,敲击动荷载由低波速介质传播至高波速介质时,透射加速度明显大于敲击动荷载由高波速介质传播至低波速介质时的透射加速度。但无论震动信号由低波速介质传播至高波速介质,还是由高波速介质传播至低波速介质,随着二层介质强度相差增大,透射量不断增强,且强度与透射量呈线性关系,即增强的速率不会减慢。

另外,二层试件受到垂直接触面的敲击,相当于将两个不同强度的混凝土块串联,敲击信号的透射量随二层强度组合的变化符合线性叠加原理。因此,对于其他不同强度混凝土试件的组合,透射量与强度也应为线性关系,如果试件尺寸与本章试验采用的试件尺寸相同,则透射量-强度曲线或透射量-敲击距离曲线应与图 3-11~图 3-16 中的曲线平行。

从理论上讲,多层介质的介质层波速相差增大时,基于多层介质的定位算法将比基于均匀介质的定位算法更有优势,且波速相差越大,这种优势越明显。但波速相差越大,介质的多层结构对震波的折射和反射影响越大。

前文所介绍的试验表明,介质层波速相差增大,震波的折射、透射效应不会减弱,这种特性对于纵波震相的识别、纵波初至时刻的拾取非常有利,从而将使多层介质中基于纵波初至时刻的定位算法更有效。

3.6 小结

为了验证基于纵波初至时刻的震源定位方案的合理性,设计了二层混凝土介质的敲击试验。考察随着二层介质波速差的增长,敲击荷载的透射加速度的变化情况,以考察多层介质中应力波的传播特性是否会对多层介质中的定位算法产生影响,即验证多层介质的波速差异是否会对震波在多层介质中的折射效应产生影响,从而可以知道研究基于纵波初至时刻的多层介质中的震源定位算法是否合理。得到以下结论:

① 随着敲击荷载的增大,敲击高强度侧混凝土与敲击低强度侧混凝土透射量的差别增大。

② 敲击动荷载由低波速介质传播至高波速介质时,透射量明显大于敲击动荷载由高波速介质传播至低波速介质时的透射加速度。这说明敲击高强度侧混凝土时,荷载的反射阻隔占优,敲击低强度侧混凝土时,荷载的折射透射占优。

③ 无论震动信号由低波速介质传播至高波速介质,还是由高波速介质传播至低波速介质,随着二层介质强度相差增大,透射信号不断增强,且强度与透射

信号呈线性关系,即增强的速率不会减慢。说明介质层波速相差增大时,震波的折射透射效应不会减弱。

④ 介质层波速相差增大时,基于多层介质的震源定位算法,其优势将变得更明显。而试验结果又表明,介质层波速相差增大,震波的折射、透射效应不会减弱,这种特性对于纵波震相的识别、纵波初至时刻的拾取非常有利,从而将使多层介质中基于纵波初至时刻的定位算法更有效。

4　二层水平介质中震源的精确定位

在工程应用中,选择与介质相匹配的数学模型、力学模型是非常重要的。在岩石力学与工程领域中,前人对横观各向同性地基在荷载下的动力、静力响应做了大量研究。Simons 等[3]和 King[4]认为多层横观各向同性弹性半空间模型可以代表广泛的地基。

选择合适的地基模型不仅在岩土与地下工程中是重要的,在地震定位以及矿山微震定位研究中,为提高定位精度,合理考虑介质的复杂性,建立与介质相匹配的定位模型也是重要的[162]。

提高矿震震源定位精度,可从多个角度采取措施。贾宝新等[163]从优化监测台站空间分布方案角度研究了减小随机定位误差的方法。

贾宝新等[164-165]将震波传播规律的三维模型应用于震源定位,并从考虑介质非均匀性角度改进定位模型。

从定位算法角度考虑,矿震震源定位的最基本算法是经典线性定位方法。线性定位方法实际上是针对微震参数数据未知量建立相应数量的线性方程组基础上进行数学求解的。因此,线性定位方法求解快速便捷,无须进行反复迭代计算。

Geiger 法是一种数值迭代方法,这种方法实质上是将非线性问题化为线性问题,然后利用最小二乘法原理迭代求解。首先根据多个传感器数据到时时差,选取一个合适的迭代初值,通过求导获得修正量而不断迭代修正,使得时间残值函数趋于最小化,以得到震源参数的最佳值。

上述方法均未考虑震波传播经过的介质的复杂性,并且为了提高震源定位精度,需要对得到的震源参数进行修正,一般要用到走时表(有时是区域走时表)或对地壳的平均速度作出假设。

但真实的地理结构并不是均匀的,多层分布是地下岩土体包括煤矿采区的普遍结构形式。均质模型与多层分布的地下岩体或煤矿采区有较大差距,因此,现有方法的误差主要是模型误差,而非台站监测数据失真或随机错误等观测误差。为了进一步提高震源定位精度,应建立合理考虑介质复杂性的多层介质中的定位模型。

本章拟对多层介质中的震源定位方法进行初步探索,提出多层介质中震源参数的计算方法,并给出相应的监测台站分布规则。通过考虑多层介质对应速度结构的非均匀性,减小定位算法的模型误差,来提高定位精度,为矿震震源精确定位奠定基础[166]。

研究多层介质中的矿震震源定位方法的思路是,首先研究二层水平介质中的震源定位方法,然后将二层介质推广到多层介质,将水平介质推广到倾斜介质,按照所设计的介质速度结构由简单到复杂,逐渐逼近自然状态下真实的岩土层理结构,为更好地利用地壳三维层析成像成果奠定基础。

4.1 横观各向同性体与多层水平或倾斜介质的概念

如果物体内每一点都存在一个平面,与该平面对称的两个方向,具有相同的弹性,则该平面称为物体的弹性对称面。而垂直于弹性对称面的方向,称为弹性主方向或材料主方向。

如果物体内每一点都存在一条直线,经过该直线的所有平面都是该物体的弹性对称面,与该直线正交的所有方向都是弹性主方向或材料主方向,则这条直线叫作弹性对称轴,这个物体称为横观各向同性体。

对于横观各向同性体,其内的每一点都有一个弹性对称轴,也就是说每一点都有一个各向同性面,在这个垂直于弹性对称轴的各向同性面上,所有方向的弹性都是相同的[5]。

理论意义上的横观各向同性体,其各向同性面的厚度可以是微量,也可以是有限量。本书研究的震源定位所处的介质是多层水平或倾斜介质,每一层都是各向同性体,每一层的层厚都是有限量,不能是微量。除此之外,本书中的多层水平或倾斜介质中其他概念一律与横观各向同性介质等价,即多层水平介质是一种特殊的水平横观各向同性体。同理,多层倾斜介质是一种特殊的倾斜横观各向同性体。

4.2 几何平均法定位公式的建立

监测到时主要采用纵波到时,因为各种续至波的相位通常是难以识别的。

因此,本章提出的定位方案,也应基于纵波到时。线性定位方法的优点之一是不需要数值迭代计算,只需求解线性方程组,因此可以大大简化算法程序,节省成本。为此,要求本章定位方法的计算量不应超过线性法过多,且计算量应小于Geiger 法,以简化定位程序,节省设备投入。

4.2.1　折射点的确定难题

假设台站位于介质 1,震源位于介质 2。

二层介质中震源定位需建立台站位置和时间坐标 $P(x_1,y_1,h_1,t_1)$ 与震源坐标 $Q(x_0,y_0,h_0,t_0)$ 的关系方程(h 表示震源或台站距介质分界面的距离),建立该等式方程需要知道震源到台站的射线路径。二层介质中两点射线追踪有很多数值计算方法,但并不适用于本章需要解决的问题。二层介质中两点射线路径的确定,更进一步是介质分界面上折射点位置的确定。

用解析法确定折射点位置需要求解 4 次非线性代数方程,可采用数值方法。本章采用工程上广泛采用的近似确定方法[167-168],该方法本质上是将非线性问题线性化。

如图 4-1 所示,已知入射角为 θ_1,折射角为 θ_2,O 点为实际折射点,M、N 分别为台站 P 和震源 Q 在介质分界面上的铅垂投影,O' 为 PQ 连线与介质分界面交点。v_1、v_2 为两种介质中的纵波波速。那么,$\dfrac{\sin\theta_1}{\sin\theta_2}=\dfrac{v_1}{v_2}$,$\sin\theta_1=\dfrac{OM}{OP}$,$\sin\theta_2=\dfrac{ON}{OQ}$。则 $OM=\dfrac{v_1}{v_2}ON\cdot\dfrac{OP}{OQ}$。假设 $ON\cdot\dfrac{OP}{OQ}$ 近似等于 $O'M$,则折射点 O 距 P 点水平距离近似为 $OM=\dfrac{v_1}{v_2}O'M$。

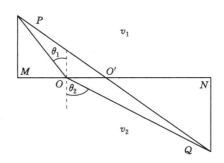

图 4-1　折射点的近似确定

根据现有文献资料,该折射点近似确定方法在工程中应用效果较好,且是唯一不需数值迭代计算的线性确定方法，具有计算简单、计算值与真值接近的特点。二层介质中两点射线追踪与折射点的确定本质上是同一问题，有很多数值计算方法[169]，但并不适用于本章需要解决的问题。

4.2.2 走时方程的降幂难题

建立台站位置和时间坐标 $P(x_1,y_1,h_1,t_1)$ 与震源坐标 $Q(x_0,y_0,h_0,t_0)$ 的关系方程的第二个难题是，确定折射点 O 后，$OP=\sqrt{(\alpha \cdot MN)^2+h_1^2}$，$OQ=\sqrt{[(1-\alpha) \cdot MN]^2+h_0^2}$。

其中，α 是折射点 O 的位置系数，与折射点 O 的位置有关，MN 等于 $\sqrt{(x_1-x_0)^2+(y_1-y_0)^2}$。

则 $P(x_1,y_1,h_1,t_1)$ 与 $Q(x_0,y_0,h_0,t_0)$ 的关系方程为 $\dfrac{OP}{v_1}+\dfrac{OQ}{v_2}=t_1-t_0$。即

$$\frac{\sqrt{(\alpha \cdot MN)^2+h_1^2}}{v_1}+\frac{\sqrt{[(1-\alpha) \cdot MN]^2+h_0^2}}{v_2}=t_1-t_0$$

上式为根号方程，去根号后得到定位参数的四次方程，用解析法而不用数值迭代法求解该方程是不可能的。

该问题本章采用惠更斯原理中的等时线解决。

4.2.3 惠更斯原理与等时线

如图 4-2 所示，一平面波从介质 1 传到两种介质分界面时，一部分进入介质 2 继续传播，相应地，波速由 v_1 变为 v_2。设在 t 时刻，入射波的波阵面是 $AA_1A_2A_3$，此时 A 点已到达分界面，此后波阵面上 A_1、A_2、A_3 各点经过相等的时间间隔依次先后到达分界面上的 C_1、C_2、B_3 处。若假定 $t+\Delta t$ 时刻 A_3 点到达 B_3 处，则 A_1、A_2 到达 C_1、C_2 处的时刻分别是 $t+\dfrac{1}{3}\Delta t$，$t+\dfrac{2}{3}\Delta t$。A、C_1、C_2、B_3 各点作为新的波源向介质 2 中发出子波，在 $t+\Delta t$ 时刻，它们发出的子波半径分别为 $v_2 \cdot \Delta t$、$\dfrac{2}{3}v_2 \cdot \Delta t$、$\dfrac{1}{3}v_2 \cdot \Delta t$、0，作出这些子波的包迹 B_3B 面就是此时波动在介质 2 中的波阵面，作垂直于此波阵面的直线即为折射线。从图中可以看出，折射线、入射线和界面法线都在同一个平面内，且 $A_3B_2=v_1 \cdot \Delta t=AB_3\sin \theta_1$，$AB=v_2 \cdot \Delta t=AB_3\sin \theta_2$，由此可得 $\dfrac{\sin \theta_1}{\sin \theta_2}=\dfrac{v_1}{v_2}$，可见满足波的折射定律[170]。

从惠更斯原理推导折射定律的过程可以看出，AB、$A_1C_1B_1$、$A_2C_2B_2$、

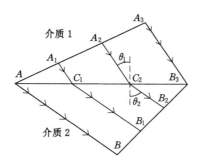

图 4-2 惠更斯原理与等时线

A_3B_3 路径的传播耗时相等,都为 Δt。在四边形 ABB_3A_3 中,这样的等时传播路径有无数条,均为两条线段组成的折线,在介质 1 中的线段与 A_3B_3 平行,在介质 2 中的线段与 AB 平行。

用等时线可以将 $P(x_1, y_1, h_1, t_1)$ 与 $Q(x_0, y_0, h_0, t_0)$ 的四次关系方程去根号并分离变量,从而解决第二个难题。

4.2.4 走时方程的推导

走时方程推导的思路是,利用折射点近似位置以及几何关系,得到震波真实传播路径与其等时线的等式关系,原走时方程左侧是两个速度(v_1 和 v_2)对应的震波在两介质中传播路径耗时之和,新的走时方程左侧将是一个速度(v_1 或 v_2)对应的等时线耗时,从而达到走时方程去根号降次、分离变量的目的。

如图 4-3 所示,$P(x_1, y_1, h_1, t_1)$ 为监测台站,$Q(x_0, y_0, h_0, t_0)$ 为震源,折射点为 O,矿震波走时线为 QOP,AC、DB 分别是位于介质 1、2 中矿震波走时线的等时线。

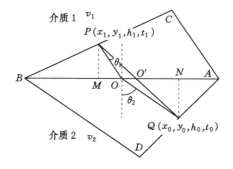

图 4-3 二层水平介质定位模型

设走时为 $\Delta t = t_1 - t_0$，则 $AC = v_1 \cdot \Delta t$，$BD = v_2 \cdot \Delta t$，那么

$$\frac{AC}{BD} = \frac{v_1}{v_2} \tag{4-1}$$

在 $\triangle ABD$ 中，OQ 平行于 BD，则

$$\frac{OA}{AB} = \frac{OQ}{BD} \tag{4-2}$$

同理，在 $\triangle ABC$ 中，OP 平行于 AC，则

$$\frac{OB}{AB} = \frac{OP}{AC} \tag{4-3}$$

因此，式(4-2)除以式(4-3)，并将式(4-1)代入得

$$\frac{OA}{OB} = \frac{OQ}{OP} \cdot \frac{AC}{BD} = \frac{OQ}{OP} \cdot \frac{v_1}{v_2} \tag{4-4}$$

在直角 $\triangle OMP$ 中，$\sin \theta_1 = \dfrac{OM}{OP}$，同理 $\sin \theta_2 = \dfrac{ON}{OQ}$，所以

$$\frac{OP}{OQ} = \frac{OM}{ON} \cdot \frac{\sin \theta_2}{\sin \theta_1} = \frac{OM}{ON} \frac{v_2}{v_1} \tag{4-5}$$

将式(4-5)代入式(4-4)中，得

$$\frac{OA}{OB} = \frac{ON}{OM} \cdot \frac{v_1^2}{v_2^2} \tag{4-6}$$

根据式(4-6)可得

$$\frac{AB}{OA} = \frac{OA + OB}{OA} = 1 + \frac{OB}{OA} = 1 + \frac{OM}{ON} \cdot \frac{v_2^2}{v_1^2} \tag{4-7}$$

O' 是 P 点和 Q 点直线连线与介质分界面的交点，则有

$$O'M = \frac{h_1}{h_0 + h_1} MN \tag{4-8}$$

由折射点近似确定方法，得

$$OM = \frac{v_1}{v_2} O'M = \frac{v_1}{v_2} \cdot \frac{h_1}{h_0 + h_1} \cdot MN \tag{4-9}$$

$$ON = MN - OM = \left(1 - \frac{v_1}{v_2} \cdot \frac{h_1}{h_0 + h_1}\right) \cdot MN \tag{4-10}$$

将式(4-9)和式(4-10)代入式(4-7)，可得

$$\frac{AB}{OA} = 1 + \frac{v_2^2}{v_1^2} \cdot \frac{OM}{ON} = 1 + \frac{v_2^2}{v_1^2} \cdot \frac{\dfrac{v_1}{v_2} \cdot \dfrac{h_1}{h_0 + h_1}}{1 - \dfrac{v_1}{v_2} \cdot \dfrac{h_1}{h_0 + h_1}} \tag{4-11}$$

在直角 $\triangle ONQ$ 中,有 $OQ^2 = ON^2 + NQ^2$,由于 $NQ = h_0$,将式(4-10)中 ON 代入得

$$OQ^2 = h_0^2 + \left(1 - \frac{v_1}{v_2} \cdot \frac{h_1}{h_0 + h_1}\right)^2 MN^2 \tag{4-12}$$

根据式(4-2),有 $BD = \dfrac{AB}{OA} \cdot OQ$,两边平方并将式(4-11)和式(4-12)代入可得

$$\begin{aligned} BD^2 &= \left(\frac{AB}{OA}\right)^2 \cdot OQ^2 \\ &= \left\{ 1 + \frac{v_2^2}{v_1^2} \cdot \frac{\dfrac{v_1}{v_2} \cdot \dfrac{h_1}{h_0 + h_1}}{1 - \dfrac{v_1}{v_2} \cdot \dfrac{h_1}{h_0 + h_1}} \right\}^2 \cdot \left\{ h_0^2 + \left(1 - \frac{v_1}{v_2} \cdot \frac{h_1}{h_0 + h_1}\right)^2 \cdot MN^2 \right\} \end{aligned} \tag{4-13}$$

令

$$b = \left\{ 1 + \frac{v_2^2}{v_1^2} \cdot \frac{\dfrac{v_1}{v_2} \cdot \dfrac{h_1}{h_0 + h_1}}{1 - \dfrac{v_1}{v_2} \cdot \dfrac{h_1}{h_0 + h_1}} \right\}^2 \cdot h_0^2$$

$$a = \left[1 - \left(\frac{v_1}{v_2} - \frac{v_2}{v_1}\right) \cdot \frac{h_1}{h_0 + h_1} \right]^2 \tag{4-14}$$

则式(4-13)变为

$$BD^2 = b + a\left[(x_1 - x_0)^2 + (y_1 - y_0)^2\right]$$

根据等时关系,$BD = v_2 \cdot \Delta t = v_2 \cdot (t_1 - t_0)$,代入式(4-13)可得到台站位置和时间坐标 $P(x_1, y_1, h_1, t_1)$ 与震源坐标 $Q(x_0, y_0, h_0, t_0)$ 的关系方程,即

$$b + a \cdot MN^2 = v_2^2 \cdot (t_1 - t_0)^2 \tag{4-15}$$

同理,也可得到用 AC 作为等时线的台站与震源坐标关系方程为

$$b' + a' \cdot MN^2 = v_1^2 \cdot (t_1 - t_0)^2 \tag{4-16}$$

其中,b'、a' 是与 v_1、v_2、h_0、h_1 有关的系数,且

$$a' = \frac{v_1^4}{v_2^4} \left[1 - \left(\frac{v_1}{v_2} - \frac{v_2}{v_1}\right) \cdot \frac{h_1}{h_0 + h_1} \right]^2$$

$$MN = \sqrt{(x_1 - x_0)^2 + (y_1 - y_0)^2} \tag{4-17}$$

4.3 定位方案

4.3.1 走时方程的求解

在走时方程式(4-15)中,系数 a、b 是关于台站距分界面距离 h_1、震源距分界面距离 h_0、两种介质的纵波波速 v_1、v_2 的函数,在某次震源定位中,h_0、v_1、v_2 是常数,只有台站距分界面的距离 h_1 随着台站的不同而变化,这给走时方程的处理带来困难。

如果所有台站布置在同一水平面,由于多层介质是水平分布的,因此 h_1 将不随台站的不同而变化,则在某次震源定位中 h_1、h_0、v_1、v_2 都是常数,所以 a、b 也是常数,不随台站的不同而变化。但由于在某次震源定位中 h_0 是未知数,因此 a、b 均是未知常数。根据式(4-15),各台站的走时方程为

$$\begin{cases} b + a \cdot MN^2 = v_2^2(t_1 - t_0)^2 & \text{(台站 1)} \\ b + a \cdot MN^2 = v_2^2(t_2 - t_0)^2 & \text{(台站 2)} \\ \quad \cdots \\ b + a \cdot MN^2 = v_2^2(t_n - t_0)^2 & \text{(台站 } n\text{)} \end{cases} \quad (4\text{-}18)$$

台站 n 走时方程减去台站 $n-1$ 得

$$a \cdot [x_n^2 - x_{n-1}^2 - 2(x_n - x_{n-1})x_0 + y_n^2 - y_{n-1}^2 - 2(y_n - y_{n-1})y_0]$$
$$= v_2^2 [t_n^2 - t_{n-1}^2 - 2(t_n - t_{n-1})t_0] \quad (4\text{-}19)$$

同理,台站 $n-1$ 走时方程减去台站 $n-2$ 得

$$a \cdot [x_{n-1}^2 - x_{n-2}^2 - 2(x_{n-1} - x_{n-2})x_0 + y_{n-1}^2 - y_{n-2}^2 - 2(y_{n-1} - y_{n-2})y_0]$$
$$= v_2^2 [t_{n-1}^2 - t_{n-2}^2 - 2(t_{n-1} - t_{n-2})t_0] \quad (4\text{-}20)$$

在式(4-19)、式(4-20)中,a、x_0、y_0 均是未知数,是非线性方程组,仍不能解析求解,因此进行如下处理:

台站布置经过人为处理,可使式(4-19)、式(4-20)中的部分未知数消去。由于 x_n、y_n 是监测台站水平方向的坐标,因此如果部分台站(台站 $n-2$、台站 $n-1$、台站 n)位于一条直线上,且呈等间距排布,则这部分台站的水平方向的两个坐标存在如下关系:

$$\begin{cases} x_{n-1} - x_{n-2} = x_n - x_{n-1} \\ y_{n-1} - y_{n-2} = y_n - y_{n-1} \end{cases} \quad (4\text{-}21)$$

再用式(4-19)减去式(4-20),并利用式(4-21),则可消去 x_0、y_0 得到:

$$a \cdot [(x_n^2 - x_{n-1}^2) - (x_{n-1}^2 - x_{n-2}^2) + (y_n^2 - y_{n-1}^2) - (y_{n-1}^2 - y_{n-2}^2)]$$

$$= v_2^2 \left[(t_n^2 - t_{n-1}^2) - (t_{n-1}^2 - t_{n-2}^2) - 2(t_n - t_{n-1})t_0 + 2(t_{n-1} - t_{n-2})t_0 \right] \tag{4-22}$$

由 3 个走时方程两两相减可以得到 $\dfrac{n \cdot (n-1)}{2} = 3$ 个走时方程，但只有 $3-1=2$ 个方程线性独立，两个线性独立的方程再相减，则只有一个线性独立的方程。因此，由式(4-19)、式(4-20)再到式(4-22)的过程中，得到一个线性独立的方程需要 3 个走时方程。

为了得到另一个线性独立的方程，需再取另一条与之前直线不共线、不平行的直线，在其上等间距分布三个台站(台站 $n+1$、台站 $n+2$、台站 $n+3$)，将其 3 个走时方程按上述步骤处理，同理可得

$$a \cdot \left[(x_{n+3}^2 - x_{n+2}^2) - (x_{n+2}^2 - x_{n+1}^2) + (y_{n+3}^2 - y_{n+2}^2) - (y_{n+2}^2 - y_{n+1}^2) \right]$$
$$= v_2^2 \left[(t_{n+3}^2 - t_{n+2}^2) - (t_{n+2}^2 - t_{n+1}^2) - 2(t_{n+3} - t_{n+2})t_0 + 2(t_{n+2} - t_{n+1})t_0 \right] \tag{4-23}$$

将线性独立的式(4-22)、式(4-23)两式联立，可解出 a、t_0，相对应的线性方程组为

$$\begin{cases} m_{11} \cdot a + m_{12} \cdot t_0 = n_1 \\ m_{21} \cdot a + m_{22} \cdot t_0 = n_2 \end{cases} \tag{4-24}$$

其中，

$$m_{11} = \left[(x_n^2 - x_{n-1}^2) - (x_{n-1}^2 - x_{n-2}^2) + (y_n^2 - y_{n-1}^2) - (y_{n-1}^2 - y_{n-2}^2) \right]$$
$$m_{21} = \left[(x_{n+3}^2 - x_{n+2}^2) - (x_{n+2}^2 - x_{n+1}^2) + (y_{n+3}^2 - y_{n+2}^2) - (y_{n+2}^2 - y_{n+1}^2) \right]$$
$$m_{12} = 2v_2^2(t_n - t_{n-1}) - 2v_2^2(t_{n-1} - t_{n-2})$$
$$m_{22} = 2v_2^2(t_{n+3} - t_{n+2}) - 2v_2^2(t_{n+2} - t_{n+1})$$
$$n_1 = v_2^2(t_n^2 - t_{n-1}^2) - v_2^2(t_{n-1}^2 - t_{n-2}^2)$$
$$n_2 = v_2^2(t_{n+3}^2 - t_{n+2}^2) - v_2^2(t_{n+2}^2 - t_{n+1}^2)$$

在微震监测中，因为不能知道矿震发生的时刻，因此一般只能得到震波的实际监测到时，即矿震波中的纵波初至台站而被监测仪器识别的时刻。在地震勘探中，人为发震时，知道矿震发生的时刻，可以知道纵波从震源传递至台站所经历的时间，即震波走时。

4.3.2 几何平均法结果与采用监测到时或震波走时无关的证明

下面证明，根据式(4-24)计算的参数 a，计算结果与采用监测到时或震波走时无关。

设发震时刻为 Δt，6 个台站的到达时刻分别为 t_1、t_2、t_3、t_4、t_5、t_6，震波实际

走时分别为 $t_1-\Delta t$、$t_2-\Delta t$、$t_3-\Delta t$、$t_4-\Delta t$、$t_5-\Delta t$、$t_6-\Delta t$。

式(4-24)消去 t_0，得到 a 表达式为

$$a = \frac{m_{22}n_1 - m_{12}n_2}{m_{11}m_{22} - m_{21}m_{12}}$$

$$= \{2v_2^2[(t_6-t_5)-(t_5-t_4)] \cdot v_2^2[(t_3^2-t_2^2)-(t_2^2-t_1^2)] -$$
$$2v_2^2[(t_3-t_2)-(t_2-t_1)] \cdot v_2^2[(t_6^2-t_5^2)-(t_5^2-t_4^2)]\}/$$
$$\{A \cdot 2v_2^2[(t_6-t_5)-(t_5-t_4)] - B \cdot 2v_2^2[(t_3-t_2)-(t_2-t_1)]\}$$

$$= \frac{M-N}{A \cdot 2v_2^2[(t_6-t_5)-(t_5-t_4)] - B \cdot 2v_2^2[(t_3-t_2)-(t_2-t_1)]}$$

其中，

$$A = [(x_3^2-x_2^2)-(x_2^2-x_1^2)+(y_3^2-y_2^2)-(y_2^2-y_1^2)]$$
$$B = (x_6^2-x_5^2)-(x_5^2-x_4^2)+(y_6^2-y_5^2)-(y_5^2-y_4^2)$$
$$M = v_2^2[(t_6-t_5)-(t_5-t_4)] \cdot v_2^2[(t_3^2-t_2^2)-(t_2^2-t_1^2)]$$
$$N = 2v_2^2[(t_3-t_2)-(t_2-t_1)] \cdot v_2^2[(t_6^2-t_5^2)-(t_5^2-t_4^2)]$$

对于 a 表达式，分别代入震波实际走时 $t_1-\Delta t$、$t_2-\Delta t$、$t_3-\Delta t$、$t_4-\Delta t$、$t_5-\Delta t$、$t_6-\Delta t$，分别代替对应监测到时 t_1、t_2、t_3、t_4、t_5、t_6。

容易得到，分母保持不变。

对于分子：

$$M' = 2v_2^4[(t_6-t_5)-(t_5-t_4)] \cdot \{[(t_3-\Delta t)^2-(t_2-\Delta t)^2] -$$
$$[(t_2-\Delta t)^2-(t_1-\Delta t)^2]\}$$
$$= 2v_2^4[(t_6-t_5)-(t_5-t_4)] \cdot [(t_3^2-t_2^2)-2\Delta t(t_3-t_2) -$$
$$(t_2^2-t_1^2)+2\Delta t(t_2-t_1)]$$
$$= 2v_2^4[(t_6-t_5)-(t_5-t_4)] \cdot [(t_3^2-t_2^2)-(t_2^2-t_1^2)] -$$
$$2v_2^4 \cdot 2\Delta t[(t_6-t_5)-(t_5-t_4)] \cdot [(t_3-t_2)-(t_2-t_1)]$$
$$N' = 2v_2^4[(t_3-t_2)-(t_2-t_1)] \cdot \{[(t_6-\Delta t)^2-(t_5-\Delta t)^2] -$$
$$[(t_5-\Delta t)^2-(t_4-\Delta t)^2]\}$$
$$= 2v_2^4[(t_3-t_2)-(t_2-t_1)] \cdot [(t_6^2-t_5^2)-2\Delta t(t_6-t_5) -$$
$$(t_5^2-t_4^2)+2\Delta t(t_5-t_4)]$$
$$= 2v_2^4[(t_3-t_2)-(t_2-t_1)] \cdot [(t_6^2-t_5^2)-(t_5^2-t_4^2)] -$$
$$2v_2^4 \cdot 2\Delta t[(t_3-t_2)-(t_2-t_1)][(t_6-t_5)-(t_5-t_4)]$$
$$M'-N' = 2v_2^2[(t_6-t_5)-(t_5-t_4)] \cdot v_2^2[(t_3^2-t_2^2)-(t_2^2-t_1^2)] -$$
$$2v_2^2[(t_3-t_2)-(t_2-t_1)] \cdot v_2^2[(t_6^2-t_5^2)-(t_5^2-t_4^2)]$$

$$= M - N$$

可见,无论代入震波走时还是代入监测到时,a 表达式分子分母均不变,即参数 a 计算结果与采用监测到时还是震波走时无关。

4.3.3   定位结果的修正

根据式(4-16),将式(4-18)到式(4-24)中的 v_2 替换为 v_1,则得到 a'、t_0。如果折射点的确定方法是精确的,则通过 a 与 a' 计算的震源深度 h_0 是准确的。但由于折射点的近似确定方法,使得折射点偏左或偏右,将导致 a 与 a' 中的一个值偏小、另一个值偏大,这是由于折射点偏离导致等时线 AC、BD 一个变大,另一个变小。

为了修正这种偏差,假设 AC、BD 增大或减小的倍数相等,即 $\sqrt{a}$ 与 $\sqrt{a'}$ 增大或减小的倍数相等,则其乘积不变。取 a 与 a' 的几何平均数 $\sqrt{a \cdot a'}$,令其等于式(4-24)分别取 v_1、v_2 计算得到的 a 与 a' 的几何平均数,根据式(4-14)、式(4-17),有:

$$\sqrt{a \cdot a'} = \frac{v_1^2}{v_2^2} \left[1 - \left(\frac{v_1}{v_2} \cdot \frac{v_2}{v_1} \right) \cdot \frac{h_1}{h_0 + h_1} \right]^2 \tag{4-25}$$

根据该式可求得震源距分界面的距离 h_0,且与真实值偏差较小。将 h_0 代入式(4-24),即可得到 t_0。方程组(4-24)中采用 v_2 的两个方程,以及采用 v_1 的两个方程将得到 4 个不同 t_0,分为两组,一组取值偏大,一组取值偏小,与 AC、BD 增大或减小的规律一致,t_0 最终计算值可取其算术平均数。

为了提高求解过程的可靠性,提高震源参数的计算精度,应选取超过两组 6 个的台站数目。这时,通过走时方程相减的处理方法得到的线性方程组,其独立方程个数将大于解的数目,是超越方程组。求解超越方程组最常用方法是正规化法。

设方程组为 $A_{mn} X_n = B_m (m > n)$。

将该方程组的两边左乘系数矩阵 $\boldsymbol{A}$ 的转置矩阵 $\boldsymbol{A}^{\mathrm{T}}$,令 $C = \boldsymbol{A}^{\mathrm{T}} \boldsymbol{A}$,$D = \boldsymbol{A}^{\mathrm{T}} \boldsymbol{B}$。则方程组变为 $C_{nn} X_n = D_n$。

求解该正规线性方程组,得到的解是原方程组的最小二乘解,物理含义是与 m 个超平面距离的平方和最小的那一点。

4.3.4   水平坐标的确定

当已知震源深度和发震时刻时,确定震源水平坐标是容易的。对于某一台站,根据发震时刻和台站监测到时可以得到震波从震源传播至台站所经历的时间 T,在该台站和震源所确定的竖直平面内,已知台站和震源的竖直距离以及分界面位置,为确定震源与台站的水平距离 X_0,可采用打靶法[169]。

首先假定震源在台站正下方,即 $X_0=0$,计算此种情况震波由震源传播至台站的历时 T_0,若 T_0 等于 T,则实际震源就在台站正下方;但 T_0 一般小于 T,此时,给 X_0 一个增量(增量 ΔX 可取 10 m),假定此时震源与台站的水平距离为 X_1 $=X_0+\Delta X$,利用二层介质中的两点间射线追踪方法,可得到此时震源至台站的射线路径,进而知道此时传播历时 T_1,若 T_1 仍小于实际历时 T,则不断施加水平位移增量 ΔX。如果当水平距离增加至 $X_n=X_0+n \cdot \Delta X$ 时,传播历时 T_n 大于实际历时 T,则将水平距离 X_n 减小 $0.5\Delta X$,再计算传播历时并与实际历时 T 比较,如此反复增减水平距离 X_n,并逐步减小水平位移修改量至 $0.5^m \cdot \Delta X$,直到实际传播历时与假设震源传播历时之差 $\Delta T=|T-T_{n+m}|$ 满足预先设定的精度为止,此时的水平距离 X 即为实际震源与台站间的水平距离。

对于该台站,已计算出震源与其水平距离 X,则震源可能的水平位置为以该台站为圆心,以 X 为半径的圆。选择不同台站,重复同样过程,得到另一个代表震源可能水平位置的圆,两圆切点或交点即为震源的可能位置,如两圆相交,则两交点均为震源可能位置,选择第三或第四台站,利用两点间射线追踪方法,得到两交点到第三或第四台站的历时,并与第三或第四台站的实际历时比较,则可以辨别出震源的实际位置。

4.4 检验算法正确性的数值微震试验

为了验证本章中提出的定位算法的正确性,提出检验算法正确性的数值微震试验。首先假设震源,根据假设的震源位置和预设的台站位置计算震波到达各台站的走时,然后应用本章提出的算法,仅基于计算得到的台站走时,反求震源的坐标,以检验算法的有效性和正确性,具体步骤如下文所述。对于本书其他章节的数值微震试验,其思想原理均与此数值微震试验相同,不再赘述。

① 首先建立一个理论地层模型,该模型由二层组成,每一层的纵波波速不同,预先设定为 v_1、v_2;

② 在这个模型中设定一个震源(x_0,y_0,z_0)并在 t_0 时刻发震,确定各个台站(x_i,y_i,z_i)与震源之间的震波路径,即确定矿震波在二层介质中射线路径的折射点位置,即可计算出各个台站接收到的矿震波到达时刻 t_i;

③ 用本章提出的定位算法对矿震波到达时刻 t_i 与台站坐标(x_i,y_i,z_i)进

行计算,计算出震源位置(x_0,y_0,z_0);

④ 对比本章定位算法得出的计算震源位置与实际震源位置之间的误差,验证本章算法的正确性。

某矿震震源深度 3 000 m,震源距地表的岩土结构主要为两层,下层为花岗岩,厚度 2 000 m,波速 4 000 m/s,上覆层为微风化泥岩,厚度 1 000 m,波速 2 000 m/s。震源水平坐标为 $x_0=200$ m,$y_0=400$ m。发震时刻 $t=0$ s。

布置监测台站 6 处,位于同一水平面,与震源铅垂距离均为 3 000 m,分别位于两条不共线、不平行直线 l_1、l_2 上,每条直线上 3 台,且间距相等。

各台站监测到时利用弹性波正演方法计算,用双层介质折射点的精确计算方法——常量法确定折射点[171-172]。

常量法计算方法如下:

对于二层介质,有

$$\frac{\sin \theta_1}{\sin \theta_2}=\frac{v_1}{v_2}$$

式中,θ_1,θ_2 为入射角和折射角;v_1 为介质 1 波速;v_2 为介质 2 波速。

上式变形为

$$\frac{\sin \theta_1}{v_1}=\frac{\sin \theta_2}{v_2}=B$$

式中,B 为常数。

则 $\sin \theta_1=Bv_1$,$\sin \theta_2=Bv_2$。

由于 $h_1\tan \theta_1+h_2\tan \theta_2=x_d$,且 $\tan \theta_1=\dfrac{\sin \theta_1}{\sqrt{1-\sin^2\theta_1}}=\dfrac{Bv_1}{\sqrt{1-(Bv_1)^2}}$,

$\tan \theta_2=\dfrac{\sin \theta_2}{\sqrt{1-\sin^2\theta_2}}=\dfrac{Bv_2}{\sqrt{1-(Bv_2)^2}}$。

所以 $h_1\dfrac{Bv_1}{\sqrt{1-(Bv_1)^2}}+h_2\dfrac{Bv_2}{\sqrt{1-(Bv_2)^2}}=x_d$

式中,h_1 表示介质 1 层厚;h_2 表示介质 2 层厚;x_d 表示台站与震源之间的水平距离。

上式只有常量 B 是未知参数,求出 B 即可求出 θ_1、θ_2,即求出了二层介质的折射点。

上式为非线性方程,利用 Matlab 软件求解。

Matlab 提供了一个迭代函数(fzero 函数),可以用来求单变量非线性方程的根。该函数的调用格式为 $z = fzero('fname', x_0)$。

其中 fname 是待求根的函数文件名，x_0 为迭代初值。一个函数可能有多个根，但 fzero 函数只给出离初值 x_0 最近的那个根。

对于台站 1 震波路径的折射点，本数值微震试验算例编写的 M 函数如下：

```
function fx＝funx1(B)
h1＝1 000；
h2＝2 000；
v1＝2 000；
v2＝4 000；
xd＝1 680；
c＝2 000；
K1＝v1/c；
K2＝v2/c；
fx＝h1 * K1 * B/(1－(K1 * B)^2)^0.5＋h2 * K2 * B/(1－(K2 * B)^2)^0.5－xd；
end
```

求解命令为 fzero('funx1', 0)

运算结果为 $B = 0.284\ 4$

程序中，将波速除以常数 $c = 2\ 000$，是为了使函数求解更易于收敛，波速不同，常数值选择不同，但不影响计算结果。

根据 B 的计算值，求得折射点 O 距离震源的水平距离为 1 383.140 878 m，距离台站 1 的水平距离为 296.649 948 8 m，台站 1 距震源水平距离为两者之和 1 679.790 827 m（实际距离为 1 680 m），震波在介质 1 中路径长为 $\sqrt{1\ 000^2 + 296.649\ 948\ 8^2} = 1\ 043.072\ 956$ m，震波在介质 2 中路径长为 $\sqrt{2\ 000^2 + 1\ 383.140\ 878^2} = 2\ 431.682\ 276$ m，因此震波走时为 $\dfrac{1\ 043.072\ 956}{2\ 000} + \dfrac{2\ 431.682\ 3}{4\ 000} = 1.129\ 457\ 047$。

此即台站 1 走时，同理可计算其他台站走时，取发震时刻为 0，即计算得到的走时也即监测到时。计算中，可充分借助 Excel 软件批量处理形式一致的重复性计算，可大大提高计算效率。

按上述方法计算得到的定位台站参数见表 4-1。

表 4-1 定位条件及台站参数

台站号	X 坐标/m	Y 坐标/m	位置	监测到时
1	200	2 080	直线 l_1 上	1.129 457 047
2	680	1 600	直线 l_1 上	1.079 180 419
3	1 160	1 120	直线 l_1 上	1.068 772 811
4	1 000	1 200	直线 l_2 上	1.061 414 055
5	1 400	1 600	直线 l_2 上	1.131 963 864
6	1 800	2 000	直线 l_2 上	1.221 478 371

$$m_{11} = [(x_6^2 - x_5^2) - (x_5^2 - x_4^2) + (y_6^2 - y_5^2) - (y_5^2 - y_4^2)] = 640\ 000$$

$$m_{21} = [(x_3^2 - x_2^2) - (x_2^2 - x_1^2) + (y_3^2 - y_2^2) - (y_2^2 - y_1^2)] = 921\ 600$$

$$m_{12} = 2v_2^2(t_6 - t_5) - 2v_2^2(t_5 - t_4) = 613\ 278.364$$

$$m_{22} = 2v_2^2(t_3 - t_2) - 2v_2^2(t_2 - t_1) = 1\ 272\ 265.875$$

$$n_1 = v_2^2(t_6^2 - t_5^2) - v_2^2(t_5^2 - t_4^2) = 901\ 901.01$$

$$n_2 = v_2^2(t_3^2 - t_2^2) - v_2^2(t_2^2 - t_1^2) = 1\ 415\ 294.54$$

解得 $a = 1.122\ 2$，将 m_{12}、m_{22}、n_1、n_2 中的 v_2 替换为 v_1，解得 $a' = 0.280\ 6$，所以 $\sqrt{a \cdot a'} = 0.561\ 2$。

由式(4-25)解得 h_0 等于 2 010.85(实际 h_0 为 2 000)。

将 h_0 分别代入方程组式(4-24)中采用 v_2 的两个方程以及采用 v_1 的两个方程，t_0 等于 $-0.871\ 8$、$-0.513\ 5$、0.885、$0.705\ 9$。取平均值得 $t_0 = 0.05$(实际 t_0 为 0)。

h_0 的相对误差约为 0.5%，t_0 相对误差约为 5%，发震时刻的误差相对较大，可采用非线性曲线拟合等方法修正。拟合时可考虑全部定位条件下 t_0 的计算偏差，借助数学软件得到偏差与定位条件的多元非线性方程，利用该方程修正特定定位条件下的发震时刻。

4.5 定位条件与定位精度分析

根据定位计算过程，影响震源参数计算精度的关键步骤是震源深度的计算。震源深度一旦确定，其他震源参数的精度与震源深度的精度一致。影响震源深度计算的参数主要包括台站位置及间距、波速比 v_1/v_2、埋深 $h_0 + h_1$、埋深比 h_0/h_1。

根据定位过程，对震源深度产生影响的不是波速具体大小，而是两种介质的

波速比 v_1/v_2。由图 4-4 可知,当两介质的波速比由 0 增加到 1 时,本章研究的二层介质震源参数确定模型的计算精度均远远高于经典的均质线性定位模型,当波速比较小,即波速相差大时,震源深度计算值比实际值大,当波速比接近 1,即两种介质波速接近时,计算值比实际值偏小。若二层模型存在定位精度很高的波速比范围,在类似工程实例中会取得更好的定位结果。

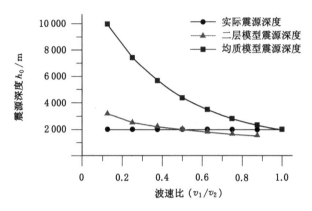

图 4-4 不同波速比下震源深度计算值对比

影响震源深度计算精度的另一个因素是震源的埋深,根据图 4-5 显示的规律,在各种震源深度下,二层模型的定位误差均远远小于均质模型。定位的绝对误差随着埋深增长,但对比误差和埋深增加的速率时,发现震源深度的相对误差不随埋深增长,因此可见本章研究的二层模型更适用于深源矿震。

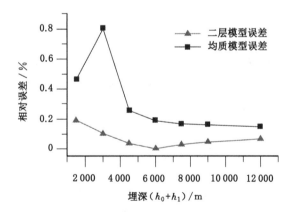

图 4-5 不同埋深下震源深度计算值对比

根据图 4-6,存在最佳定位精度的台站间距取值范围,台站间距过小或过大均对二层模型的计算精度不利。台站间距过小,会使台站的到时区分不明显,使观测误差和舍入误差的影响增大。台站间距过大,会使台站、震源水平、竖直距离比增大。

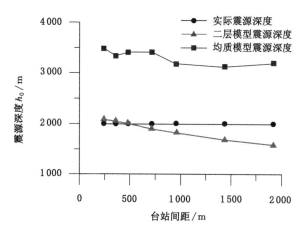

图 4-6　不同台站间距下震源深度计算值对比

根据图 4-7,当水平竖直距离比增大时,二层模型的定位误差显著增加,这是由折射点的近似确定导致的,折射点的近似确定方法并未考虑震源与台站的水平距离大小,而折射点真实位置因震源与台站的水平距离不同而不同。因此,图 4-7 反映的规律说明,监测台站与矿震发生位置不应过远,应选择在矿震易发区布置监测台站。

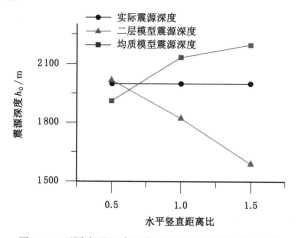

图 4-7　不同水平竖直距离比下震源深度计算值对比

根据图 4-8,当震源距介质分界面距离与台站距介质分界面距离之比较大时,二层模型的计算精度较差,与均质模型相比不具优势,对于这种特殊岩土体分布,应选择均质模型的线性定位方法。

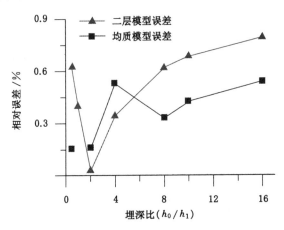

图 4-8　不同埋深比下震源深度计算值对比

4.6　小结

二层介质中震源定位方案的目标是确定震源参数 (x_0,y_0,h_0,t_0),由于折射点的确定以及走时方程的求解都是高阶非线性问题,因此定位方案的设计存在难度。解决的思路是将非线性问题逐步线性化,先用工程中常用的折射点近似确定方法,将折射点确定的非线性问题转化为线性问题,然后利用惠更斯原理中的等时线,将四次走时方程变形,得到不含根号的新走时方程(4-15)、(4-16),并将水平、铅垂坐标分离变量。台站位置和时间坐标 $P(x_1,y_1,h_1,t_1)$ 与震源坐标 $Q(x_0,y_0,h_0,t_0)$ 的关系方程,即走时方程为 $b+a \cdot MN^2 = v_2^2 \cdot (t_1-t_0)^2$。

为了求解走时方程有

$$
\begin{cases}
b+a \cdot MN^2 = v_2^2(t_1-t_0)^2 & \text{(台站 1)} \\
b+a \cdot MN^2 = v_2^2(t_2-t_0)^2 & \text{(台站 2)} \\
\quad\quad\quad\cdots \\
b+a \cdot MN^2 = v_2^2(t_n-t_0)^2 & \text{(台站 } n)
\end{cases}
$$

选择特殊的台站分布,具体为:① 所有台站位于同一水平面上;② 取两条不共线、不平行的直线,每条直线上布置至少 3 个台站,且每三个台站间等间距。

　　对于处于同一水平面、位于同一条直线上且等间距的 3 个台站,用走时方程相减的处理方法可以暂时消去震源的水平坐标而得到一个线性方程。取两条直线不共线、不平行,每条直线上 3 个等间距台站,可以得到 2 个线性独立的方程,组成线性方程组式 $\begin{cases} m_{11} \cdot a + m_{12} \cdot t_0 = n_1 \\ m_{21} \cdot a + m_{22} \cdot t_0 = n_2 \end{cases}$,通过求解该二元线性方程组,得到铅垂坐标 h_0 和发震时刻 t_0。

　　并结合合理假设,利用取几何平均数的方法对震源深度进行修正,即

$$\sqrt{a \cdot a'} = \frac{v_1^2}{v_2^2} \left[1 - \left(\frac{v_1}{v_2} - \frac{v_2}{v_1} \right) \cdot \frac{h_1}{h_0 + h_1} \right]^2$$

所得结论如下:

　　① 水平二层介质中的震源定位方法——几何平均法,对于多数情况均有良好的适用性,且定位精度远高于经典线性定位方法。

　　② 不同波速比、不同台站间距对定位精度有影响,且存在最佳台站间距,当介质波速比介于一定范围内,具有最佳定位效果。

　　③ 与经典线性方法不同,二层介质定位方法的定位精度不随埋深增加而变差,因此更适用于深源矿震。

　　④ 当台站距震源水平、竖直距离比较大时,定位精度显著变差,因此应在矿震易发区布置台站。

　　⑤ 下一步的研究重点应放在如何确定最优定位条件,并将二层定位模型推广至多层,以进一步提高定位精度。

5 二层水平介质球面波正反演联用与震源定位

在几何平均法中,依据工程中广泛采用的折射点近似确定方法[167-168],以及惠更斯原理中等时线概念[170],推导出去根号并分离变量的走时方程,采用特殊台站分布方案,使得走时方程可解。所得到的震源深度计算结果较经典线性方法有显著提高,二层介质中的定位模型在多层介质震源定位中效果良好。在修正定位结果的关键步骤中,采用了取几何平均数的方法,因此本章称提出的二层介质中的定位方法为"几何平均法"。同时,称基于均匀介质的线性定位方法为"经典线性法"。

几何平均法仍然存在问题。首先,在该方法的主干体系中,不包括水平坐标(x_0, y_0)的确定,为了确定水平坐标,需根据震源深度和发震时刻采用其他数值计算方法,大大增加了算法的复杂度。其次,由于折射点的近似确定方法,导致求解线性方程组后的震源深度的计算结果偏差很大,采用的解决方法是取几何平均数修正,这在二层介质中的震源定位中是有效的,但当考虑多层介质时,这种简单的处理方法无法取得良好的效果,因为层数越多,折射点偏差导致的计算结果偏差越大、越复杂。最后,在处理多层介质的震源定位问题时,需要排除和确定震源的所在层,用前文所述的定位方案难以解决。

因此,基于提出的几何平均法,拟研究新的定位方案,使其能够解决上述三点难题。本章提出的定位方法结合发震时刻的反演和波阵面的正演,称该方法为"正反演联用法"[173]。

为了减小难度、增强可实现性,并便于对比正反演联用法和几何平均法的效果,仍重点在二层水平介质中研究正反演联用法,摸索新定位方法的要点、积累经验,为在多层介质中的运用做好铺垫。

5.1 正反演联用法的提出

根据第 4 章中式(4-15),二层介质纵波波速分别为v_1、v_2,台站坐标$P(x_1,$

y_1, h_1, t_1)与震源坐标 $Q(x_0, y_0, h_0, t_0)$ 的关系方程即走时方程为

$$b + a \cdot MN^2 = v_2^2 \cdot (t_1 - t_0)^2 \tag{5-1}$$

原几何平均法中通过特殊的台站分布方案,将走时方程(5-1)简化为线性方程组,求解出与震源深度有关的参数 a 和发震时刻 t_0。由于折射点的近似确定方法,求解出的参数 a 和发震时刻 t_0 严重偏离真值,因此几何平均法利用上下两条等时线 AC、BD 分别计算出对应的 a_1、a_2,采用取几何平均数的方法得到与真值最接近的 h_0。其实在几何平均法中,得到参数 a 和发震时刻 t_0 后,可以得到新的线性方程组,进而得到水平坐标 (x_0, y_0),但偏离真值非常严重且无法修正,因此没有实用价值。对于多层介质,即使参数 a 也难以修正。

采用的新思路是,消去受折射点位置影响较大的参数 a,而保留发震时刻 t_0,并尽可能修正 t_0,使其接近真值,由此便得到各个台站的走时。这时,根据震波传播路径的可逆性,假设监测台站为震源,利用多层介质中球面波正演方法,得到历经该台站实际走时后的多层介质中波前分布,则实际震波传播射线必为波前面上各点至监测台站射线路径中的一条,波前曲线即震源的可能位置。在三维空间中,震源位置坐标包含 (x_0, y_0, h_0) 三个变量,因此确定震源位置需要三个走时方程,对应三个不共线的台站。联立该三个台站的波前分布方程,即可求解出震源位置坐标 (x_0, y_0, h_0)。

该方法的准确性依赖于发震时刻 t_0 计算的准确性,除此之外与折射点位置的近似确定无关,通过正演方法得到联立方程等过程均是精确的。

5.2 正反演联合定位方案

5.2.1 规则观测系统下的发震时刻

(1) 发震时刻的反演与修正

已知同一直线上等间距分布的三个台站的时空参数 (x_1, y_1, h_1, t_1)、(x_2, y_2, h_2, t_2)、(x_3, y_3, h_3, t_3),根据第 4 章中的式(4-22)、式(4-23),得到线性方程组式(4-24),求解所得 a 值偏差很大,因此,考虑消去 a 值,只保留发震时刻 t_0,用式(4-22)除以式(4-23),得到 t_0 的表达式为

$$t_0 = \frac{P\left[(t_6^2 - t_5^2) - (t_5^2 - t_4^2)\right] - \left[(t_3^2 - t_2^2) - (t_2^2 - t_1^2)\right]}{2P\left[(t_6 - t_5) - (t_5 - t_4)\right] - 2\left[(t_3 - t_2) - (t_2 - t_1)\right]} \tag{5-2}$$

其中,

$$P = \frac{(x_3^2 - x_2^2) - (x_2^2 - x_1^2) + (y_3^2 - y_2^2) - (y_2^2 - y_1^2)}{(x_6^2 - x_5^2) - (x_5^2 - x_4^2) + (y_6^2 - y_5^2) - (y_5^2 - y_4^2)}$$

式(5-2)所得到的 t_0,在通常情况下是与真值有差异的,这是把非线性问题简化为线性问题导致的,应采取合理方法进行修正。在得到震源位置参数之前,已知的是台站距介质分界面距离 h_1 和二层介质的波速。试算中发现,在某次定位中,发震时刻 t_0 计算值与真值的偏差,与台站距介质分界面距离的实数幂呈正相关,也与波速比的实数幂呈正相关。通过多元函数的非线性最小二乘拟合,得到发震时刻 t_0 的计算偏差的表达式为

$$\Delta t = -2.56 \times 10^{-4} \times h_1^{0.891\,5} \cdot (\frac{v_2}{v_1})^{1.333\,4} \tag{5-3}$$

修正后的发震时刻为 $T_0 = t_0 + \Delta t$。

式中,h_1 表示台站距介质分界面距离;v_1,v_2 分别表示二层介质的波速;t_0,Δt,T_0 分别表示发震时刻 t_0 的计算值、拟合修正值和最终值。

(2) 发震时刻的最优化

为了单独考察参数 h_1 和 $\frac{v_2}{v_1}$ 的拟合效果与敏感性,同时为了5.3节数值微震试验算例的计算方便,将公式(5-3)拆分为两个,即

$$\Delta t = -6.795\,59 \times 10^{-4} \times h_1^{0.898\,6} \tag{5-4}$$

$$\Delta t = -0.147\,8 \times (\frac{v_2}{v_1})^{1.252\,7} \tag{5-5}$$

表5-1、表5-2的发震时刻计算值利用式(5-2)计算,发震时刻的拟合修正值利用式(5-4)、式(5-5)计算。从图5-1、图5-2可以看出,计算值与修正值均近似与 h_1 和 $\frac{v_2}{v_1}$ 呈正相关。

表5-1　$v_2/v_1 = 2$ 时不同 h_1 下 t_0 计算值与修正值

h_1	v_2/v_1	t_0 计算值	拟合修正值
500	2	0.208 945	0.180 929
1 000	2	0.366 4	0.337 298
1 500	2	0.495 565	0.485 566
2 000	2	0.618 480	0.628 807
2 500	2	0.736 090	0.768 423
3 000	2	0.871 521	0.905 216
4 000	2	1.208 896	1.172 254

表 5-2　$h_1 = 1\,000$ 时不同 v_2/v_1 下 t_0 计算值与修正值

h_1	v_2/v_1	t_0 计算值	拟合修正值
1 000	1.142 857	0.033 692	0.174 685
1 000	1.333 333	0.115 832	0.211 896
1 000	1.6	0.214 570	0.266 266
1 000	2.0	0.366 400	0.352 143
1 000	2.666 667	0.568 700	0.504 934
1 000	4.0	0.949 431	0.839 132
1 000	8.0	1.964 074	1.999 591

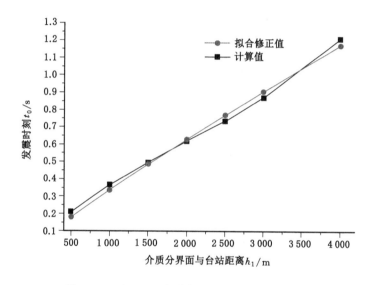

图 5-1　$v_2/v_1 = 2$ 时不同 h_1 下 t_0 计算值与修正值

通过试算发现,虽然每次不同条件的定位计算,公式(5-3)、(5-4)、(5-5)的系数不同,但不同定位条件的修正公式的形式相同。且根据公式(5-3)、(5-4)、(5-5)的推导过程,发震时刻 t_0 的计算和修正均与震源参数(x_0, y_0, h_0)无关。因此,该方法具有一般性。

另外,修正公式(5-3)、(5-4)、(5-5)中只考虑了 t_0 计算值与 h_1 和 $\dfrac{v_2}{v_1}$ 的关系,所以其适用范围有限制,具体限制条件是震源与台站的水平、竖直距离比不应过大,且震源到介质分界面距离、台站到介质分界面距离不应相差过大,满足

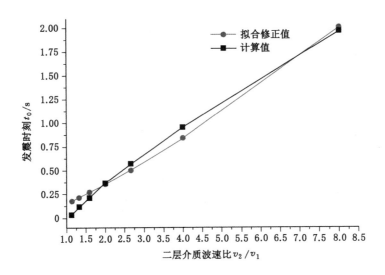

图 5-2　$h_1 = 1\,000$ 时不同 v_2/v_1 下 t_0 计算值与修正值

这种定位条件的实例,进行发震时刻修正的效果较好。

（3）参数敏感性分析

分别使图 5-2 中的 $h_1 = 1\,000$ m、图 5-1 中的 $v_1 = 2\,000$ m/s 增加或减小 5%、10%、15%、20%,其余参数不变,考察 t_0 计算值、修正值以及最终值的变化,如图 5-3 和图 5-4 所示。由图可见,t_0 最终值也就是发震时刻相对于参数并不敏感,算法稳定性良好。

（4）定位参数的幂指数值的最优化

综合考虑拟合效果与参数敏感性,h_1 和 $\dfrac{v_2}{v_1}$ 幂指数值的最佳值不是 1,理由叙述如下:

取图 5-1、图 5-2 各个 h_1 和 $\dfrac{v_2}{v_1}$ 对应的计算值与修正值残差的平方和,作为拟合质量的表征。分别测试 h_1 和 $\dfrac{v_2}{v_1}$ 取不同的幂指数值时,残差平方和的取值变化,如图 5-5 所示。

再取图 5-3、图 5-4 中各个百分比下发震时刻最终值的平方和,作为参数敏感性强弱的表征。取不同的幂指数值重复上述过程,得到不同幂指数值下 t_0 相对于 h_1 和 $\dfrac{v_2}{v_1}$ 的参数敏感性表征,如图 5-6 所示。

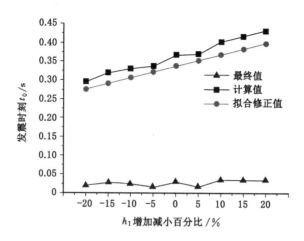

图 5-3　发震时刻 t_0 对于 h_1 的敏感性

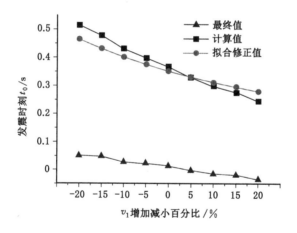

图 5-4　发震时刻 t_0 对于波速 v_1 的敏感性

　　由图 5-5 和图 5-6 可见,拟合质量与参数敏感性随 h_1、v_2/v_1 的幂指数值的变化规律基本一致,最优的幂指数值并不取 1。且拟合质量最优的幂指数值与参数敏感性最弱的幂指数值非常接近,可近似认为相同。获取最优幂指数值可采用最小二乘法。

5.2.2　关于不规则观测系统的论述

　　规则观测系统中发震时刻的确定,采用先计算发震时刻计算值,再根据曲线拟合法修正的思路。而发震时刻的计算值,依赖于第 4 章中的走时方程公式

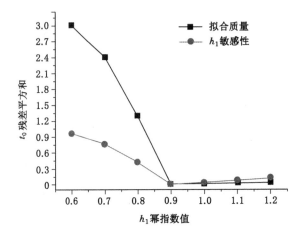

图 5-5　拟合质量与参数敏感性随 h_1 幂指数值变化

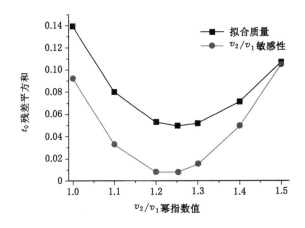

图 5-6　拟合质量与参数敏感性随 v_2/v_1 幂指数值变化

(4-15),该走时方程的降维与降幂,依赖于观测系统的选择,具体要求是水平直线上等间距分布的三个台站,对于一般的不规则观测系统,不能将该走时方程降维、降幂,所以无法得到发震时刻的计算值;且对于不规则观测系统,即使能得到发震时刻的计算值,曲线拟合修正公式的形式以及系数的获取也将非常困难,有待进一步探索。

5.2.3　二层介质球面波正演与震源坐标

（1）二维平面内二层介质球面波正演公式

图 5-7 为二层介质球面波的正演示意图。

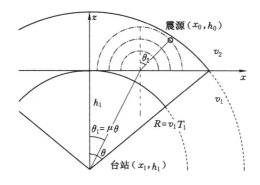

图 5-7 二层介质球面波的正演

先考察二维情形,根据几何关系易得

$$\cos \theta = \frac{h_1}{v_1 T_1} \text{ 或 } R = v_1 T_1 = \frac{h_1}{\cos \theta}$$

式中,T_1 表示台站 1 发出震波在介质 1 中的扩散时长;R 表示经过 T_1 时间波阵面在介质 1 中的扩散半径;θ 表示波阵面在介质分界面上的交线与震源的成角。

根据波的折射定律,有 $\dfrac{v_2}{v_1} = \dfrac{\sin \theta_2}{\sin(\mu\theta)}$,则 $\sin \theta_2 = \dfrac{v_2}{v_1}\sin(\mu\theta)$,所以

$\cos \theta_2 = \sqrt{1 - \dfrac{v_2^2}{v_1^2}\sin^2(\mu\theta)}$。

式中,μ 为参数,与折射点的位置一一对应;$\theta_1 = \mu\theta$ 表示台站发出震波的入射角;θ_2 表示震波折射角。

对球面波在二层介质中的传播过程进行正演,得到第二层介质中的波阵面方程为

$$x_0 = x_1 + \frac{v_2}{v_1}\left(\frac{h_1}{\cos \theta} - \frac{h_1}{\cos(\mu\theta)}\right)\sin \theta_2 + h_1 \tan(\mu\theta)$$

$$= x_1 + \frac{v_2^2}{v_1^2}T_1\sin(\mu\theta) + \left(1 - \frac{v_2^2}{v_1^2}\right)h_1 \tan(\mu\theta) \tag{5-6}$$

$$h_0 = \frac{v_2}{v_1}\left(\frac{h_1}{\cos \theta} - \frac{h_1}{\cos(\mu\theta)}\right)\cos \theta_2 = \left(v_2 T_1 - \frac{v_2}{v_1}\frac{h_1}{\cos(\mu\theta)}\right)\sqrt{1 - \frac{v_2^2}{v_1^2}\sin^2(\mu\theta)}$$

$$\tag{5-7}$$

式中,(x_0, h_0) 表示震源坐标;(x_1, h_1) 表示台站坐标。

当已知发震时刻 T_0 时，θ 值已知，除参数 μ 外，其他变量也为已知，则式(5-6)和式(5-7)是以 μ 为参数的方程，表示球面波在多层介质中波阵面的几何形状。

该参数方程是由一个台站的震波走时正演而来，波前分布即为震源的可能位置。如果再得到另一个台站的震波走时，采用相同的方法正演，则可得到另一个代表震源可能位置的波前分布。这样两个波前曲线的交点，一定是震源位置，在代数意义上就是两个台站对应参数方程的公共解。当已知两个台站的参数方程时，包含两个未知参数 μ_1、μ_2，由 x、h 坐标分别相等恰好可构建两个线性独立等式方程，即可解出参数 μ_1、μ_2，从而得到震源的空间位置。

图 5-8 为二层介质球面波波阵面与二维震源定位示意图。图中 (x_0, h_0) 表示震源坐标；(x_1, h_1) 表示台站 1 坐标，(x_2, h_1) 表示台站 2 坐标；T_{01} 表示台站 1 发出震波在介质 1 中的扩散时长；R_1 表示经过 T_{01} 时间波阵面在介质 1 中的扩散半径为 $R_1 = v_1 T_{01}$；R_2 表示经过 T_{02} 时间波阵面在介质 1 中的扩散半径为 $R_2 = v_1 T_{02}$。

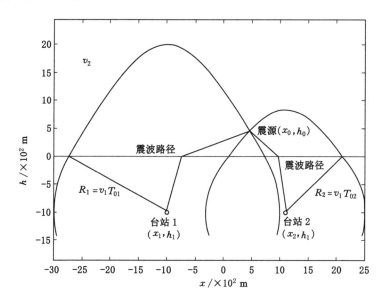

图 5-8　二层介质球面波波阵面与二维震源定位

（2）三维空间中二层介质球面波正演公式

实际震源的空间位置、台站空间分布均是三维的，因此震源的可能位置为一曲面，参数方程需增加一个参数，确定未知参数时也需要多一个不共线台站。

如果用 φ 表示震源水平位置参数，具体意义为震波传播路径所在的竖直平

面与 x 轴的夹角。对于台站 1，可建立三维空间中震源可能位置曲面的参数方程为

$$x_0 = x_1 + \left[\frac{v_2}{v_1} \left(\frac{h_1}{\cos \theta} - \frac{h_1}{\cos(\mu\theta)} \right) \sin \theta_2 + h_1 \tan(\mu\theta) \right] \cos \varphi$$

$$= x_1 + \left[\frac{v_2^2}{v_1} T_1 \sin \mu\theta + \left(1 - \frac{v_2^2}{v_1^2} \right) h_1 \tan(\mu\theta) \right] \cos \varphi \qquad (5\text{-}8)$$

$$y_0 = y_1 + \left[\frac{v_2}{v_1} \left(\frac{h_1}{\cos \theta} - \frac{h_1}{\cos(\mu\theta)} \right) \sin \theta_2 + h_1 \tan(\mu\theta) \right] \sin \varphi$$

$$= y_1 + \left[\frac{v_2^2}{v_1} T_1 \sin \mu\theta + \left(1 - \frac{v_2^2}{v_1^2} \right) h_1 \tan(\mu\theta) \right] \sin \varphi$$

$$(5\text{-}9)$$

$$h_0 = \frac{v_2}{v_1} \left(\frac{h_1}{\cos \theta} - \frac{h_1}{\cos(\mu\theta)} \right) \cos \theta_2$$

$$= \left(v_2 T_1 - \frac{v_2}{v_1} \frac{h_1}{\cos(\mu\theta)} \right) \sqrt{1 - \frac{v_2^2}{v_1^2} \sin^2(\mu\theta)}$$

$$(5\text{-}10)$$

式中，(x_0, y_0, h_0) 表示震源坐标；(x_1, y_1, h_1) 表示台站 1 坐标。

当已知三个台站的参数方程时，包含 6 个未知参数 μ_1、φ_1、μ_2、φ_2、μ_3、φ_3。μ_1、φ_1 表示台站 1 位置参数，μ_2、φ_2 表示台站 2 位置参数，μ_3、φ_3 表示台站 3 位置参数。由两个台站的 x、y、h 坐标分别相等能构建 3 个线性独立的等式方程，三个台站恰好构建 6 个线性独立的等式方程，即可解出全部 6 个参数，从而得到震源的空间位置。

（3）多层介质中球面波正演的目的与实质

球面波正演的目的是得到包含震源坐标的非线性方程组，以求解出震源坐标。所依据的原理是震波射线路径的可逆性，假设监测台站为震源，利用多层介质中球面波正演方法，得到历经该台站实际走时后的多层介质中波前分布，则实际震波传播射线必为波前各点至监测台站射线路径中的一条，波前曲线即震源的可能位置。

波前正演原理背后包含的实质，其实是震源坐标的新参数化，即通过波前正演，将震源的可能位置表示为包含参数 μ、φ 的非线性方程，即将震源坐标 (x_0, y_0, h_0) 重新参数化为 (μ, θ)，以将多层介质中震源定位的非线性问题转化，成为方便求解的具有新参数的新问题。

5.3　检验算法正确性的数值微震试验

某矿震震源深度为 3 000 m,震源距地表的岩土结构主要为两层,下层为花岗岩,厚度为 2 000 m,波速为 4 000 m/s,上覆层为泥岩,厚度为 1 000 m,波速为 2 000 m/s。震源水平坐标为 $x_0=200$ m,$y_0=400$ m。发震时刻 $t=0$ s。

布置 6 处监测台站,它们位于同一水平面,与震源铅垂距离均为 3 000 m,分别位于两条不共线、不平行直线 l_1、l_2 上,每条直线上 3 台,且间距相等。

各台站监测到时利用双层介质折射点精确计算方法——常量法确定折射点[171-172]。定位条件及台站参数见表 5-3。

表 5-3　定位条件及台站参数

台站号	x 坐标/m	y 坐标/m	位置	监测到时
1	200	4 000	直线 l_1 上	1.480 89
2	1 640	2 560	直线 l_1 上	1.281 039
3	3 080	1 120	直线 l_1 上	1.352 158
4	1 000	1 200	直线 l_2 上	1.061 414
5	2 400	2 600	直线 l_2 上	1.380 468
6	3 800	4 000	直线 l_2 上	1.810 243

根据公式(5-2),计算得 $P=1.057\ 959\ 184$,$t_0=0.366\ 4$。根据公式(5-4),计算得 $\Delta t=-0.352\ 143$。因此,修正后的发震时刻 $T_0=t_0+\Delta t=0.366\ 4-0.352\ 2=0.014\ 2$。

球面波的正演与震源空间坐标的确定需选用 3 个不共线的台站,因此选取台站 1、台站 3 和台站 6。

$$\cos\theta_1=\frac{h_1}{v_1T_1}=0.340\ 9,$$ 计算得 $\theta_1=\arccos\dfrac{h_1}{v_1T_1}=\arccos 0.340\ 9=1.222\ 92$。

同理,$\theta_2=\arccos\dfrac{h_1}{v_1T_2}=1.187\ 8$,$\theta_3=\arccos\dfrac{h_1}{v_1T_3}=1.288\ 68$。

代入参数方程式(5-8)、(5-9)、(5-10)中可得

$$\begin{cases} x_{01}=200+[11\ 733.5 \cdot \sin(1.222\ 92 \cdot \mu_1)-3\ 000 \cdot \tan(1.222\ 92 \cdot \mu_1)]\cos \varphi_1 \\ y_{01}=4\ 000+[11\ 733.5 \cdot \sin(1.222\ 92 \cdot \mu_1)-3\ 000 \cdot \tan(1.222\ 92 \cdot \mu_1)]\sin \varphi_1 \\ h_{01}=\left[5\ 866.76-\dfrac{2\ 000}{\cos(1.222\ 92 \cdot \mu_1)}\right]\times \sqrt{1-4 \cdot \sin^2(1.222\ 92 \cdot \mu_1)} \end{cases}$$

$$\begin{cases} x_{02}=3\ 080+[10\ 703.7 \cdot \sin(1.187\ 8 \cdot \mu_2)-3\ 000 \cdot \tan(1.187\ 8 \cdot \mu_2)]\cos \varphi_2 \\ y_{02}=1\ 120+[10\ 703.7 \cdot \sin(1.187\ 8 \cdot \mu_2)-3\ 000 \cdot \tan(1.187\ 8 \cdot \mu_2)]\sin \varphi_2 \\ h_{02}=\left[5\ 351.83-\dfrac{2\ 000}{\cos(1.187\ 8 \cdot \mu_2)}\right]\times \sqrt{1-4 \cdot \sin^2(1.187\ 8 \cdot \mu_2)} \end{cases}$$

$$\begin{cases} x_{03}=3\ 800+[14\ 368.3 \cdot \sin(1.288\ 68 \cdot \mu_3)-3\ 000 \cdot \tan(1.288\ 68 \cdot \mu_3)]\cos \varphi_3 \\ y_{03}=4\ 000+[14\ 368.3 \cdot \sin(1.288\ 68 \cdot \mu_3)-3\ 000 \cdot \tan(1.288\ 68 \cdot \mu_3)]\sin \varphi_3 \\ h_{03}=\left[7\ 184.17-\dfrac{2\ 000}{\cos(1.288\ 68 \cdot \mu_3)}\right]\times \sqrt{1-4 \cdot \sin^2(1.288\ 68 \cdot \mu_3)} \end{cases}$$

令 $\begin{cases} x_{01}=x_{02} \\ y_{01}=y_{02} \\ h_{01}=h_{02} \end{cases}, \begin{cases} x_{01}=x_{03} \\ y_{01}=y_{03} \\ h_{01}=h_{03} \end{cases}$, 可得 6 个非线性方程, 组成非线性方程组, 含 6 个

位置参数, 求解该非线性方程组即得震源的空间坐标。

利用 Matlab 软件中的迭代函数 (fsolve 函数), 取初值为 $(\mu_1,\varphi_1,\mu_2,\varphi_2,\mu_3,\varphi_3)=(0.2,-2,0.2,-2,0.2,-2)$, M 函数体见附录 A, 在 Matlab 命令窗口输入以下命令:

x=fsolve('myfun_correct1440',[0.2,−2,0.2,−2,0.2,−2]')

迭代求解得到参数为

$(\mu_1,\varphi_1,\mu_2,\varphi_2,\mu_3,\varphi_3)=(0.357\ 3,-1.563\ 9,0.341\ 6,-2.906\ 4,0.370\ 3,-2.357\ 8)$

代入 3 个参数方程中, 得到

$$\begin{cases} x_{01}=224.58 \\ y_{01}=435.907 \\ h_{01}=1\ 949.06 \end{cases}, \begin{cases} x_{02}=224.761 \\ y_{02}=435.807 \\ h_{02}=1\ 949.05 \end{cases}, \begin{cases} x_{03}=224.729 \\ y_{03}=436.191 \\ h_{03}=1\ 949.51 \end{cases}$$

实际震源坐标为 $\begin{cases} x_0=200 \\ y_0=400 \\ h_0=2\ 000 \end{cases}$

5.4 误差随速度变化的敏感性测试

图 5-9 为定位误差随介质速度变化的敏感性, 使泥岩速度发生 1%～5% 的

扰动,走时数据以及其他定位参数维持原值不变。从图 5-9 可以看出,几何平均法的误差对速度扰动的敏感性最低,其次是正反演联用法,敏感性最高的是经典线性法。从定位误差的取值分析,三种方法对速度变化的敏感性都不高,且都呈线性,都能保证工程上所需要的稳定性。

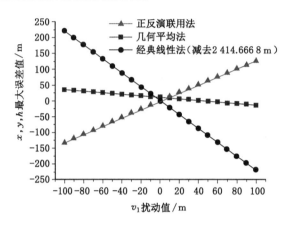

图 5-9　定位误差对于波速 v_1 敏感性

图 5-10 为定位误差相对介质波速比的敏感性,波速比分别取 $v_1/v_2 =$ 0.125、0.25、0.375、0.5、0.625、0.75 和 0.875,走时数据以及其他定位参数维持原值不变,考察定位误差的变化。图 5-10 反映的敏感性大小对比与图 5-9 基本一致。不同之处在于,对于正反演联用法,随着波速比的减小,定位误差增长较快,随着波速比的增加,定位误差增长放缓。从定位误差的取值分析,当波速比过大或过小时,三种方法中定位误差对速度比的敏感性总体上都很高。

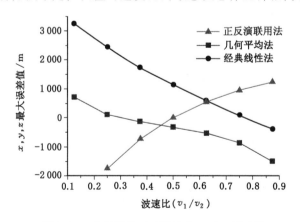

图 5-10　定位误差对于波速比 v_1/v_2 敏感性

当波速比发生较明显的变化时,说明波速发生了较大改变,所以图 5-10 可以看成是图 5-9 反映规律的扩展。因此,综合图 5-9 和图 5-10 的规律,当波速变化较小、波速比取值范围适宜时,正反演联用法的误差敏感性并无劣势。从误差敏感性角度分析,正反演联用法的稳定性较几何平均法差,但相差并不明显,且优于经典线性法。

5.5   不同定位参数下定位精度分析

表 5-4～表 5-8 中:x,y,h 表示正反演联用法所得的震源坐标;ZF 表示正反演联用法中 x,y,h 三方向最大误差值;JH 表示几何平均法中 x,y,h 三方向最大误差值;JZ 表示经典线性法中 x,y,h 三方向最大误差值。

由表 5-4 和图 5-11 可以看出,正反演联用法所得到的震源 x,y,h 坐标精度远远高于经典线性法,三方向的定位误差与几何平均法的震源深度误差基本相当。而几何平均法的主干计算体系无法得到震源的水平坐标,需借助额外的数值计算方法,这一点较正反演联用法劣势明显。

表 5-4   不同波速比下三种定位方法定位结果及误差对比

v_1/v_2	h/m	x/m	y/m	ZF/m	JH/m	JZ/m
0.125	2 025	193	387	25	1 208	7 999
0.250	1 509	356	712	491	524	5 459
0.375	1 759	275	549	241	223	3 681
0.500	1 932	221	441	68	11	2 415
0.625	2 227	134	270	227	171	1 496
0.750	2 408	87	179	408	335	824
0.875	2 401	96	194	401	480	337

注:震源坐标 $x=200$,$y=400$,$h=2\ 000$。

由表 5-5 和图 5-12 可以看出,在不同台站间距下,正反演联用法的三个方向定位精度,均能达到几何平均法震源深度的精度水平。定位精度远高于经典线性法,且精度规律与几何平均法一致,即等距距离过小时,监测到时区分不明显,导致定位误差增大;等距距离过大时,水平竖直距离比增大,根据后文分析,将看到此时定位精度明显变差。

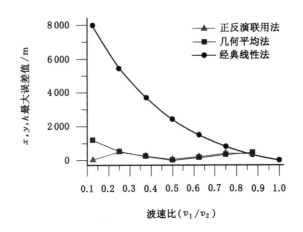

图 5-11　不同波速比下三种定位方法误差对比

表 5-5　不同台站间距下三种定位方法定位结果及误差对比

台站间距/m	h/m	x/m	y/m	ZF/m	JH/m	JZ/m
240	2 041	190	377	41	88	1 483
360	1 981	205	411	19	50	5 346
480	1 932	221	441	68	11	2 415
720	1 923	228	451	77	101	1 416
960	1 892	241	468	108	173	1 187
1 440	1 757	296	542	243	314	1 127
1 920	1 656	310	554	344	413	1 204

注：震源坐标 $x=200$，$y=400$，$h=2\,000$。

　　根据定位计算过程，正反演联用法的震源深度定位精度很好，即使台站距震源水平距离很大时，误差也远远小于几何平均法和经典线性法，但当台站距震源水平距离增大时，正反演联用法的水平坐标定位误差明显变大。根据表 5-6 和图 5-13，综合考虑 x，y，h 三个方向的定位误差时，当水平竖直距离比增大时，正反演联用法和几何平均法一样，定位精度变差，所以仍应在矿震易发区布置监测台站。

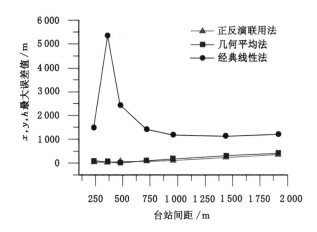

图 5-12 不同台站间距下三种定位方法误差对比

表 5-6 不同水平竖直距离比下三种定位方法定位结果及误差对比

比值	h/m	x/m	y/m	ZF/m	JH/m	JZ/m
0.5	1 964	211	419	36	17	2 911
1.0	2 037	166	316	84	177	365
1.5	2 069	469	1 060	660	410	122

注:震源坐标 $x=200,y=400,h=2\ 000$。

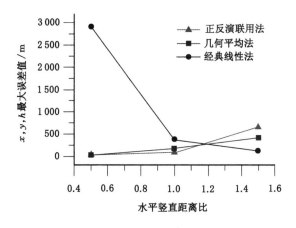

图 5-13 不同水平竖直距离比下三种定位方法误差对比

根据表 5-7 和图 5-14，正反演联用法的定位精度远高于经典线性法，且误差不随埋深增加而增大，在不同埋深范围内定位精度高而稳定。相比几何平均法，正反演联用法不但相对误差随着埋深增加而减小，绝对误差也不随埋深增加而增大，这一点较几何平均法优势明显。因此，正反演联用法比几何平均法更加适合于深震源定位。

表 5-7　不同埋深下三种定位方法定位结果及误差对比

埋深/m	h/m	x/m	y/m	ZF/m	JH/m	JZ/m
1 000	658	300	551	342	287	1 228
2 000	1 757	296	542	243	314	1 127
3 000	2 857	251	474	143	173	1 107
4 000	3 966	208	412	34	25	1 140
5 000	5 100	173	363	100	235	1 208
6 000	6 167	162	347	167	440	1 300
8 000	8 043	196	390	43	835	1 525

注：震源坐标 $x = 200, y = 400, h = h_0$。

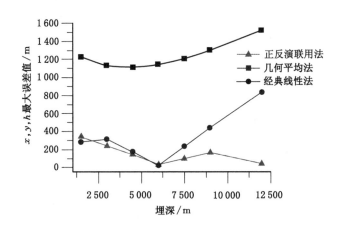

图 5-14　不同埋深下三种定位方法误差对比

根据表 5-8 和图 5-15，当台站与分界面距离、震源与分界面距离相差太大时，正反演联用法与几何平均法一样，与经典线性法相比均不具优势。原因在于，当埋深比相差较大时，介质的多层特性大大削弱，埋深比越大，介质越趋近于均匀介质，因此经典线性法的计算结果越好。因此，根据不同岩土体分布情况和实际工程的要求,建议将经典线性法和正反演联用法或几何平均法结合使用。

表 5-8　不同埋深比下三种定位方法定位结果及误差对比

埋深比	h/m	x/m	y/m	ZF/m	JH/m	JZ/m
0.5	2 041	190	377	41	801	483
0.25	5 672	−22	−95	1 672	88	2 647
1/8	11 947	−80	−213	3 947	1 725	3 017
0.1	5 824	438	926	4 176	5 593	4 714
1/16	14 475	255	522	1 525	7 559	9 209

注:震源坐标 $x=200,y=400,h=1\ 000\cdot h_0/h_1$。

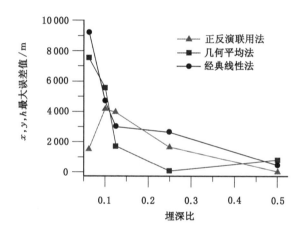

图 5-15　不同埋深比下三种定位方法误差对比

5.6　木城涧矿区的微震监测应用试验

木城涧矿区的监测定位在选址时考虑了需已知被监测矿区的地质条件[148-149]。木城涧煤矿位于北京市门头沟区。煤系岩性分为上下两段:下段赋存主要煤层,煤岩层厚 400 m,纵波波速 2 250 m/s;上段于门头沟区无可采煤层,岩层厚 600 m,纵波波速为 4 500 m/s。采用辽宁工程技术大学冲击地压研究院研发的矿山微震监测定位系统进行监测,监测精度为 1 ms。为方便研究,把位于海拔 820 m 主井口附近的地面台站称为 1 号台站组;把海拔同为 820 m 远离井口的地面台站称为 2 号台站组。两个台站组分布在约(3×10) km 范围内,能记录全矿内里氏-1~3级的微震信号。测试震源坐标为 $x=-13\ 475$ m,$y=4\ 420\ 814$ m,震源海拔为-180 m,发震时刻为 2010-06-06,14:20:11。

定位条件及台站参数见表5-9。

表5-9 定位条件及台站参数

台站	x 坐标/m	y 坐标/m	监测到时	组别
1	-15 875	4 420 814	2010-06-06,14:20:11.706	1
2	-16 875	4 421 814	2010-06-06,14:20:11.953	1
3	-17 875	4 422 814	2010-06-06,14:20:12.236	1
4	-16 255	4 421 910	2010-06-06,14:20:11.832	2
5	-18 255	4 422 910	2010-06-06,14:20:12.318	2
6	-20 255	4 423 910	2010-06-06,14:20:12.823	2

修正后的发震时刻为 2010-06-06,14:20:11.067,取发震时刻 $t_0=0.067$。

球面波的正演与震源空间坐标的确定需选用3个不共线的台站,因此选取台站1、台站3和台站6。

$$\cos \theta_1=\frac{h_1}{v_1 T_1}=0.208\ 75,计算得 \theta_1=\arccos \frac{h_1}{v_1 T_1}=\arccos 0.188\ 93=1.360\ 5。$$

同理,$\theta_2=\arccos \dfrac{h_1}{v_1 T_2}=1.456\ 447$,$\theta_3=\arccos \dfrac{h_1}{v_1 T_3}=1.494\ 81$。

代入参数方程式(5-8)、(5-9)、(5-10)中可得6个非线性方程,组成非线性方程组,含6个位置参数,求解该非线性方程组即得到震源的空间坐标。

利用 Matlab 软件中的 fsolve 函数,M 函数体见附录 A,在 Matlab 命令窗口输入以下命令:

x=fsolve('myfun_correct5',[0.9,3,0.9,3,0.9,3]')

取初值为$(\mu_1,\varphi_1,\mu_2,\varphi_2,\mu_3,\varphi_3)=(0.9,3,0.9,3,0.9,3)$,迭代求解得到参数为

$(\mu_1,\varphi_1,\mu_2,\varphi_2,\mu_3,\varphi_3)=(0.913\ 28,3.141\ 59,0.985\ 24,2.714\ 97,0.993\ 79,2.713\ 23)$

代入3个参数方程中,得到

$$\begin{cases} x_{01}=-13\ 664 \\ y_{01}=4\ 420\ 814, \\ h_{01}=332.599 \end{cases} \begin{cases} x_{02}=-13\ 692 \\ y_{02}=4\ 420\ 913, \\ h_{02}=359.609 \end{cases} \begin{cases} x_{03}=-13\ 675 \\ y_{03}=4\ 420\ 905 \\ h_{03}=372.02 \end{cases}$$

不同算法下微震测试结果见表5-10。

表 5-10　不同算法下微震测试结果

算法	发震时刻	最大定位误差/m
正反演联用法	2010-06-06,14:20:11.067	216
几何平均法	2010-06-06,14:20:12.450	274
经典线性法	2010-06-06,14:20:23.000	1 124

5.7　多层水平介质中震源定位的雏形

当介质为多层水平介质时,第 4 章中采用的几何平均算法,将遇到两个难题:难题之一是直接求解线性方程组后得到的 a 值与真实值相差过大,且由分界面两侧的等时线所得的两个 a 值,其增大和减小的倍数不成规律,难以修正;难题之二是几何平均算法无法预先确定震源所在的介质层,而不知震源所在层,a 值的表达式就不能确定。

因此,无法得到 a 值表达式,即使得到 a 值表达式,也无法合理修正,因此建立线性方程组求解 a 值以得到震源深度的思路不能奏效。

本书采取的正反演联合法,除了具备能精确确定震源水平坐标、所有情况下定位精度不低于几何平均法、部分情况下定位精度优于几何平均法等优点外,还特别适用于解决多层介质中震源定位的两个难题。

正反演联合法分为两个步骤,步骤一是对发震时刻进行反演,通过合理修正得到发震时刻,步骤二是根据震波传播路径的可逆性,假设震波由台站发出,对台站发出的震波传播过程进行正演,求解非线性方程组得到震源坐标。

对于前述难题之一,在步骤一中只需确定发震时刻,不涉及获取 a 值的准确数值或表达式,因此避开了修正 a 值以获取震源深度的困难。而震源深度可在步骤二中准确获取。

对于难题之二,在步骤二中对台站发出的震波传播过程进行正演时,根据震源坐标 h_0 与当前层厚的大小,可以逐层排除或确定震源的可能所在层。

例如,对于多层水平介质,易确定震源是否在第一层,假设震源不在第一层,根据发震时刻可正演台站发出的震波在第二层介质中的波阵面,由此可建立非线性方程组,通过求解非线性方程组可得到可能的震源深度 h_0,如果 h_0 小于第二层层厚 H_2,则可确定震源位于第二层。反之,如果 h_0 大于第二层层厚 H_2,则可确定震源位于更深的介质层中,再对台站发出的震波在第三层介质中的波阵面进行正演,如此逐层考察和排除,即可在多层水平介质中确定震源的所在层。

因此,正反演联用法为在多层水平介质中的震源定位提供了雏形。

5.8　小结

针对二层水平介质中几何平均定位法存在的问题,提出了正反演联用法,新方法联合运用二层水平介质中球面波正反演方法。三维空间中震源可能位置曲面的参数方程为

$$x_0 = x_1 + \left[\frac{v_2}{v_1}\left(\frac{h_1}{\cos\theta} - \frac{h_1}{\cos(\mu\theta)}\right)\sin\theta_2 + h_1\tan(\mu\theta)\right]\cos\varphi$$

$$= x_1 + \left[\frac{v_2^2}{v_1}T_1\sin(\mu\theta) + \left(1 - \frac{v_2^2}{v_1^2}\right)h_1\tan(\mu\theta)\right]\cos\varphi$$

$$y_0 = y_1 + \left[\frac{v_2}{v_1}\left(\frac{h_1}{\cos\theta} - \frac{h_1}{\cos(\mu\theta)}\right)\sin\theta_2 + h_1\tan(\mu\theta)\right]\sin\varphi$$

$$= y_1 + \left[\frac{v_2^2}{v_1}T_1\sin(\mu\theta) + \left(1 - \frac{v_2^2}{v_1^2}\right)h_1\tan(\mu\theta)\right]\sin\varphi$$

$$h_0 = \frac{v_2}{v_1}\left(\frac{h_1}{\cos\theta} - \frac{h_1}{\cos(\mu\theta)}\right)\cos\theta_2$$

$$= \left(v_1 T_1 - \frac{v_2}{v_1}\frac{h_1}{\cos(\mu\theta)}\right)\sqrt{1 - \frac{v_2^2}{v_1^2}\sin^2(\mu\theta)}$$

该定位算法取得了良好效果,结论如下:

① 正反演联合法不但能够确定震源深度,而且能准确计算震源水平坐标,较二层介质中的几何平均法优势明显。

② 发震时刻的反演及最优化过程表明,发震时刻对介质层厚和波速不敏感,且存在不等于1的最优的参数幂指数值。发震时刻的拟合修正公式如下:

$$\Delta t = -6.795\,59 \times 10^{-4} \times h_1^{0.898\,6}$$

$$\Delta t = -0.147\,8 \times \left(\frac{v_2}{v_1}\right)^{1.252\,7}$$

③ 波阵面正演计算震源位置参数的过程表明,正反演联用法对速度、速度比的敏感性介于几何平均法和经典线性法之间。

④ 同时考虑正反演联用法水平、竖直坐标的定位偏差,各种定位条件下,定位精度都不低于几何平均法。

⑤ 在埋深较大的深震源定位中,正反演联用法的相对误差与绝对误差均不随埋深的增加而增长,比几何平均法更适合于矿山深部开采与深震源定位。

⑥ 正反演联用法不能改进几何平均法不适应较大水平竖直距离比和较大、较小埋深比的缺点,建议在矿震易发区布置台站,并根据实际工程的要求,与经典线性法或几何平均法结合使用。

6 多层水平或倾斜介质中的震源定位——波前正演法

6.1 二层水平介质中的波前正演法

正反演联用法是针对岩土体的层理结构,研究二层水平介质中的震源定位方法。前文中提出的几何平均法与正反演联用法是基于特定规则观测系统的震源定位方法,监测台站需要布置两组,每组三个台站等间距分布在直线上,两组直线不平行、不共线。几何平均法可解析求解,正反演联用法需要数值迭代求解[166,173]。

几何平均法只能确定震源深度,且由于折射点的近似确定方法[167-168],当台站与震源的水平竖直距离比过大、介质层厚相差过大时,定位误差明显增大。

正反演联用法需要采用与几何平均法相同的观测系统,并通过曲线拟合确定发震时刻,从而通过波前正演法解出震源三维坐标。由于靠曲线拟合修正确定发震时刻,所以发震时刻的误差使得正反演联用法三维坐标的计算误差与几何平均法相当。正反演联用法与几何平均法采用的观测系统相同,因此也不适用于台站与震源的水平竖直距离比过大、介质层厚相差过大的定位条件。但正反演联用法提出了多层水平介质中定位方法的雏形。

本章旨在进一步完善二层水平介质中的震源定位方法,改进上述不足,并将其应用至多层水平介质的震源定位中。

6.1.1 几何平均法的缺陷与改进方法

几何平均法的主要缺陷是只能确定震源深度,且局限于特定规则的观测系统,特定定位条件下误差过大。

由于几何平均法存在上述问题,本章将基于球面波波前正演建立定位方案,在正反演联用法定位公式的基础上,进行适当改进,使其不但能确定震源三维坐标,且适用于任意观测系统,并且不存在定位误差过大的失效定位条件。

6.1.2　正反演联用法的缺陷与改进方法

正反演联用法的主要缺陷是局限于特定规则观测系统,特定定位条件下误差过大。

由于球面波波前正演更适合于多层水平介质中的震源定位,因此本章在正反演联用法的基础上改进定位方法。正反演联用法产生上述问题的原因在于发震时刻的确定。为了确定发震时刻的计算值,并用曲线拟合法修正发震时刻计算值以接近真实值,正反演联用法采用了与几何平均法一致的观测系统。这是正反演联用法局限于特定规则观测系统,且特定定位条件下误差过大的根本原因。

因此,本章的改进方法是避开发震时刻的确定,由于缺少发震时刻作为已知数,相当于在方程组中增加了一个未知数,因此采用增加一个台站的方法,由正反演联用法采用的三台站定位变为四台站定位,恰好能构成适定的方程组。

6.1.3　关于震波实际走时和台站监测到时的说明

在实际工程中,监测台站观测到的数据是震波的到达时刻,即台站监测到时。而微震试验中,可得到震波从激发到被台站拾取的实际走时。

前文已证明,几何平均法的计算结果与采用实际走时还是采用监测到时无关。

但对于第 5 章的正反演联用法,在计算发震时刻以及曲线拟合时,采用实际走时与采用监测到时不同。

利用二层水平介质矿震模型进行微震试验,可得震波从震源传递到台站的实际走时。若 T_i($i=1\sim6$,i 表示 6 个监测台站的序号)表示震波实际走时(发震时刻是 0),则已知同一直线上等间距分布的三个台站的时空参数(x_1, y_1, h_1, T_1)、(x_2, y_2, h_2, T_2)、(x_3, y_3, h_3, T_3),根据走时方程式(4-15),得到式(4-22)、式(4-23)及线性方程组(4-24),求解所得 a 值偏差很大,因此,考虑消去 a 值,只保留发震时刻 T_0,将式(4-22)除以式(4-23),得到发震时刻 T_0 计算值如下:

$$T_0 = \frac{P\left[(T_6^2 - T_5^2) - (T_5^2 - T_4^2)\right] - \left[(T_3^2 - T_2^2) - (T_2^2 - T_1^2)\right]}{2P\left[(T_6 - T_5) - (T_5 - T_4)\right] - 2\left[(T_3 - T_2) - (T_2 - T_1)\right]} \quad (6\text{-}1)$$

其中,

$$P = \frac{(x_3^2 - x_2^2) - (x_2^2 - x_1^2) + (y_3^2 - y_2^2) - (y_2^2 - y_1^2)}{(x_6^2 - x_5^2) - (x_5^2 - x_4^2) + (y_6^2 - y_5^2) - (y_5^2 - y_4^2)} \quad (6\text{-}2)$$

T_0 表示发震时刻,在微震试验中,一般取发震时刻 T_0 为 0。在工程实际的微震监测中,T_0 表示微震实际发生的时间点,通过式(6-1)得到的是发震时刻 T_0 的计算值,与真实值有偏差,拟合的目的是使 T_0 尽可能接近真实值。因此,建立拟合公式时,拟合对象是 T_0,在微震试验中的拟合期望值是 0(发震时刻)。

换个角度思考该过程,不妨设 T_1 是 $T_i(i=1\sim6)$ 中的最小值,则 6 个走时同时减去 T_1,式(6-1)变形为

$$
\begin{aligned}
\Delta T &= (P\{[(T_6-T_1)^2-(T_5-T_1)^2]-[(T_5-T_1)^2-(T_4-T_1)^2]\}- \\
&\quad \{[(T_3-T_1)^2-(T_2-T_1)^2]-[(T_2-T_1)^2-(T_1-T_1)^2]\})/ \\
&\quad \{2P[(T_6-T_1)-(T_5-T_1)-(T_5-T_1)+(T_4-T_1)]- \\
&\quad 2[(T_3-T_1)-(T_2-T_1)-(T_2-T_1)+(T_1-T_1)]\} \\
&= \{P[(T_6^2-T_5^2)-2T_1(T_6-T_5)-(T_5^2-T_4^2)+2T_1(T_5-T_4)]- \\
&\quad [(T_3^2-T_2^2)-2T_1(T_3-T_2)-(T_2^2-T_1^2)+2T_1(T_2-T_1)]\}/ \\
&\quad \{2P[(T_6-T_5)-(T_5-T_4)]-2[(T_3-T_2)-(T_2-T_1)]\} \\
&= (P[(T_6^2-T_5^2)-(T_5^2-T_4^2)]-[(T_3^2-T_2^2)-(T_2^2-T_1^2)]-T_1 \cdot \\
&\quad \{2P[(T_6-T_5)-(T_5-T_4)]-2[(T_3-T_2)-(T_2-T_1)]\})/ \\
&\quad \{2P[(T_6-T_5)-(T_5-T_4)]-2[(T_3-T_2)-(T_2-T_1)]\} \\
&= T_0-T_1
\end{aligned}
\tag{6-3}
$$

即 $T_0=\Delta T+T_1$。

ΔT 表示式(6-1)左右两端分别减去最小走时 T_1,即 $\Delta T=T_0-T_1$,式(6-1)右侧减去 T_1 后的变形过程见式(6-3)。

重新分析之前的拟合过程,建立拟合公式时,拟合对象是 $\Delta T+T_1$ 之和 T_0。

计算 T_0 计算值时,如果采用实际走时 $T_i(i=1\sim6)$,则计算值相当于 $\Delta T+T_1$,拟合修正的期望值是发震时刻 $T_0-(\Delta T+T_1)=0$。

对于实际发生的矿震,无法知道震波从震源到台站的实际走时,只能知道各个台站的监测到时。因此,如果监测数据采用监测到时 $t_i(i=1\sim6)$,则总可以将 6 个监测到时同时减去最小的监测到时 t_{min} 得到 t_i-t_{min},进而得到 Δt,显然此处得到的 Δt 与公式(6-3)中得到的 ΔT 是等价的,因为两者在计算时本质上只考虑台站到时时差,而无论采用震波走时 T_i 还是采用监测到时 t_i,到时时差不变。

但拟合公式由矿震模型根据微震试验计算而来,建立该公式时是采用震波

实际走时而得,因此其拟合对象是 ΔT 和 T_1 之和 T_0。因此,当采用监测到时 t_i 进行拟合修正时,期望值即发震时刻是 $\Delta t - T_0 = \Delta T - (\Delta T + T_1) = -T_1$。其中,$T_1$ 是 6 个台站震波实际走时的最小值。

根据上述分析以及现场实际工程的需要,本章采用的波前正演法将一律采用台站监测到时,而不采用微震试验中的震波实际走时。

6.2 二层介质球面波正演公式

根据 6.1.3 的分析,本章区分了台站 1 的监测到时 t_1 和震波从震源到台站的走时 T_1。实际工程中,监测台站只能提供纵波的初至时刻 t_1,由于发震时刻 T_0 是待解未知数,因此 $T_1 = t_1 - T_0$ 未知。但任意两个监测台站的走时之差 $T_1 - T_2 = t_1 - t_2$ 为已知。第 4 章提出的定位方案不必区分监测台站的走时与到时,波前正演法也不需要区分监测台站的监测到时 t_1 与震波的实际走时 T_1,但为了方法的实用性,以下计算分析均基于台站的监测到时。

波前正演法与正反演联用法的定位思路一致,现简要介绍如下:根据震波传播路径的可逆性,假设监测台站为震源,利用多层介质中球面波正演方法,得到历经该台站实际走时后的多层介质中的波前分布,则实际震波传播射线必为波前上各点至监测台站射线路径中的一条,波前曲线即震源的可能位置。在三维时空中,震源时空坐标包含 x_0、y_0、h_0、T_0 四个变量,因此确定震源位置和发震时刻需要四个走时方程,对应四个不共线的台站。联立该四个台站的波前分布方程,即可求解出震源时空坐标 (x_0, y_0, h_0, T_0)。

波前正演法的定位公式与正反演联用法的定位公式一致,只是观测系统和组建非线性方程组的方式不同。该方法不要求特定的台站空间分布,对于规则观测系统与不规则观测系统均适用,且定位结果的准确性与折射点位置的近似确定无关[167-168],通过正演方法得到联立方程并求解等过程均是精确的。

6.2.1 二维平面内二层介质球面波正演公式

波前正演法的定位公式与正反演联用法的定位公式(5-6)至公式(5-10)相同[173],本章将基于该公式,从任意观测系统的要求出发,将发震时刻作为未知量之一,引入该定位公式并建立非线性方程组求解。正反演联用法采用规则观测系统,结合曲线拟合法确定发震时刻,因此确定震源空间位置时,包括水平和竖直坐标 (x_0, y_0, h_0) 的三个未知数,需要三个台站的非线性方程来建立非线性方程组,以组建未知数个数与非线性方程个数相同的适定方程组。本章的波前正演法将发震时刻作为未知量之一,震源参数包括时间和空间坐标(x_0, y_0, h_0, T_0)的四个未知数,需要四个台站的非线性方程来建立非线性方程组,以组建适定的方程组。

图 6-1 为二层水平介质中球面波的正演示意图。

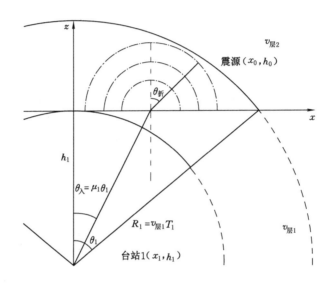

图 6-1　二层水平介质中球面波的正演

分析二维平面内的情形,根据几何关系易得

$$\cos \theta_1 = \frac{h_1}{v_{\text{层}1} T_1} \text{ 或 } R_1 = v_{\text{层}1} T_1 = \frac{h_1}{\cos \theta_1} \tag{6-4}$$

式中,T_1 表示台站 1 发出震波在介质 1 中扩散时长为 T_1;R_1 表示经过 T_1 时间波阵面在介质 1 中的扩散半径,$R_1 = v_{\text{层}1} T_1$;θ_1 表示波阵面在介质分界面上的交点和台站的连线与竖直方向的成角。

用 h_i 表示介质层厚,其中下标 i 表示台站号。由于观测系统任意,各台站至介质分界面的距离互不相等,即 h_i 可以互不相等。

根据波的折射定律,有

$$\frac{v_{\text{层}2}}{v_{\text{层}1}} = \frac{\sin \theta_{\text{折}}}{\sin \theta_{\text{入}}} = \frac{\sin \theta_{\text{折}}}{\sin(\mu_1 \theta_1)} \tag{6-5}$$

式中,μ_1 为参数,与折射点的位置一一对应;$\theta_{\text{入}} = \mu_1 \theta_1$ 表示台站发出震波的入射角；$\theta_{折}$ 表示震波折射角。

则

$$\sin \theta_{折} = \frac{v_{层2}}{v_{层1}} \sin(\mu_1 \theta_1) \tag{6-6}$$

所以

$$\cos \theta_{折} = \sqrt{1 - \frac{v_{层2}^2}{v_{层1}^2} \sin^2(\mu_1 \theta_1)} \tag{6-7}$$

对球面波在二层介质中的传播过程进行正演，得到在第二层介质中的波阵面方程为

$$
\begin{aligned}
x_0 &= x_1 + \frac{v_{层2}}{v_{层1}} \left(\frac{h_1}{\cos \theta_1} - \frac{h_1}{\cos(\mu_1 \theta_1)} \right) \sin \theta_{折} + h_1 \tan(\mu_1 \theta_1) \\
&= x_1 + \frac{v_{层2}^2}{v_{层1}^2} T_1 \sin(\mu_1 \theta_1) + \left(1 - \frac{v_{层2}^2}{v_{层1}^2} \right) h_1 \tan(\mu_1 \theta_1)
\end{aligned} \tag{6-8}
$$

$$
\begin{aligned}
h_0 &= \frac{v_{层2}}{v_{层1}} \left(\frac{h_1}{\cos \theta_1} - \frac{h_1}{\cos(\mu_1 \theta_1)} \right) \cos \theta_{折} \\
&= \left(v_{层2} T_1 - \frac{v_{层2}}{v_{层1}} \frac{h_1}{\cos(\mu_1 \theta_1)} \right) \sqrt{1 - \frac{v_{层2}^2}{v_{层1}^2} \sin^2(\mu_1 \theta_1)}
\end{aligned} \tag{6-9}
$$

式中，(x_0, h_0) 表示震源坐标；(x_1, h_1) 表示台站 1 坐标。

T_1 表示震波从震源到台站 1 的走时，T_2 表示震波从震源到台站 2 的走时。可见与第 5 章中公式(5-6)、(5-7)一致。

在实际工程中，监测台站只能提供纵波初至时刻，并不能提供震波从震源到台站的走时 T_1，因为发震时刻 T_0 未知。因此，已知的是台站监测到时的时差，即 $T_1 - T_2$ 为已知，但 T_1、T_2 自身均为未知变量。

当发震时刻 T_0 未知，也即 T_1 未知时，θ_1 值未知，参数 μ_1 未知，其他变量为已知，则式(6-8)和式(6-9)是以 T_1、θ_1、μ_1 为参数的参数方程，表示球面波在多层介质中波阵面的几何形状。

该参数方程是由一个台站的震波走时正演而来，波前分布即为震源的可能位置。如果再得到两个台站的监测到时，采用相同的方法进行正演，则可得到另两个代表震源可能位置的波前分布。这样三个波前曲线的交点，一定是震源位置，在代数意义上就是三个台站对应参数方程的公共解。当已知三个台站的参数方程时，方程包含 9 个未知参数：T_1、θ_1、μ_1、T_2、θ_2、μ_2、T_3、θ_3、μ_3。

对于每两个台站，由 x、h 坐标分别相等能构建 2 个线性独立等式方程，三

个台站共能建立 $2 \times (3-1) = 4$ 个线性独立的等式方程。由走时时差 $T_1 - T_2$ 和 $T_2 - T_3$ 已知能构建 2 个线性独立的等式方程,由几何关系 $\cos \theta_1 = \dfrac{h_1}{v_{层1} T_1}$, $\cos \theta_2 = \dfrac{h_2}{v_{层1} T_2}$, $\cos \theta_3 = \dfrac{h_3}{v_{层1} T_3}$,可建立三个等式方程,则三个台站恰好建立 $4 + 2 + 3 = 9$ 个线性独立的等式方程,即可解出全部 9 个未知参数 T_1、θ_1、μ_1、T_2、θ_2、μ_2、T_3、θ_3、μ_3,从而得到震源的时空坐标。

图 6-2 为二层水平介质中球面波波阵面与二维震源定位示意图。

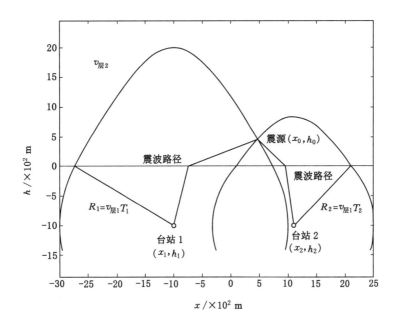

图 6-2　二层水平介质中球面波波阵面与二维震源定位

图 6-2 中 (x_0, h_0) 表示震源坐标;(x_1, h_1) 表示台站 1 坐标,(x_2, h_2) 表示台站 2 坐标;T_1 表示台站 1 发出震波在介质 1 中的扩散时长;R_1 表示经过 T_1 时间波阵面在介质 1 中的扩散半径,$R_1 = v_1 T_1$;R_2 表示经过 T_2 时间波阵面在介质 1 中的扩散半径,$R_2 = v_1 T_2$。

6.2.2　三维空间中二层介质球面波正演公式

实际震源的空间位置、台站空间分布均是三维的,因此震源的可能位置为一曲面,参数方程需增加一个参数,确定未知参数时也需要多一个不共线台站[173]。

如果用 φ 表示震源水平位置参数,具体意义为震波传播路径所在的竖直平面与 x 轴夹角,对于台站 1,可建立三维空间中震源可能位置曲面的参数方程如下:

$$x_0 = x_1 + \left[\frac{v_{\text{层}2}}{v_{\text{层}1}}\left(\frac{h_1}{\cos\theta_1} - \frac{h_1}{\cos\theta_\text{入}}\right)\sin\theta_\text{折} + h_1\tan\theta_\text{入}\right]\cos\varphi_1$$

$$= x_1 + \left[\frac{v_{\text{层}2}^2}{v_{\text{层}1}}T_1\sin(\mu_1\theta_1) + \left(1 - \frac{v_{\text{层}2}^2}{v_{\text{层}1}^2}\right)h_1\tan(\mu_1\theta_1)\right]\cos\varphi_1 \quad (6\text{-}10)$$

$$y_0 = y_1 + \left[\frac{v_{\text{层}2}}{v_{\text{层}1}}\left(\frac{h_1}{\cos\theta_1} - \frac{h_1}{\cos\theta_\text{入}}\right)\sin\theta_\text{折} + h_1\tan\theta_\text{入}\right]\sin\varphi_1$$

$$= y_1 + \left[\frac{v_{\text{层}2}^2}{v_{\text{层}1}}T_1\sin(\mu_1\theta_1) + \left(1 - \frac{v_{\text{层}2}^2}{v_{\text{层}1}^2}\right)h_1\tan(\mu_1\theta_1)\right]\sin\varphi_1 \quad (6\text{-}11)$$

$$h_0 = \frac{v_{\text{层}2}}{v_{\text{层}1}}\left(\frac{h_1}{\cos\theta_1} - \frac{h_1}{\cos\theta_\text{入}}\right)\cos\theta_\text{折}$$

$$= \left(v_{\text{层}2}T_1 - \frac{v_{\text{层}2}}{v_{\text{层}1}}\frac{h_1}{\cos(\mu_1\theta_1)}\right)\sqrt{1 - \frac{v_{\text{层}2}^2}{v_{\text{层}1}^2}\sin^2(\mu_1\theta_1)} \quad (6\text{-}12)$$

式中,(x_0, y_0, h_0) 表示震源位置坐标;(x_1, y_1, h_1) 表示台站 1 位置坐标。

可见与公式(5-8)、(5-9)、(5-10)一致。

当已知 4 个台站的参数方程时,方程包含 16 个未知参数。T_i、θ_i、μ_i、φ_i(其中 $i=1\sim4$)表示台站 i 的时空参数。对于每两个台站,由 x、y、h 坐标分别相等能构建 3 个线性独立等式方程,四个台站共能建立 $3\times(4-1)=9$ 个线性独立的等式方程;由四个台站的走时时差 T_1-T_2、T_2-T_3、T_3-T_4 已知能构建 3 个线性独立的等式方程;由几何关系 $\cos\theta_1 = \dfrac{h_1}{v_{\text{层}1}T_1}$,$\cos\theta_2 = \dfrac{h_2}{v_{\text{层}1}T_2}$,$\cos\theta_3 = \dfrac{h_3}{v_{\text{层}1}T_3}$,$\cos\theta_4 = \dfrac{h_4}{v_{\text{层}1}T_4}$ 可建立四个等式方程。因此,由四个台站恰好建立 $9+3+4=16$ 个线性独立的等式方程,即可解出全部 16 个未知参数 T_1、θ_1、μ_1、φ_1、T_2、θ_2、μ_2、φ_2、T_3、θ_3、μ_3、φ_3、T_4、θ_4、μ_4、φ_4,从而得到震源的时空坐标。

6.3　复杂非线性系统的简化

在复杂系统工程中,Zadeh[174] 提出了"不相容原理":随着复杂性的增加,精确的描述失去意义,而有意义的描述失去精度。

当介质分界面水平时,6.2 中提出的波前正演法是基于任意观测系统的,但即使是二维坐标下的波前正演法,也需要确定 9 个未知参数,对应含 9 个非线性方程的非线性方程组;三维坐标下的波前正演法,未知参数达到 16 个,对应的非线性方程数也为 16 个。

在试算中发现,对于三维坐标下的波前正演法,对包含 16 个未知参数的 16 维非线性方程组进行求解时,迭代初值难以确定。具体表现是:方程的精确解,即参数的精确值是存在的,但当选取一般性的迭代初值时,往往得到无意义的复数解,要想得到有意义的唯一实数解,往往需要选取定位参数精确解的两位或多位有效数字。但对于某次震源定位,震源参数未知,16 个定位参数的 2 位或以上有效数字无法获取,因此对于本章要解决的震源定位问题是无意义的。

在波前正演法中,非线性系统的复杂程度直接表现在未知参数或非线性方程的个数上,因此,降低系统的复杂度最直接的途径是减少未知参数或非线性方程的个数。为了减少未知参数或非线性方程的个数,本章将原方程组适当简化。

6.3.1 二维坐标下的简化

在二维坐标下的观测系统中,描述台站分布位置的参数包括台站 i 距介质分界面的距离 h_i 以及台站 i 与震源的水平距离 x_i。二维坐标下的波前正演法,最少需要三个台站才能组成适定的方程组。

$$\cos \theta_1 = \frac{h_1}{v_{\text{层}1} T_1} \tag{6-13}$$

$$\cos \theta_2 = \frac{h_2}{v_{\text{层}1} T_2} \tag{6-14}$$

$$\cos \theta_3 = \frac{h_3}{v_{\text{层}1} T_3} \tag{6-15}$$

$$T_2 - T_1 = a_1 \tag{6-16}$$

$$T_3 - T_2 = a_2 \tag{6-17}$$

式中,a_1、a_2 表示监测台站到时时差。

式(6-13)~式(6-17)中,包含 T_1、T_2、T_3、θ_1、θ_2、θ_3 六个未知数,可根据 5 个方程消去 5 个未知数,即将 6 个未知数替换为用一个未知数表示。

设 $\dfrac{T_1}{T_2} = m$,则根据式(6-16)、式(6-17),得 $T_1 = \dfrac{ma_1}{1-m}$,$T_2 = \dfrac{a_1}{1-m}$,$T_3 =$

$\dfrac{a_1}{1-m}+a_2$。

将 T_1、T_2、T_3 代入方程(6-13)、(6-14)、(6-15),即可将 θ_1、θ_2、θ_3 用未知数 m 表示。

在新的方程组中,含有 μ_1、μ_2、μ_3、m 四个参数,相应有 $9-5=4$ 个非线性方程构成适定的非线性方程组,原非线性系统得以简化。

6.3.2   三维坐标下的简化

类似地,可以简化三维坐标下的非线性方程组。

$$\cos \theta_i = \frac{h_i}{v_{层1} T_i}\ (i=1,2,3,4) \tag{6-18}$$

$$T_{i+1} - T_i = a_i (i=1,2,3) \tag{6-19}$$

式(6-18)、式(6-19)包含 7 个方程以及 T_1、T_2、T_3、T_4、θ_1、θ_2、θ_3、θ_4 八个未知数,可根据 7 个方程消去 7 个未知数,即同样将 8 个未知数替换为用一个未知数表示。

设 $\dfrac{T_1}{T_2}=m$,则根据方程(6-19),得

$$T_1 = \frac{ma_1}{1-m},\ T_2 = \frac{a_1}{1-m},\ T_3 = \frac{a_1}{1-m} + a_2,\ T_4 = \frac{a_1}{1-m} + a_2 + a_3$$

$$\tag{6-20}$$

将 T_1、T_2、T_3、T_4 代入方程(6-18),即可将 θ_1、θ_2、θ_3、θ_4 用未知数 m 表示。

$$\cos \theta_1 = \frac{h_1}{v_{层1}} \cdot \frac{1-m}{ma_1} \tag{6-21}$$

$$\cos \theta_2 = \frac{h_2}{v_{层1}} \cdot \frac{1-m}{a_1} \tag{6-22}$$

$$\cos \theta_3 = \frac{h_3}{v_{层1}} \cdot \frac{1-m}{a_1 + a_2 - ma_2} \tag{6-23}$$

$$\cos \theta_4 = \frac{h_4}{v_{层1}} \cdot \frac{1-m}{a_1 + a_2 + a_3 - ma_2 - ma_3} \tag{6-24}$$

在新的方程组中,含有 μ_1、φ_1、μ_2、φ_2、μ_3、φ_3、μ_4、φ_4、m 九个参数,相应有 $16-7=9$ 个非线性方程构成适定的非线性方程组。原非线性系统得以简化。

6.4   木城涧矿区的工程应用微震试验

采用与 5.6"木城涧矿区的微震监测应用试验"中相同的工程地质条件和微震

监测数据,并补充一组台站,台站号为 7、8、9,采用波前正演法计算。已知条件:$v_{层1}=4\,500$,$v_{层2}=2\,250$,$h_1=h_2=h_3=600$。测试震源坐标为 $x=-13\,475$ m,$y=4\,420\,814$ m,$h_0=400$,发震时刻为 2010-06-06,14:20:11.000。各台站监测到时利用双层介质折射点精确计算方法——常量法确定折射点[171-172],定位条件及台站参数见表 6-1。

表 6-1   定位条件及台站参数

台站	x 坐标/m	y 坐标/m	监测到时	组别
1	$-15\,875$	4 420 814	2010-06-06,14:20:11.706	1
2	$-16\,875$	4 421 814	2010-06-06,14:20:11.953	1
3	$-17\,875$	4 422 814	2010-06-06,14:20:12.236	1
4	$-16\,255$	4 421 910	2010-06-06,14:20:11.832	2
5	$-18\,255$	4 422 910	2010-06-06,14:20:12.318	2
6	$-20\,255$	4 423 910	2010-06-06,14:20:12.823	2
7	$-18\,070$	4 420 580	2010-06-06,14:20:12.190	3
8	$-21\,070$	4 420 580	2010-06-06,14:20:12.873	3
9	$-24\,070$	4 420 580	2010-06-06,14:20:13.563	3

波前正演法选用任意观测系统下的四个台站,可共线或不共线,间距可相等或不等,即可完成定位,该性质由前文的定位公式方程组分析即可得到。因此选取台站 1、台站 3、台站 6 和台站 9。

根据式(6-19),计算得到台站监测到时时差为 $a_1=T_2-T_1=0.529\,839\,894$,$a_2=T_3-T_2=0.587\,762\,34$,$a_3=T_4-T_3=0.739\,808\,243$。

根据上述条件,代入式(6-18),并将其中的 T_1、T_2、T_3、T_4、θ_1、θ_2、θ_3、θ_4 用式(6-20)、(6-21)、(6-22)、(6-23)、(6-24)替换,式(6-20)~式(6-24)中只有一个未知数 m。

四组台站共 μ_1、φ_1、μ_2、φ_2、μ_3、φ_3、μ_4、φ_4 八个未知数,加上未知数 m,定位方程组共 9 个未知数。

将上述条件代入四组台站的定位公式(6-10)、(6-11)、(6-12),并分别联立,共 $3\times(4-1)=9$ 个方程。

这样,9 个未知数、9 个方程,组成适定的方程组有唯一解。

利用 Matlab 软件中的 fsolve 函数，M 函数体见附录 B。

取初值为

$$(\mu_1,\varphi_1,\mu_2,\varphi_2,\mu_3,\varphi_3,\mu_4,\varphi_4,m)=(0.9,0,0.9,0,0.9,0,0.9,0,0.5)$$

Matlab 命令窗口求解命令为

$$x=fsolve('equation',[0.9,0,0.9,0,0.9,0,0.9,0,0.5]')$$

解得定位参数为

$$(\mu_1,\varphi_1,\mu_2,\varphi_2,\mu_3,\varphi_3,\mu_4,\varphi_4,m)=(0.943\ 28,0,0.985\ 24,-0.426\ 6,$$
$$0.993\ 79,-0.428\ 4,0.997\ 02,-0.022\ 1,0.571\ 18)$$

代入四个台站的参数方程中，得到

$$\begin{cases} x_{01}=-13\ 473 \\ y_{01}=4\ 420\ 814 \\ h_{01}=400 \\ T_{01}=0.705\ 73 \end{cases}, \begin{cases} x_{02}=-13\ 480 \\ y_{02}=4\ 420\ 816 \\ h_{02}=400 \\ T_{02}=1.235\ 57 \end{cases}, \begin{cases} x_{03}=-13\ 444 \\ y_{03}=4\ 420\ 800 \\ h_{03}=400 \\ T_{03}=1.823\ 33 \end{cases}, \begin{cases} x_{04}=-13\ 248 \\ y_{04}=4\ 420\ 341 \\ h_{04}=400 \\ T_{04}=2.563\ 14 \end{cases}$$

震源位置坐标、发震时刻取四个台站参数方程计算结果的平均值，平均值及误差为

$$\begin{cases} x_0=-13\ 411 \\ y_0=4\ 420\ 693 \\ h_0=400 \\ t_0=14{:}20{:}11 \end{cases}, \begin{cases} \varepsilon_x=63.701\ 5 \\ \varepsilon_y=-121.26 \\ \varepsilon_h=0 \\ \varepsilon_t=0 \end{cases}$$

可见，震源深度、发震时刻的定位误差几乎为 0。对于多层水平介质的定位问题，需要确定震源所在层，波前正演法对于震源深度定位的高精度的特点将比正反演联用法更适合震源所在层的确定。

不同算法下微震测试结果见表 6-2。

表 6-2　不同算法下微震测试结果

算法	发震时刻	定位误差/m
波前正演法	2010-06-06,14:20:11.0	121.26
正反演联用法	2010-06-06,14:20:11.067	216.00
几何平均法	2010-06-06,14:20:12.450	274.00
经典线性法	2010-06-06,14:20:23.000	1 124.00

6.5　误差随速度变化的敏感性测试

选取 5.3 节微震试验算例,定位条件:震源深度 3 000 m,震源距台站的岩土结构主要为两层,下层为花岗岩,厚度为 2 000 m,波速为 4 000 m/s,上覆层为泥岩,厚度为 1 000 m,波速为 2 000 m/s;震源水平坐标为 $x_0 = 200$ m,$y_0 = 400$ m。发震时刻 $t = 0$ s。定位条件及台站参数见表 5-3。

图 6-3 为定位误差随介质速度变化的敏感性,使泥岩纵波波速发生 1%~5% 的扰动,走时数据维持原值不变,利用包括新波速在内的定位条件重新求解,考察定位误差的变化。从图 6-3 可以看出,波前正演法的误差对速度扰动的敏感性与经典线性法相当,大于正反演联用法,原因是波前正演法的非线性系统更复杂,将发震时刻作为未知参量代入非线性方程组中求解,而正反演联用法通过曲线拟合确定发震时刻,非线性方程组中发震时刻是已知量,因此非线性系统不如波前正演法复杂。但波前正演法误差随速度扰动的敏感性能满足工程需要。

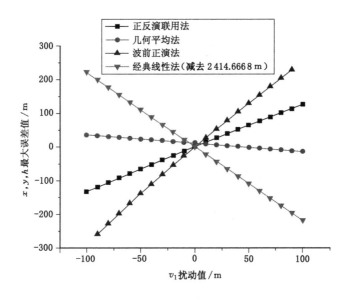

图 6-3　定位误差对于波速 v_1 敏感性

图 6-4 为定位误差相对介质波速比的敏感性,波速比分别取 $v_1/v_2 = 0.125$、0.25、0.375、0.5、0.625、0.75、0.875,走时数据维持原值不变,利用包括新波速在

内的定位条件重新求解,考察定位误差的变化。图 6-4 反映的敏感性大小对比与图 6-3 基本一致。波前正演法的误差敏感性略大于其他三种方法,原因是波前正演法对应的非线性方程组更复杂。

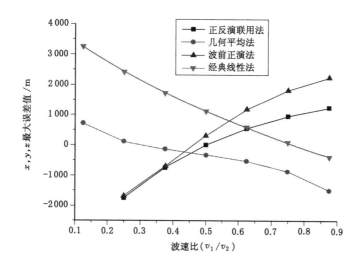

图 6-4　定位误差对于波速比 v_1/v_2 敏感性

6.6　不同定位参数下定位精度分析

为了重点对比波前正演法与正反演联用法、几何平均法的定位误差,下文的误差对比中分别给出了包含或不包含经典线性法的误差数据,原因是经典线性法在多层介质中的定位误差量级较大,放在同一数据图中使得多层介质中的三种定位方法的误差对比区分不明显。图 6-5～图 6-9 的(a)图中包含了经典线性法误差数据,目的是更容易看出波前正演法与经典方法的定位误差量级对比,(b)图中未包含经典线性法误差数据,以更清晰地表示波前正演法与正反演联用法、几何平均法的定位误差对比。

为了重点对比波前正演法、正反演联用法、几何平均法三者的定位效果,下文的误差分析仅针对二层介质进行定位计算。

从图 6-5～6-9(a)中可以看出,二层介质的波前正演法定位精度远高于经典线性法。

根据图 6-5,波前正演法的定位误差较正反演联用法和几何平均法有了进

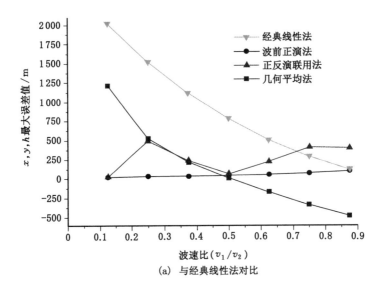

(a) 与经典线性法对比

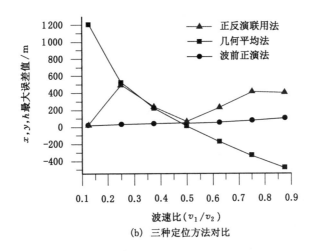

(b) 三种定位方法对比

图 6-5　不同波速比下三种定位方法误差对比

一步提升,定位误差在 10 的 1 次方量级,即误差小于 100 m。

　　由图 6-6 可以初步看出,波前正演法作为任意观测系统下定位方法的优势,在不同等距台站距离下,波前正演法的三个方向定位精度,几乎不受台站间距的影响。等距距离较小时,监测到时区分虽然不明显,但舍入误差没有积累放大,说明波前正演法的数值稳定性良好;等距距离较大时,虽然水平竖直距离比增大,但波前正演法不受观测系统影响,定位误差保持稳定。

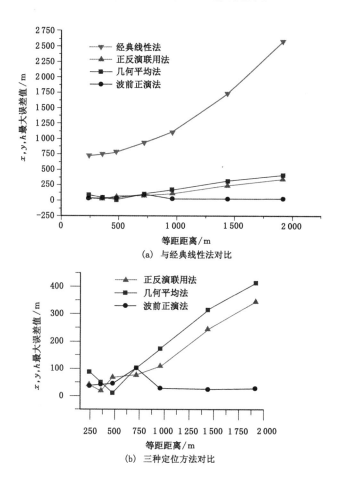

图 6-6　不同台站间距下三种定位方法误差对比

　　根据图 6-7,波前正演法的定位精度不受台站与震源相对位置的影响。原因是波前正演法完全根据适定的非线性方程组系统确定震源参数,该非线性方程组的未知数个数等于非线性方程个数,定位误差主要由数值计算的舍入误差产生。该非线性方程组在观测系统任意的条件下建立,只要保证台站数是四个即可,不必限制四个台站的空间位置。而正反演联用法和几何平均法是基于规则观测系统下的定位方法,由图 6-7 即可看出,其定位精度受观测系统的限制较明显。

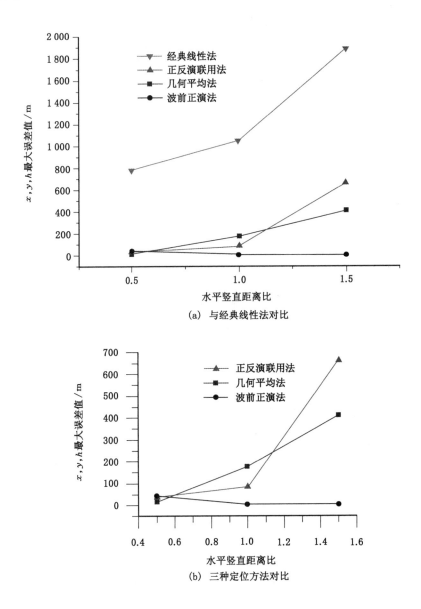

图 6-7　不同水平竖直距离比下三种定位方法误差对比

　　根据图 6-8，随着震源埋深增加，波前正演法的定位误差略有增加，原因在于震源深度较大，数值计算的舍入误差体现在震源深度上，舍入误差被放大。但定位精度总体上仍然优于正反演联用法和几何平均法。

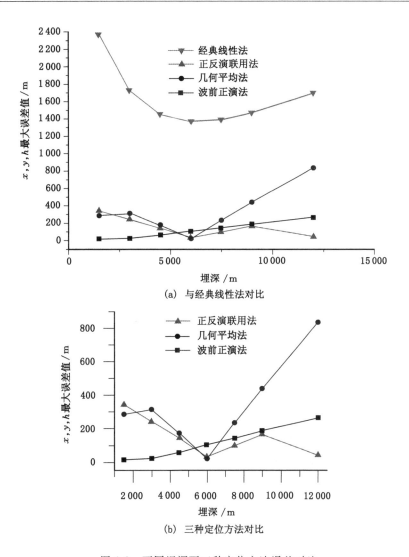

图 6-8 不同埋深下三种定位方法误差对比

根据图 6-9,波前正演法在不同埋深比下的定位精度仍保持良好。可见基于任意观测系统下的波前正演法,不但适用于观测系统不规则的情形,也适用于多层介质组合不规则的情形。震源和台站在多层介质中的埋深比越大或越小,即介质层的层厚相差越大,对于二层介质,将导致介质的非均匀性减弱,性质更趋近于均匀介质。图 6-9 显示的规律表明,波前正演法也适合于这种介质构成特殊的多层介质定位。

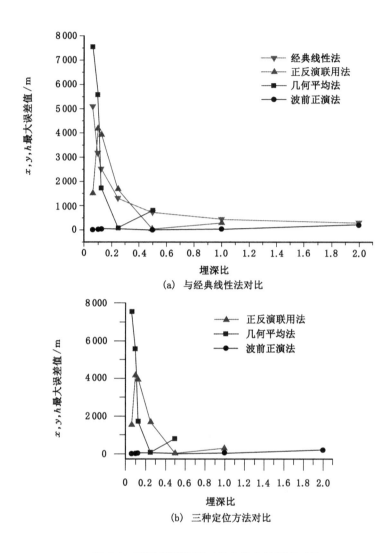

图 6-9　不同埋深比下三种定位方法误差对比

　　注意图 6-9(a),从中可以看出,当震源到介质分界面与台站到介质分界面的距离相差较大,即埋深比较大或较小时,说明二层介质的层厚相差增大,介质的均匀性增加,非均匀性减弱。经典线性法虽然是基于均匀介质的定位方法,但当二层介质的均匀性较强时,经典线性法的定位精度与稳定性也远低于波前正演法。

6.7 将波前正演法推广到多层水平介质

6.7.1 多层水平介质中波前正演法的提出

前文分别阐述了二层横观各向同性介质中的震源定位方法[166,173]。其中，几何平均法可解析确定二层介质中的震源深度；正反演联用法保持了几何平均法的定位精度，并能确定震源的三维坐标；波前正演法以正反演联用法为雏形，具有不局限于特定观测系统、对台站分布参数依赖低、定位精度高等优势。

多层水平横观各向同性介质中的震源定位，首先要确定震源的所在层。利用几何平均法实现较为困难。正反演联用法的定位精度依赖发震时刻的拟合修正效果，由于多层水平介质层数的任意性，发震时刻的拟合公式形式及修正效果直接影响震源定位的精度，由此直接影响震源所在层的确定。

几何平均法和正反演联用法均是基于规则观测系统的定位方法。几何平均法需要特定的规则观测系统来消去变量；正反演联用法中，发震时刻的拟合修正需要借助几何平均法中的规则观测系统，这也是导致正反演联用法定位误差大的主要原因。

正反演联用法与几何平均法采用的观测系统相同，因此也不适于台站与震源的水平竖直距离比过大、介质层厚相差过大的定位条件。

相比较而言，波前正演法克服了前两种方法的缺点，因此最适应用于多层水平介质中的震源定位。

本章根据二层介质波前正演法，提出多层横观各向同性介质中的定位公式，并基于该公式，提出多层水平介质的定位方法，并将该方法与正反演联用法应用于多层横观各向同性介质中的震源定位，考察对比两者的定位效果。

6.7.2 任意观测系统下多层水平介质中球面波波前正演定位方案

（1）多层水平介质中球面波正演公式

台站 1 监测到时为 t_1，震波在介质中的传播历时为 $T_1 = t_1 - T_0$，则波阵面在介质 1 中的扩散半径 $R = v_1 T_1$，波阵面在介质分界面上交线与波源的成角为 θ。

用 h_i^j 表示介质层厚，下标 i 表示台站号，上标 j 表示介质层号。由于观测系统任意，因此各台站至第一层介质分界面的距离互不相等，即 h_1^1 可以互不相等；由于介质层水平且相互平行，因此上标 $j \neq 1$ 时，有 $h_i^j = h_l^j (i \neq l)$。

根据几何关系，有

$$\cos \theta = \frac{h_1^1}{v_{层1} T_1} \text{ 或 } R_1 = v_{层1} T_1 \frac{h_1^1}{\cos \theta}$$

震源 Q 为波阵面上的一点,波阵面上各点与参数 μ($0<\mu<1$)一一对应,设震波路径在介质 1 中的入射角为 $\mu\theta$,则 μ 也与震波路径上的折射点对应。设在震波射线路径上,射入第 i 层介质的折射角(或射出第 i 层介质的入射角)为 θ_i,则 $\sin\theta_1=\sin(\mu\theta)$,$\cos\theta_1=\cos(\mu\theta)$,$\tan\theta_1=\tan(\mu\theta)$。且 $\sin\theta_i=\dfrac{v_i}{v_1}\sin\theta_1$,

$$\cos\theta_i=\sqrt{1-\frac{v_i^2}{v_1^2}\sin^2\theta_1},\tan\theta_i=\frac{\sin\theta_1}{\sqrt{\dfrac{v_1^2}{v_i^2}\sin^2\theta_1}}\ (i=2,3,4)。$$

对台站 1 发出的球面波在 k 层介质中的传播过程进行正演,得到在第 k 层介质中的波阵面方程为

$$x_0=x_1+\left[\left(\frac{h_1^1}{v_{层1}\cos\theta}-\sum_{j=1}^{k-1}\frac{h_1^j}{v_{层j}\cos\theta_j}\right)\cdot v_k\sin\theta_k+\sum_{j=1}^{k-1}h_1^j\tan\theta_j\right]\cdot\cos\varphi_1$$
(6-25)

$$y_0=y_1+\left[\left(\frac{h_1^1}{v_{层1}\cos\theta}-\sum_{j=1}^{k-1}\frac{h_1^j}{v_j\cos\theta_j}\right)\cdot v_k\sin\theta_k+\sum_{j=1}^{k-1}h_1^j\tan\theta_j\right]\cdot\sin\varphi_1$$
(6-26)

$$h_0=\left(\frac{h_1^1}{v_{层1}\cos\theta}-\sum_{j=1}^{k-1}\frac{h_1^j}{v_j\cos\theta_j}\right)\cdot v_k\cos\theta_k\qquad(6-27)$$

式中,φ 为震波路径所在的竖直平面与 x 轴的夹角。

对于四层介质,公式(6-25)、(6-26)、(6-27)中的 i 取 4。

(2) 多层水平介质中球面波正演公式的解释说明

现对公式(6-25)、(6-26)、(6-27)的物理含义解释如下:

公式(6-25)、(6-26)大括号中,h_1^1 是台站所在第一层介质的层厚,θ 是历经台站总走时后波阵面在介质分界面上交线与波源的成角,$\dfrac{h_1^1}{\cos\theta}$ 表示历经台站总走时后震波在台站所在的第一层介质中传播的最大距离,$\dfrac{h_1^1}{v_{层1}\cos\theta}$ 表示台站 1 总走时。

h_1^j 是第 j 层介质的层厚,θ_j 是震波实际路径射入第 j 层介质中的折射角或射出第 j 层介质中的入射角,$\dfrac{h_1^j}{\cos\theta_j}$ 表示震波实际路径在第 j 层介质中的射线长度,$\dfrac{h_1^j}{v_j\cos\theta_j}$ 表示震波在第 j 层介质中的传播时长,$\displaystyle\sum_{j=1}^{k-1}\frac{h_1^j}{v_j\cos\theta_j}$ 表示震波在第 1 层至第 $k-1$ 层介质中的传播时间之和,$\left(\dfrac{h_1^1}{v_{层1}\cos\theta}-\displaystyle\sum_{j=1}^{k-1}\frac{h_1^j}{v_j\cos\theta_j}\right)$ 表示台站 1

总走时减去震波在第 1 层至第 $k-1$ 层介质中的传播时长之和,即震波在第 k 层介质中的传播时间,$\left(\dfrac{h_1^1}{v_{\text{层}1}\cos\theta}-\sum\limits_{j=1}^{k-1}\dfrac{h_1^j}{v_j\cos\theta_j}\right)\cdot v_k$ 表示震波在第 k 层介质中的传播距离。

θ_k 是震波实际路径射入第 k 层介质中的折射角,$\left(\dfrac{h_1^1}{v_{\text{层}1}\cos\theta}-\sum\limits_{j=1}^{k-1}\dfrac{h_1^j}{v_j\cos\theta_j}\right)\cdot v_k\sin\theta_k$ 表示震波在第 k 层介质中的传播距离的水平投影,$\left(\dfrac{h_1^1}{v_{\text{层}1}\cos\theta}-\sum\limits_{j=1}^{k-1}\dfrac{h_1^j}{v_j\cos\theta_j}\right)\cdot v_k\cos\theta_k$ 表示震波在第 k 层介质中的传播距离的竖直投影,即震源所在的第 k 层的层厚 h_0,此即式(6-27)的物理含义。

对于式(6-25)和式(6-26),因为 h_1^j 是第 j 层介质的层厚,θ_j 是震波实际路径射入第 j 层介质中的折射角或射出第 j 层介质中的入射角,$h_1^j\tan\theta_j$ 表示震波实际路径在第 j 层介质中的射线的水平方向长度,则 $\sum\limits_{j=1}^{k-1}h_1^j\tan\theta_j$ 表示震波在第 1 层至第 $k-1$ 层介质中的射线的水平方向长度之和,$\left(\dfrac{h_1^1}{v_{\text{层}1}\cos\theta}-\sum\limits_{j=1}^{k-1}\dfrac{h_1^j}{v_j\cos\theta_j}\right)\cdot v_k\sin\theta_k+\sum\limits_{j=1}^{k-1}h_1^j\tan\theta_j$ 表示震波在第 1 层至第 k 层介质中的射线的水平方向长度之和,此即震源与台站的水平方向距离。

由于 φ 表示震波传播路径所在的竖直平面与 x 轴夹角,所以 $\left[\left(\dfrac{h_1^1}{v_{\text{层}1}\cos\theta}-\sum\limits_{j=1}^{k-1}\dfrac{h_1^j}{v_{\text{层}1}\cos\theta_j}\right)\cdot v_k\sin\theta_k+\sum\limits_{j=1}^{k-1}h_1^j\tan\theta_j\right]\cdot\cos\varphi_1$ 表示震源与台站的水平方向距离在 x 轴上的投影,$\left[\left(\dfrac{h_1^1}{v_{\text{层}1}\cos\theta}-\sum\limits_{j=1}^{k-1}\dfrac{h_1^j}{v_j\cos\theta_j}\right)\cdot v_k\sin\theta_k+\sum\limits_{j=1}^{k-1}h_1^j\tan\theta_j\right]\cdot\sin\varphi_1$ 表示震源与台站的水平方向距离在 y 轴上的投影。此即式(6-25)和式(6-26)的物理含义。

对于变量 $\theta_j(j=1,2,\cdots,k)$,由前文变量说明可知,θ_j 表示震波实际路径射入第 j 层介质中的折射角或射出第 j 层介质中的入射角,则 $\sin\theta_1=\sin(\mu\theta)$,$\cos\theta_1=\cos(\mu\theta)$,$\tan\theta_1=\tan(\mu\theta)$。且 $\sin\theta_i=\dfrac{v_i}{v_1}\sin\theta_1$,$\cos\theta_i=\sqrt{1-\dfrac{v_i^2}{v_1^2}\sin^2\theta_1}$,$\tan\theta_i=\dfrac{\sin\theta_1}{\sqrt{\dfrac{v_1^2}{v_i^2}\sin^2\theta_1}}(i=2,3,4)$,由此可知,在变量 $\theta_j(j=1,2,\cdots,k)$ 中,无论 k 取多大,θ_j 的表达式中只含有一个未知参数 μ。

已知介质层厚和介质层波速及各台站竖直坐标和监测到时 t_i,各台站震波走时 T_i、θ_i 和震源空间参数 μ_i、φ_i 未知,式(6-25)~式(6-27)是以 T_i、θ_i、μ_i、φ_i

为参数的方程,表示球面波在多层介质中波阵面的几何形状。

因此,多层水平介质中球面波正演公式与二层介质中球面波正演公式所含已知、未知变量一致,未知变量均为 T_i、θ_i、μ_i、$\varphi_i (i=1\sim4)$。即多层水平介质中的震源定位分析过程与二层水平介质中的震源定位分析过程一致,只是多层水平介质中的定位公式形式更复杂。

多层水平介质中球面波的波前分布见图 6-10。

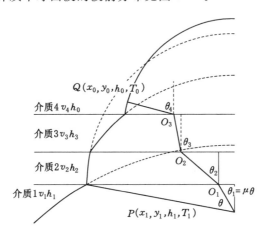

图 6-10　多层水平介质中球面波的波前分布

(3) 多层水平介质中的波前正演法

参数方程(6-25)、(6-26)、(6-27)是由一个台站的震波走时正演而来,波前分布即为震源的可能位置。如果再得到三个台站的监测到时,采用相同的方法正演,则可得到另外三个代表震源可能位置的波前分布。这样,四个波前面的交点一定是震源位置,在代数意义上就是四个台站对应参数方程的公共解。

当已知四个台站的参数方程时,包含 16 个未知参数:T_1、θ_1、μ_1、φ_1、T_2、θ_2、μ_2、φ_2、T_3、θ_3、μ_3、φ_3、T_4、θ_4、μ_4、φ_4,表示台站 i 的时空位置。

对于每两个台站,由 x、y、h 坐标分别相等能构建 3 个线性独立等式方程,四个台站共能建立 $3\times(4-1)=9$ 个线性独立等式方程;由四个台站的走时时差 T_1-T_2、T_2-T_3 和 T_3-T_4 已知能构建 3 个线性独立的等式方程;由几何关系 $\cos\theta_1=\dfrac{h_1}{v_{\text{层}1}T_1}$,$\cos\theta_2=\dfrac{h_2}{v_{\text{层}1}T_2}$,$\cos\theta_3=\dfrac{h_3}{v_{\text{层}1}T_3}$,$\cos\theta_4=\dfrac{h_4}{v_{\text{层}1}T_4}$ 可建立四个等式方程。

由四个台站的波前分布曲面分布方程、走时时差方程、球面波在第一层介质中的几何关系,恰好构建 $9+3+4=16$ 个线性独立的等式方程,这样可解出全部

16 个未知参数：T_1、θ_1、μ_1、φ_1，T_2、θ_2、μ_2、φ_2，T_3、θ_3、μ_3、φ_3，T_4、θ_4、μ_4、φ_4，从而得到震源的时空坐标。

（4）多层水平介质中震源所在层的确定

对台站发出的震波进行正演时，根据震源坐标 h_0 与当前层厚的大小，可以逐层排除或确定震源所在层。

例如，对于多层水平介质，易确定震源是否在第一层，假设震源不在第一层，根据基于到时时差的波前分布方程，对台站发出的矿震波在第二层介质中的波阵面进行正演，由此可建立非线性方程组，通过求解非线性方程组可得到可能的震源深度 h_0，如果 h_0 小于第二层层厚 H_2，则可确定震源位于第二层。反之，如果 h_0 大于第二层层厚 H_2，则可确定震源位于更深的介质层中，再对台站发出的震波在第三层介质中的波阵面进行正演，如此逐层考察和排除，即可在多层水平介质中确定震源所在层。

6.7.3 复杂非线性系统的简化

在三维坐标下的观测系统中，描述台站分布位置的参数包括台站 i 距介质分界面的距离 h_i 以及台站 i 与震源的水平距离 x_i、y_i。三维坐标下的波前正演法，最少需要四个台站才能组成适定的方程组。

$$\cos \theta_i = \frac{h_i}{v_{\text{层}1} T_i} \quad (i = 1, 2, 3, 4) \tag{6-28}$$

$$T_{i+1} - T_i = a_i (i = 1, 2, 3) \tag{6-29}$$

式中，a_i 表示监测台站到时时差。

方程式（6-28）、（6-29）包含 7 个方程，以及 T_1、T_2、T_3、T_4、θ_1、θ_2、θ_3、θ_4 八个未知数，可根据 7 个方程消去 7 个未知数，即同样将 8 个未知数替换为用一个未知数表示。

设 $\dfrac{T_1}{T_2} = m$，则根据方程（6-29），得到

$$\begin{cases} T_1 = \dfrac{ma_1}{1-m} \\[2mm] T_2 = \dfrac{a_1}{1-m} \\[2mm] T_3 = \dfrac{a_1}{1-m} + a_2 \\[2mm] T_4 = \dfrac{a_1}{1-m} + a_2 + a_3 \end{cases} \tag{6-30}$$

将 T_1、T_2、T_3、T_4 代入方程（6-28），即可将 θ_1、θ_2、θ_3、θ_4 也用未知数 m 表示：

$$\begin{cases} \cos\theta_1 = \dfrac{h_1}{v_{\text{层}1}} \cdot \dfrac{1-m}{ma_1} \\[2mm] \cos\theta_2 = \dfrac{h_2}{v_{\text{层}1}} \cdot \dfrac{1-m}{a_1} \\[2mm] \cos\theta_3 = \dfrac{h_3}{v_{\text{层}1}} \cdot \dfrac{1-m}{a_1+a_2-ma_2} \\[2mm] \cos\theta_4 = \dfrac{h_4}{v_{\text{层}1}} \cdot \dfrac{1-m}{a_1+a_2+a_3-ma_2-ma_3} \end{cases} \tag{6-31}$$

新的方程组含有 μ_1、φ_1、μ_2、φ_2、μ_3、φ_3、μ_4、φ_4、m 共 9 个参数,相应有 $16-7=9$ 个非线性方程构成适定的非线性方程组。原非线性系统得以简化。

6.7.4　波前正演法与正反演联用法数值微震试验计算结果对比

某微震试验震源在第 4 层,台站所在水平面向下的地质结构参数为:第一层厚 200 m,纵波波速为 1 500 m/s;第二层厚 200 m,纵波波速为 2 500 m/s;第三层厚 300 m,纵波波速为 3 500 m/s;第四层厚 300 m,纵波波速为 4 500 m/s(台站位于第一层顶,震源位于第四层底)。实际震源坐标为 $x=-13\ 275$ m,$y=4\ 421\ 214$ m,$h=-180$ m(为海拔高度,震源深度即第四层厚为 300 m),发震时刻为 16:35:11。

四层介质中震波从震源传播至台站所耗费的时间,可用多层介质射线折射点的精确确定方法——常量法进行计算。

对于四层介质,有

$$\frac{\sin\theta_1}{\sin\theta_2} = \frac{v_1}{v_2},\ \frac{\sin\theta_2}{\sin\theta_3} = \frac{v_2}{v_3},\ \frac{\sin\theta_3}{\sin\theta_4} = \frac{v_3}{v_4}$$

式中,θ_1 为震波由介质 1 进入介质 2 的入射角;θ_2 为震波进入介质 2 的折射角或进入介质 3 的入射角;θ_3 为震波进入介质 3 的折射角或进入介质 4 的入射角;θ_4 为进入介质 4 的折射角;v_1 为介质 1 波速;v_2 为介质 2 波速;v_3 为介质 3 波速;v_4 为介质 4 波速。

上式变形为

$$\frac{\sin\theta_1}{v_1} = \frac{\sin\theta_2}{v_2} = \frac{\sin\theta_3}{v_3} = \frac{\sin\theta_4}{v_4} = B$$

式中,B 为常数。

则

$$\sin\theta_1 = Bv_1,\ \sin\theta_2 = Bv_2,\ \sin\theta_3 = Bv_3,\ \sin\theta_4 = Bv_4$$

由于

$$h_1\tan\theta_1 + h_2\tan\theta_2 + h_3\tan\theta_3 + h_4\tan\theta_4 = x_d$$

且

$$\tan \theta_1 = \frac{\sin \theta_1}{\sqrt{1 - \sin^2 \theta_1}} = \frac{Bv_1}{\sqrt{1 - (Bv_1)^2}}$$

$$\tan \theta_2 = \frac{\sin \theta_2}{\sqrt{1 - \sin^2 \theta_2}} = \frac{Bv_2}{\sqrt{1 - (Bv_2)^2}}$$

$$\tan \theta_3 = \frac{\sin \theta_3}{\sqrt{1 - \sin^2 \theta_3}} = \frac{Bv_3}{\sqrt{1 - (Bv_3)^2}}$$

$$\tan \theta_4 = \frac{\sin \theta_4}{\sqrt{1 - \sin^2 \theta_4}} = \frac{Bv_4}{\sqrt{1 - (Bv_4)^2}}$$

所以

$$h_1 \frac{Bv_1}{\sqrt{1 - (Bv_1)^2}} + h_2 \frac{Bv_2}{\sqrt{1 - (Bv_2)^2}} + h_3 \frac{Bv_3}{\sqrt{1 - (Bv_3)^2}} + h_4 \frac{Bv_4}{\sqrt{1 - (Bv_4)^2}} = x_d$$

式中，h_1 表示介质 1 层厚；h_2 表示介质 2 层厚；h_3 表示介质 3 层厚；h_4 表示介质 4 层厚；x_d 表示台站与震源之间的水平距离。

上式只有常量 B 是未知参数，求出 B 即可求出 θ_1、θ_2、θ_3、θ_4，也即求出了四层介质的折射点。

上式为非线性方程，同样利用 Matlab 软件求解。

对于台站 1 震波路径的折射点，本数值微震试验算例编写的 M 函数体如下：

```
function fx＝fun1(B)
h1＝200;
h2＝200;
h3＝300;
h4＝300;
v1＝1500;
v2＝2500;
v3＝3500;
v4＝4500;
xd＝1680;
c＝1500;
K1＝v1/c;
K2＝v2/c;
K3＝v3/c;
K4＝v4/c;
fx＝h1 * K1 * B/(1－(K1 * B)＾2)＾0.5＋h2 * K2 * B/(1－(K2 * B)＾2)＾
0.5＋h3 * K3 * B/(1－(K3 * B)＾2)＾0.5＋h4 * K4 * B/(1－(K4 * B)＾2)＾
```

0.5－xd；

    end

求解命令为 B1＝fzero($'$fun1$'$,0.25)。

同理,台站 2～9 折射点的求解命令为

B2＝fzero($'$fun2$'$,0.321)

B3＝fzero($'$fun3$'$,0.25)

B4＝fzero($'$fun4$'$,0.25)

B5＝fzero($'$fun5$'$,0.321)

B6＝fzero($'$fun6$'$,0.321)

B7＝fzero($'$fun7$'$,0.251)

B8＝fzero($'$fun8$'$,0.251)

B9＝fzero($'$fun9$'$,0.333)

运算结果为 B_1＝0.322 4；B_2＝0.311 5；B_3＝0.307 0；B_4＝0.302 8；B_5＝0.322 7；B_6＝0.328 3；B_7＝0.330 4；B_8＝0.330 4；B_9＝0.332 1。

确定最终震波路径时,可充分借助 Excel 软件批量处理形式一致的重复性计算,可大大提高计算效率。

定位条件及台站参数见表 6-3。

表 6-3　定位条件及台站参数

台站	x 坐标/m	y 坐标/m	监测到时
1	－13 275	4 422 894	16:35:11.628 257 684
2	－12 795	4 422 414	16:35:11.546 002 757
3	－12 315	4 421 934	16:35:11.527 184 868
4	－12 475	4 422 014	16:35:11.513 138 063
5	－12 075	4 422 414	16:35:11.632 082 614
6	－11 675	4 422 814	16:35:11.755 158 927
7	－15 275	4 419 214	16:35:11.875 311 859
8	－15 275	4 423 214	16:35:11.875 311 859
9	－17 275	4 421 214	16:35:12.148 719 916

(1) 正反演联用法数值微震试验算例

前面已经说明,对于二层介质,采用正反演联用法和波前正演法的波阵面方程一致,为公式(5-8)、(5-9)、(5-10)或者公式(6-10)、(6-11)、(6-12)。对于四层介质也是这样,采用正反演联用法与波前正演法时,第四层介质中的波阵面方程一致,为公式(6-25)、(6-26)、(6-27)。

在四层介质中采用正反演联用法,组建非线性方程组时,可直接应用上述公式。正反演联用法与波前正演法的根本区别是对震波走时和到时的区分和不同处理,以及观测系统的不同,但组建非线性方程组的波阵面方程一致。

由于研究重点是非均匀多层水平介质,因此假定已经用经典线性法排除震源在地面以下第一层。

假设震源在地面以下第二层,根据公式(5-2),发震时刻计算值为

$$t_0 = \frac{P\left[(t_6^2 - t_5^2) - (t_5^2 - t_4^2)\right] - \left[(t_3^2 - t_2^2) - (t_2^2 - t_1^2)\right]}{2P\left[(t_6 - t_5) - (t_5 - t_4)\right] - 2\left[(t_3 - t_2) - (t_2 - t_1)\right]} \tag{6-32}$$

其中,

$$P = \frac{(x_3^2 - x_2^2) - (x_2^2 - x_1^2) + (y_3^2 - y_2^2) - (y_2^2 - y_1^2)}{(x_6^2 - x_5^2) - (x_5^2 - x_4^2) + (y_6^2 - y_5^2) - (y_5^2 - y_4^2)} \tag{6-33}$$

计算得 $P = 1.44$,$t_0 = 0.232\ 107\ 685$。根据公式(5-3)的获取方法,发震时刻 t_0 的计算偏差修正式为

$$\Delta t = 0.001\ 1 \times h_1^{0.786\ 3} \cdot \left(\frac{v_2}{v_1}\right)^{1.014\ 1} \tag{6-34}$$

计算得 $\Delta t = 0.119\ 033\ 55$。因此,修正后的发震时刻 $T_0 = t_0 - \Delta t = 0.113\ 074\ 135$。发震时刻的计算偏差较大,这是因为定位条件中的埋深比过小,公式(6-34)中的拟合没有考虑这种定位效果较差的情况。此处的计算只需要定性地比较震源深度与层厚的大小,不必精确计算波前交点。且修正值为正值,修正后的走时比实际走时小,会导致震源深度计算值偏小,在本数值微震试验算例中不影响排除震源在较浅层,因此不必考虑发震时刻偏差的影响,仍然可以达到准确确定或排除震源所在层的目的。

球面波的正演与震源空间坐标的确定需选用三个不共线的台站,因此选取台站1、台站3和台站6。

由 $\cos \theta_1 = \dfrac{h_1}{v_1 T_1} = 0.212\ 23$,计算得

$$\theta_1 = \arccos \frac{h_1}{v_1 T_1} = \arccos 0.212\ 23 = 1.356\ 942\ 87$$

同理,得

$$\theta_2 = \arccos \frac{h_1}{v_1 T_2} = 1.315\ 103\ 567, \theta_3 = \arccos \frac{h_1}{v_1 T_3} = 1.393\ 302\ 557$$

代入参数方程式(6-10)、(6-11)、(6-12)中,并令 $\begin{cases} x_{01} = x_{02} \\ y_{01} = y_{02} \\ h_{01} = h_{02} \end{cases}$,$\begin{cases} x_{01} = x_{03} \\ y_{01} = y_{03} \\ h_{01} = h_{03} \end{cases}$,可

得 6 个非线性方程,组成非线性方程组,含 6 个位置参数,求解该非线性方程组即可得震源的空间坐标。

利用 Matlab 软件中的 fsolve 函数,相应的 M 函数体见附录 C。

取初值为

$(\mu_1, \varphi_1, \mu_2, \varphi_2, \mu_3, \varphi_3) = (0.5, -2, 0.5, -2, 0.5, -2)$。

Matlab 命令窗口求解命令为

x=fsolve('myfun_correct5',[0.5,−2,0.5,−2,0.5,−2]')

迭代求解得到参数为

$(\mu_1, \varphi_1, \mu_2, \varphi_2, \mu_3, \varphi_3) = (0.439\ 99, -1.570\ 8, 0.418\ 94, -2.498\ 1, 0.444\ 51,$
$-2.356\ 2)$

代入三个参数方程中,得到

$$\begin{cases} \overline{x_0} = 411.543\ 02 \\ \overline{y_0} = -11\ 802.5 \\ \overline{z_0} = 4\ 423\ 514.4 \end{cases}$$

可见,震源深度 h_0 大于第二层介质层厚 200,因此震源应在更深的介质层。

按照类似的方法排除地面向下第三层介质。

对于第四层介质,根据公式(6-32)、(6-33),计算得 $P = 1.44, t_0 = 0.232\ 107\ 685$。

根据与公式(6-34)类似的获取方法,得到四层介质中发震时刻的拟合修正公式为

$$\Delta t = -0.681\ 4 + 1.772 \times 10^{-4} \cdot (h_1 + h_2 + h_3) + 0.405\ 0 \cdot \frac{v_3 + v_4}{v_1 + v_2}$$

$$(6\text{-}35)$$

根据公式(6-35)计算得 $\Delta t = 0.252\ 64$。因此,修正后的发震时刻 $T_0 = t_0 - \Delta t = -0.020\ 532\ 3$。选取台站1、台站4和台站9,则 $\cos \theta_1 = \dfrac{h_1}{v_1 T_1} = 0.219\ 4$,计算得

$$\theta_1 = \arccos \frac{h_1}{v_1 T_1} = \arccos 0.219\ 4 = 1.349\ 599\ 603$$

同理,得

$$\theta_2 = \arccos \frac{h_1}{v_1 T_2} = 1.296\ 707\ 942, \quad \theta_3 = \arccos \frac{h_1}{v_1 T_3} = 1.452\ 335\ 81$$

代入参数方程(6-25)、(6-26)、(6-27)中(i 取 4)得非线性方程组,并令

$$\begin{cases} x_{01} = x_{02} \\ y_{01} = y_{02} \\ h_{01} = h_{02} \end{cases} \begin{cases} x_{01} = x_{03} \\ y_{01} = y_{03} \\ h_{01} = h_{03} \end{cases}$$
得到含 6 个位置参数的非线性方程组,求解该非线性方程

组即得震源的空间坐标。

利用 Matlab 软件中的 fsolve 函数,相应的 M 函数体见附录 C。

取初值为

$(\mu_1,\varphi_1,\mu_2,\varphi_2,\mu_3,\varphi_3)=(0.1,-1,0.1,-1,0.1,-1)$

Matlab 命令窗口求解命令为

x＝fsolve($'$correct05$'$,$[0.1,-1,0.1,-1,0.1,-1]'$)

迭代求解得到参数为

$(\mu_1,\varphi_1,\mu_2,\varphi_2,\mu_3,\varphi_3)=(0.243\ 23,-1.570\ 8,0.237\ 24,-2.356\ 19,0.233\ 09,$
$-0.000\ 00)$

代入三个参数方程中,得到

$$\begin{cases} x_{01}=-13\ 275 \\ y_{01}=4\ 421\ 303, \\ h_{01}=276.53 \end{cases} \begin{cases} x_{02}=-13\ 216 \\ y_{02}=4\ 421\ 273, \\ h_{02}=261.369 \end{cases} \begin{cases} x_{03}=-13\ 318 \\ y_{03}=4\ 421\ 214 \\ h_{03}=292.059 \end{cases}$$

震源位置坐标取三个台站参数方程计算结果的平均值,平均值及误差为

$$\begin{cases} \overline{x_0}=-13\ 269.71 \\ \overline{y_0}=4\ 421\ 263.36, \\ \overline{h_0}=276.653 \end{cases} \begin{cases} \varepsilon_x=5.29 \\ \varepsilon_y=49.36 \\ \varepsilon_h=-23.347 \end{cases}$$

实际震源坐标为 $x_0=-13\ 275(\mathrm{m})$,$y_0=4\ 421\ 214(\mathrm{m})$,$h_0=300(\mathrm{m})$。

(2)波前正演法数值微震试验算例

波前正演法选用任意观测系统下的四个台站,可共线或不共线,间距可相等或不等,即可完成定位,该性质由前文的定位公式方程组分析即可得到。选取台站 1、台站 3、台站 6 和台站 9。

根据式(6-19)计算得台站监测到时时差为 $a_1=T_2-T_1=-0.101\ 072\ 817$,$a_2=T_3-T_2=0.227\ 974\ 059$,$a_3=T_4-T_3=0.393\ 560\ 989$。

根据上述条件,代入式(6-18),并将 T_1、T_2、T_3、T_4、θ_1、θ_2、θ_3、θ_4 用式(6-20)、(6-21)、(6-22)、(6-23)、(6-24)替换,式(6-20)、(6-21)、(6-22)、(6-23)、(6-24)中只有一个未知数 m。

四组台站共 μ_1、φ_1、μ_1、φ_2、μ_3、φ_3、μ_4、φ_4 八个未知数,加上未知数 m,定位方程组共 9 个未知数。

将上述条件代入台站的定位公式(6-10)、(6-11)、(6-12),并分别联立,共 $3\times(4-1)=9$ 个方程。

这样 9 个未知数、9 个方程,组成适定的方程组,有唯一解。

利用 Matlab 软件中的 fsolve 函数,相应的 M 函数体见附录 C。

取初值为

$(\mu_1,\varphi_1,\mu_1,\varphi_2,\mu_3,\varphi_3,\mu_4,\varphi_4,m)=(0.4,-2,0.4,-2,0.4,-2,0.4,0,1.1)$

Matlab 命令窗口求解命令为

$x=\text{fsolve}('\text{equation}',[0.4,-2,0.4,-2,0.4,-2,0.4,0,1.1]')$

解得定位参数为

$(\mu_1,\varphi_1,\mu_1,\varphi_2,\mu_3,\varphi_3,\mu_4,\varphi_4,m)=(0.370\,72,-1.570\,8,0.394\,46,-2.498\,1,$
$0.374\,39,-2.356\,2,0.359\,36,0,1.191\,72)$

代入四个台站的参数方程中,震源位置坐标取四个台站参数方程计算结果的平均值,即

$$\begin{cases} \overline{x_0}=-13\,507 \\ \overline{y_0}=4\,421\,573 \\ \overline{h_0}=862.957 \end{cases}$$

可见震源深度 h_0 大于第二层介质层厚 200,因此震源应在更深的介质层。

按照类似的方法排除地面向下第三层介质。

根据式(6-29),台站监测到时时差为 $a_1=T_2-T_1=-0.101\,072\,817$, $a_2=T_3-T_2=0.227\,974\,059$, $a_3=T_4-T_3=0.393\,560\,989$,到时时差条件与二层波前正演法相同。

将上述条件代入前文所讨论的方程组(6-28),并将其中 T_1、T_2、T_3、T_4、θ_1、θ_2、θ_3、θ_4 用式(6-30)、(6-31)替换,式(6-30)、(6-31)中只有一个未知数 m。

四组台站共 μ_1、φ_1、μ_1、φ_2、μ_3、φ_3、μ_4、φ_4 八个未知数,加上未知数 m,定位方程组共 9 个未知数。

四组台站的定位公式(6-25)、(6-26)、(6-27)分别联立,共 $3\times(4-1)=9$ 个方程。

这样 9 个未知数、9 个方程,组成适定的方程组,有唯一解。

利用 Matlab 软件中的 fsolve 函数,相应的 M 函数体见附录 C。

取初值为

$(\mu_1,\varphi_1,\mu_1,\varphi_2,\mu_3,\varphi_3,\mu_4,\varphi_4,m)=(0.2,-2,0.2,-2,0.2,-2,0.2,0,1.1)$

Matlab 命令窗口求解命令为

$x=\text{fsolve}('\text{equation}1440',[0.2,-2,0.2,-2,0.2,-2,0.2,0,1.1]')$

解得定位参数为

$(\mu_1,\varphi_1,\mu_1,\varphi_2,\mu_3,\varphi_3,\mu_4,\varphi_4,m)=(0.241\,91,-1.570\,8,0.237\,27,-2.498\,09,$
$0.240\,08,-2.356\,19,0.232\,75,0.000\,00,1.191\,72)$

代入四个台站的参数方程中,得到

$$\begin{cases} x_{01} = -13\,275 \\ y_{01} = 4\,421\,214 \\ h_{01} = 300 \\ T_{01} = 0.628\,26 \end{cases}, \begin{cases} x_{02} = -13\,275.69 \\ y_{02} = 4\,421\,213 \\ h_{02} = 300 \\ T_{02} = 0.527\,18 \end{cases}, \begin{cases} x_{03} = -13\,276.22 \\ y_{03} = 4\,421\,213 \\ h_{03} = 300 \\ T_{03} = 0.755\,16 \end{cases}, \begin{cases} x_{04} = -13\,226.14 \\ y_{04} = 4\,421\,214 \\ h_{04} = 300 \\ T_{04} = 1.148\,72 \end{cases}$$

震源位置坐标、发震时刻取四个台站参数方程计算结果的平均值,平均值及误差为

$$\begin{cases} x_0 = -13\,274.78 \\ y_0 = 4\,421\,216 \\ h_0 = 300 \\ t_0 = 16:35:11 \end{cases}, \begin{cases} \varepsilon_x = 0.22 \\ \varepsilon_y = 2.000 \\ \varepsilon_h = 0, \varepsilon_t = 0 \end{cases}$$

实际震源坐标为 $x_0 = -13\,275(\text{m})$,$y_0 = 4\,421\,214(\text{m})$,$h_0 = 300(\text{m})$。

微震测试结果见表 6-4。

表 6-4　微震测试结果(震源位于第四层)

算法	发震时刻	定位误差/m
二层模型	16:35:11.404 398 2	456.42(深度竖直方向)
四层模型(正反演联用法)	16:35:10.979 47	49.36（三方向最大值）
四层模型(波前正演法)	16:35:11	2.000（三方向最大值）
均质模型	16:35:9.636 037	4 349.34(三方向最大值)

6.7.5　误差随速度变化的敏感性测试

在震源定位的经典线性法中,假设震波传播介质是均质的,因此震源到台站间的震波射线路径是直线。对于任意一个台站,包含震源坐标和台站坐标的走时方程,均可表示成以震源为圆心、以震源到台站间距离为半径的正球面二次曲面方程,台站空间位置不同,球面的半径也相应不同。这样建立走时方程,方便经典线性法的降幂处理,通过将各台站的正球面走时方程两两相减,即可将二次曲面方程降幂,化为线性方程组。

在多层介质中,由于波速变化,震波射线路径不是直线,走时方程无法降幂为线性方程组,因此,本章的处理方法是对多层介质中的震波波前面正演,正演所得的波前面不是正球面,通过多个波前面的非线性方程组成非线性方程组,利用 Matlab 的 fsolve 函数直接求解。

对于走时方程是正球面方程的经典线性法,震源位置 (x_0, y_0, z_0)、矿震波

传播速度(v)、矿震波走时(t),三者也是互不解耦的,对于波前正演法以及正反演联用法也是如此。这一点可从式(5-8)、(5-9)、(5-10)或者式(6-10)、(6-11)、(6-12),以及式(6-25)、(6-26)、(6-27)中的波前面方程表达式可以看出,无论哪层速度、深度发生变化,参数方程即可发生变化,导致非线性方程组的解发生变化。

对于现实中的岩土体,在地质勘察中,无法获得多层岩土体的准确波速,多层介质的波速会出现误差,定位误差对速度参数的敏感性对于评价一个定位模型的优劣尤为重要。

选取6.4节微震试验算例对波前正演法的速度参数的敏感性进行测试分析,定位条件及台站参数见表6-1。

另外,选取6.7.4中的四层数值微震试验算例对几种定位方法的参数敏感性进行测试分析,定位条件及台站参数见表6-3。

图6-11为定位误差随介质速度变化的敏感性,使非震源所在层的纵波波速发生1%~5%的扰动,走时数据维持原值不变,利用包括新波速在内的定位条件重新求解,考察定位误差的变化。

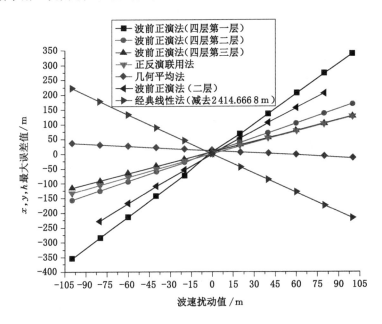

图6-11　定位误差对于波速敏感性

从图 6-11 可以看出,二层模型采用波前正演法时的误差对速度扰动的敏感性与经典线性法相当,大于正反演联用法。四层模型的波前正演法,对第一层介质波速的敏感性最高,高于经典线性法,第三层介质波速的敏感性最低,与正反演联用法的参数敏感性相当;第二层介质波速的敏感性介于第一层和第三层之间。总体来说,波前正演法的参数敏感性大于正反演联用法、几何平均法,但几种方法定位误差扰动值的量级一致,并且与震源坐标基数相比,均为较小的量值。波前正演法的参数敏感性相对较高的原因是,波前正演法的非线性系统更复杂,其将发震时刻作为未知参量代入非线性方程组中求解,而正反演联用法通过曲线拟合确定发震时刻,非线性方程组中发震时刻是已知量,因此其非线性系统不如波前正演法复杂。但四层模型的波前正演法误差随速度扰动的敏感性能满足工程需要。

6.7.6 不同定位参数下定位精度分析

为了重点对比波前正演法与正反演联用法的定位误差,下文的误差对比图 6-12～图 6-16 的(b)图中略去了经典线性法的误差数据,还略去了二层模型的波前正演法应用于四层数值微震试验算例的数据,原因是经典线性法以及二层波前正演模型在四层介质数值微震试验算例中的定位误差量级较大,放在同一数据图中导致多层介质中的两种定位方法的误差对比区分不明显。但图 6-12～图 6-16 的(a)图中保留了经典线性法的误差数据,目的是直观对比波前正演法和经典方法的误差量级。

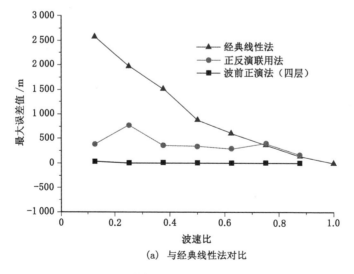

(a) 与经典线性法对比

图 6-12 不同波速比下三种定位方法误差对比

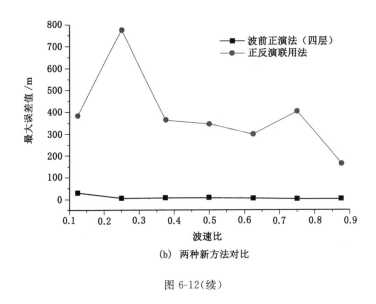

(b) 两种新方法对比

图 6-12(续)

为了重点对比波前正演法、正反演联用法在多层介质中的定位效果,下文的误差分析仅针对四层介质的定位计算。

所有对比分析数值微震试验算例中,需要先用数值方法计算出四层介质中震波射线路径,即确定介质分界面的折射点,这里利用多层介质中的折射点精确数值确定方法——常量法确定折射点。确定震波射线路径后,即可方便地计算各台站的实际震波走时,作为对比分析案例中的定位条件。

根据图 6-12 到图 6-16 显示的规律可以看出,对于波前正演法和正反演联用法,二层介质定位的误差对比与四层介质定位的误差对比规律相似。

四层介质波前正演法的定位误差较正反演联用法有了进一步改善,定位误差基本在 10 的 1 次方量级。波前正演法作为任意观测系统下的定位方法,其在三个方向定位精度几乎不受台站间距的影响。相对而言,图 6-12、图 6-13 中的正反演联用法,误差较大且不稳定。

随着震源埋深增加,震源坐标的舍入误差被放大,波前正演法的定位误差小幅增加。根据图 6-14,波前正演法的定位精度总体上仍然优于正反演联用法。

图 6-15 中,台站与震源的水平距离与竖直距离比逐渐增大,说明观测系统变得更特殊、更不规则;图 6-16 中,由四层介质两两取平均值得到的二层介质,震源和台站在多层介质中的埋深比越大或越小,说明介质层的层厚相差越大,将

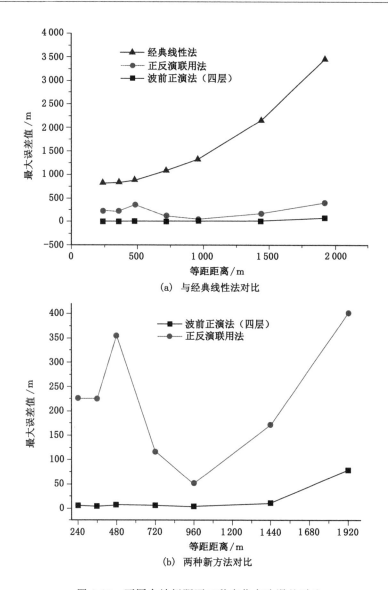

图 6-13　不同台站间距下三种定位方法误差对比

导致介质的非均匀性减弱,性质更趋近于均匀介质。

　　波前正演法的非线性方程组在观测系统任意的条件下建立,不必限制四个台站的空间位置;且波前正演法采用未知数个数等于非线性方程个数的适定方程组求解震源参数,定位误差主要由数值计算的舍入误差产生。由图 6-15 和图 6-16可见,波前正演法不但适用于观测系统不规则的情形,也适用于多层介

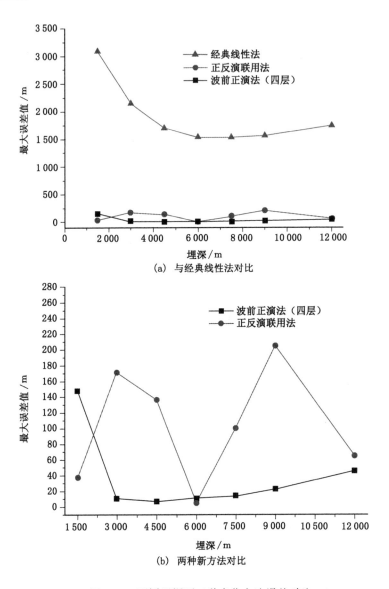

图 6-14　不同埋深下三种定位方法误差对比

质组合不规则的情形。而正反演联用法的定位精度受观测系统的限制较明显，且不适用于特殊的介质层组合。

　　根据图 6-12～图 6-16 中的(a)图，四层介质的波前正演法，其定位精度远高于经典线性法。

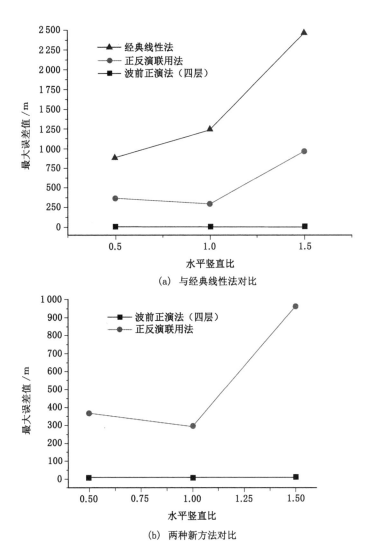

(a) 与经典线性法对比

(b) 两种新方法对比

图 6-15　不同水平竖直距离比下三种定位方法误差对比

特别注意图 6-16(a)，埋深比变化表示四层介质各层间的层厚相对比值发生变化，即四层介质的均匀性发生变化，埋深比越大或越小，介质的均匀性越强。从图 6-16(a)可以看出，基于均匀介质的经典线性法的定位精度要好于正反演联用法，但作为基于均匀介质的定位方法，在介质均匀性增强时，经典线性法的定位精度和稳定性仍然远低于波前正演法。

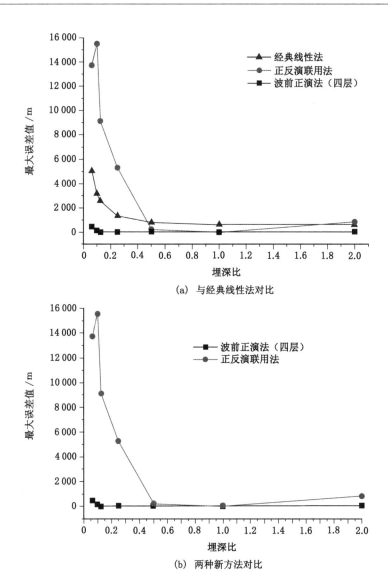

图 6-16　不同埋深比下三种定位方法误差对比

6.8　多层倾斜介质中的球面波波前正演法

将地基结构简化为横观各向同性介质模型时,根据实际情况,各向同性面有时是水平的,有时是倾斜的,与地质结构的产状一致。

为了更好地利用基于地下岩土体三维层析成像得到的三维速度结构,前文分别阐述了专门针对多层水平介质的震源定位方法,即几何平均法、正反演联用法和波前正演法。三种方法对于多层水平介质中的震源定位问题有极强的针对性。

前面已经论述,多层水平介质是横观各向同性介质的一种情况,横观各向同性介质的各向同性面也可以是倾斜的,即多层倾斜介质。多层倾斜介质的层数可以是两层,也可以是多层。设地表为水平面,介质分界面与地表水平面是相交的,但多层倾斜介质中的各个介质分界面之间是平行的。本书拟解决的震源定位问题,限于在这种多层倾斜介质中,下文所提到的多层倾斜介质,也都限于此处论述的情况。

在地下岩土体的三维层析成像研究中,根据得到的地下三维速度结构,发现速度分布不但沿垂直方向具有非均匀性,还普遍呈现出横向非均匀性。多层倾斜介质是这种横向非均匀性的最简单、最基本的情况。为了充分利用地下三维速度结构的研究成果,解决这种多层倾斜的横向非均匀介质中的震源定位问题是必须跨越的一个障碍。

几何平均法[166]、正反演联用法[173]和波前正演法建立了二层横观各向同性介质中的震源定位方法。波前正演法以正反演联用法为雏形,具有不局限于特定观测系统、对台站分布参数依赖低、定位精度高等优势。本章前述部分中将波前正演法应用于多层水平介质中,下文将波前正演法应用于多层倾斜介质中的震源定位。

6.8.1 多层倾斜介质中的波前正演法

对于台站 i,根据式(6-10)~式(6-12),第二层介质中震源的三维位置曲面的参数方程为

$$x_0 = x_i + \left[\frac{v_{层2}}{v_{层1}} \left(\frac{h_i}{\cos \theta_1} - \frac{h_i}{\cos \theta_入} \right) \sin \theta_折 + h_i \tan \theta_入 \right] \cos \varphi_1$$

$$= x_i + \left[\frac{v_{层2}^2}{v_{层1}^2} T_1 \sin (\mu_1 \theta_1) + \left(1 - \frac{v_{层2}^2}{v_{层1}^2} \right) h_i \tan(\mu_1 \theta_1) \right] \cos \varphi_1 \quad (6\text{-}36)$$

$$y_0 = y_i + \left[\frac{v_{层2}}{v_{层1}} \left(\frac{h_i}{\cos \theta_1} - \frac{h_i}{\cos \theta_入} \right) \sin \theta_折 + h_i \tan \theta_入 \right] \sin \varphi_1$$

$$= y_i + \left[\frac{v_{层2}^2}{v_{层1}^2} T_1 \sin (\mu_1 \theta_1) + \left(1 - \frac{v_{层2}^2}{v_{层1}^2} \right) h_i \tan(\mu_1 \theta_1) \right] \sin \varphi_1 \quad (6\text{-}37)$$

$$h_0 = \frac{v_{层2}}{v_{层1}} \left(\frac{h_i}{\cos \theta_1} - \frac{h_i}{\cos \theta_入} \right) \cos \theta_折$$

$$= \left(v_{层2} T_1 - \frac{v_{层2}}{v_{层1}} \frac{h_i}{\cos(\mu_1 \theta_1)} \right) \sqrt{1 - \frac{v_{层2}^2}{v_{层1}^2} \sin^2 (\mu_1 \theta_1)} \quad (6\text{-}38)$$

式中，(x_0, y_0, h_0) 表示震源位置坐标；(x_i, y_i, h_i) 表示台站 i 位置坐标。

由于几何平均法和正反演联用法的算法要求，台站布设于地表水平面，对于多层水平介质，各台站至第一层介质分界面的距离相等，因此台站竖坐标 $h_i = h_j$ (i, j) $(i, j$ 代表台站号，且 $i \neq j)$。

对于波前正演法，它是任意观测系统下的定位方法，算法本身不必要求各台站布置在同一水平面上，即台站竖坐标可以有 $h_i \neq h_j$，定位计算过程不受影响。

对于多层倾斜介质，各台站至第一层介质分界面的距离无法保证完全相等，因此几何平均法和正反演联用法失效。

波前正演法不要求台站竖坐标 $h_i \neq h_j$，但对台站发出震波的波前面在多层介质中进行正演时，要求波阵面向前正演推进的方向与介质分界面正交，只有这样，通过波前正演使震源坐标 (x_0, y_0, h_0) 重新参数化为新参数 (μ, φ) 的方法才有效。

波前正演法波阵面向前推进的方向，一般与所在的三维坐标系的 z 轴平行。

而现有台站布局采用的大地坐标系，z 轴一般是与地表水平面正交的，而不是与岩土层产状（或说介质分界面）正交的。如果采用台站所用的大地坐标系，波前正演的推进方向与地表水平面正交，而不是与介质分界面正交，波前正演法的计算过程将不再适用。

因此，要将波前正演法应用于多层倾斜介质，需要先将台站所在的大地坐标系进行旋转，旋转至新坐标系的 z 轴与介质分界面正交为止，即可应用本章前述部分的波前正演法的计算方法，进行多层倾斜介质中的震源定位。

正是因为波前正演中波前面的推进方向，必须保持与介质分界面正交，因此多层倾斜介质虽然产状相对于地表水平面倾斜，但各个分界面之间保持平行，这样就能保证波前正演法中波前面的推进方向在各层中均与介质分界面正交，使得波前正演计算过程得以继续。

这就是特殊限定多层倾斜介质分布方式的原因。这也保证了无论倾斜介质的层数是二层还是多层，只需将台站坐标旋转，台站的水平坐标 (x_i, y_i) 变化至与介质分界面平行的平面内，台站的铅垂坐标变化为至第一层介质分界面的垂直距离，即可将二层倾斜介质或多层倾斜介质中的震源定位问题转化为不规则观测系统下多层水平介质中的定位问题，即可使用波前正演法。

对于多层倾斜介质，与二层倾斜介质第一步的台站坐标旋转方式完全一样，之后按照多层水平介质中的波前正演法，逐层确定和排除震源所在层。

下面介绍多层倾斜介质中使用波前正演法进行震源定位的步骤。

将介质分界面延伸，设介质分界面的延伸面与地表水平面相交于直线 l；直

线 l 与台站所在大地坐标系的 y 轴正向夹角为 $\alpha(-90°<\alpha<90°)$；介质分界面法线与地表水平面法线的夹角为 $\beta(-90°<\beta<90°)$。

① 将台站所在大地坐标系绕 z 轴 $(x=0,y=0)$ 旋转 α 角度(α 有正负号，α 为正号时表示顺时针旋转，α 为负号时表示逆时针旋转)，使旋转后的新坐标系的 y 轴与直线 l 平行，台站的水平坐标由 (x_i,y_i) 变为 (x_i',y_i')，即

$$\begin{cases} x_i'=x_i\cos\alpha+y_i\sin\alpha \\ y_i'=-x_i\sin\alpha+y_i\cos\alpha \end{cases} \tag{6-39}$$

第一次旋转过程如图 6-17 所示。

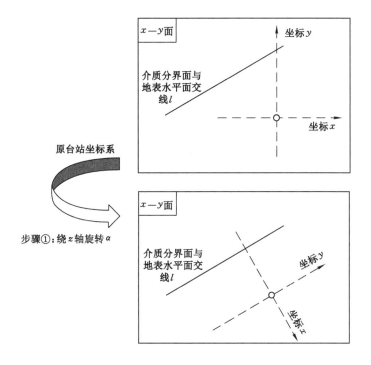

图 6-17　台站所在大地坐标系的第一次旋转过程

② 将步骤①得到的新坐标系绕 y 轴 $(x=0,z=0)$ 旋转 β 角度(β 有正负号，β 为正号时表示顺时针旋转，β 为负号时表示逆时针旋转)，使旋转后的新坐标系的 z 轴与介质分界面的法线平行，第二次旋转后台站的三维坐标由 (x_i',y_i',z_i) 变为

$$\begin{cases} x_i''=x_i'\cos\beta+z_i\sin\beta=(x_i\cos\alpha+y_i\sin\alpha)\cos\beta+z_i\sin\beta \\ y_i'=-x_i\sin\alpha+y_i\cos\alpha \\ z_i'=-x_i'\sin\beta+z_i\cos\beta=-(x_i\cos\alpha+y_i\sin\alpha)\sin\beta+z_i\cos\beta \end{cases}$$

$$\tag{6-40}$$

第二次旋转过程见图 6-18。

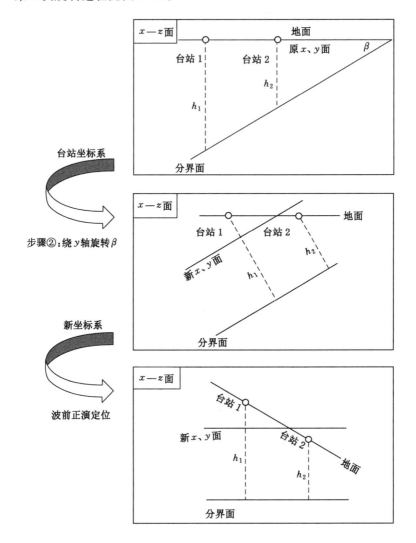

图 6-18　台站坐标系的第二次旋转过程

③ 步骤②得到的新坐标系,(x,y) 坐标面与介质分界面平行,可在此坐标系下采用波前正演法进行震源定位。这个新坐标系下,台站的水平坐标按式(6-40)计算。

④ 计算台站至介质分界面的距离,对于台站至介质分界面的距离,不能应用式(6-40)计算。由于已知各台站与介质分界面竖直方向的距离 H_i,则可取

台站距分界面竖直方向距离 H_i 在分界面法线上的投影：$h_i = H_i \cdot \cos \beta$，$h_i$ 即为台站距介质分界面的垂直距离。

⑤ 将新坐标系下的震源坐标回代，旋转回原台站所在的大地坐标系。

首先将新坐标系绕 y 轴向回旋转 $-\beta$ 角度（$-\beta$ 有正负号，$-\beta$ 为正号时表示顺时针旋转，$-\beta$ 为负号时表示逆时针旋转），将震源坐标转换至步骤②中第二次旋转前的坐标系，即步骤①中旋转一次后的坐标系：

$$\begin{cases} x' = x \cdot \cos(-\beta) + z \cdot \sin(-\beta) \\ z' = -x \cdot \sin(-\beta) + z \cdot \cos(-\beta) \end{cases} \tag{6-41}$$

得到新坐标 (x', y', z') 后，再将坐标系绕 z 轴向回旋转 $-\alpha$ 角度（$-\alpha$ 有正负号，$-\alpha$ 为正号时表示顺时针旋转，$-\alpha$ 为负号时表示逆时针旋转），将震源坐标转换至步骤①中第一次旋转前的原大地坐标系，即未经过旋转的原台站所在的大地坐标系：

$$\begin{cases} x'' = x' \cdot \cos(-\alpha) + y' \cdot \sin(-\alpha) \\ y'' = -x' \cdot \sin(-\alpha) + y' \cdot \cos(-\alpha) \end{cases} \tag{6-42}$$

得到新坐标 (x'', y'', z')，此即定位所得的最终震源坐标。

上述定位步骤适用于二层倾斜介质，也适用于多层倾斜介质。

6.8.2 二层倾斜介质数值微震试验

表 6-5 为台站参数及各台站监测到时，在实际使用时，只取用到时时差。因此，表 6-5 中的监测到时默认初始发震时刻为 0。

表 6-5 定位条件及台站参数

台站号	X 坐标/m	Y 坐标/m	距分界面竖直距离 H/m	监测到时/s
1	−866.794 919 2	1 901.332 840	1 214.213 562 00	1.149 809
2	−211.102 725 4	1 725.640 646	734.213 562 40	1.003 255
3	444.589 468 4	1 549.948 452	254.213 562 40	0.885 325
4	266.025 403 8	1 539.230 485	414.213 562 40	0.916 461
5	412.435 565 3	2 085.640 646	14.213 562 37	0.880 004
6	212.435 565 3	2 432.050 808	14.213 562 37	0.918 790
7	−758.845 726 8	−2 285.640 650	3 214.213 562 00	1.688 572
8	−2 758.845 727 0	1 178.460 969	3 214.213 562 00	1.688 572
9	−3 490.896 534 0	−1 553.589 840	5 214.213 562 00	2.216 122
10	0	0	1 414.213 562 00	

将介质分界面延伸,设介质分界面的延伸面与地表水平面相交于直线 l;直线 l 与台站所在大地坐标系的 y 轴正向夹角为 30°;介质分界面法线与地表水平面法线的夹角为 $-45°$。震源坐标为 $x=200$ m,$y=400$ m,$z=-3\,000$ m。

首先将台站所在大地坐标系 y 轴旋转至与直线 l 平行。利用式(6-39),使台站所在原大地坐标系绕 z 轴旋转 $\alpha=-30°$,台站水平坐标变化见表 6-6。

表 6-6　第一次旋转后台站水平坐标

台站号	X 坐标/m	Y 坐标/m
1	200	2 080
2	680	1 600
3	1 160	1 120
4	1 000	1 200
5	1 400	1 600
6	1 400	2 000
7	−1 800	−1 600
8	−1 800	2 400
9	−3 800	400

再将台站所在坐标系绕 y 轴旋转 $\beta=45°$,使台站坐标系的 z 轴与介质分界面法线方向平行。利用式(6-40),台站水平坐标变化见表 6-7。

表 6-7　第二次旋转后台站水平坐标

台站号	X 坐标/m	Y 坐标/m	距分界面垂直距离 $(h=H \cdot \cos\beta)$/m	监测到时/s
1	141.421 356 2	2 080	858.578 643 50	1.149 809
2	480.832 611 2	1 600	519.167 388 80	1.003 255
3	820.243 866 2	1 120	179.756 133 80	0.885 325
4	707.106 781 2	1 200	292.893 218 80	0.916 461
5	989.949 493 7	1 600	10.050 506 34	0.880 004
6	989.949 493 7	2 000	10.050 506 34	0.918 790
7	−1 272.792 206 0	−1 600	2 272.792 206 00	1.688 572
8	−1 272.792 206 0	2 400	2 272.792 206 00	1.688 572
9	−2 687.005 769 0	400	3 687.005 768 00	2.216 122
10	0	0	1 000	

将表 6-7 中的条件应用于二层波前正演法,波前正演法选用任意观测系统下的四个台站,可共线或不共线,间距可相等或不等,即可完成定位,该性质由前文的定位公式方程组分析即可得到。因此,选取台站 1、台站 3、台站 6 和台站 9。

根据式(6-19),计算得到台站监测到时时差为 $a_1=T_2-T_1=-0.247\,663\,155$, $a_2=T_3-T_2=0.034\,048\,734$,$a_3=T_4-T_3=1.210\,741\,724$。

根据上述条件,代入方程组(6-18),并将其中的 T_1、T_2、T_3、T_4、θ_1、θ_2、θ_3、θ_4 用式(6-20)、(6-21)、(6-22)、(6-23)、(6-24)代换,式(6-20)、(6-21)、(6-22)、(6-23)、(6-24)中只有一个未知数 m。

四组台站共 μ_1、φ_1、μ_2、φ_2、μ_3、φ_3、μ_4、φ_4 八个未知数,加上未知数 m,定位方程组共 9 个未知数。

将上述条件代入四组台站的定位公式(6-10)、(6-11)、(6-12),并分别联立,共 $3\times(4-1)=9$ 个方程。

这样 9 个未知数、9 个方程,组成适定的方程组,有唯一解。

利用 Matlab 软件中的 fsolve 函数,其 M 函数体见附录 D。

取初值为

$(\mu_1,\varphi_1,\mu_2,\varphi_2,\mu_3,\varphi_3,\mu_4,\varphi_4,m)=(0.3,-2,0.3,-2,0.3,-2,0.3,0,1.3)$

Matlab 命令窗口求解命令为

$x=\text{fsolve}('equation',[0.3,-2,0.3,-2,0.3,-2,0.3,0,1.3]')$

解得定位参数为

$(\mu_1,\varphi_1,\mu_2,\varphi_2,\mu_3,\varphi_3,\mu_4,\varphi_4,m)=(0.401\,2,-2.517\,7,0.333\,3,-2.918\,8,$
$0.318\,5,-2.68,0.188\,9,0.095\,4,1.282\,3)$

代入四个台站的参数方程中,得到

$$\begin{cases} x_{01}=-2\,116.783 \\ y_{01}=454.539\,79 \\ h_{01}=1\,058.307\,9 \\ T_{01}=1.124\,968 \end{cases},\begin{cases} x_{02}=-2\,117.109 \\ y_{02}=454.532\,28 \\ h_{02}=1\,057.540\,5 \\ T_{02}=0.877\,304\,8 \end{cases},\begin{cases} x_{03}=-2\,116.595 \\ y_{03}=454.699\,33 \\ h_{03}=1\,059.279 \\ T_{03}=0.911\,353\,6 \end{cases},\begin{cases} x_{04}=-2\,116.668 \\ y_{04}=454.575\,87 \\ h_{04}=1\,058.090\,7 \\ T_{04}=2.122\,095\,3 \end{cases}$$

对于震源位置坐标、发震时刻,取四个台站参数方程计算结果的平均值,即

$$\begin{cases} x_0=-2\,116.789 \\ y_0=454.586\,82 \\ h_0=1\,058.304\,5 \\ t_0=0.009\,723\,4 \end{cases}$$

则震源在新坐标系下的坐标为 $x = 2\ 116.789$ m，$y = 454.586\ 82$ m，$z = -(1\ 000 + 1\ 058.304\ 5) = -2\ 058.304\ 5$ m。

上述震源坐标属于旋转后的坐标，不够直观。为了直观了解震源的位置，需将新坐标系下的震源坐标回代，旋转回原台站所在的大地坐标系。

首先将新坐标系绕 y 轴向回旋转 $-\beta = 45°$，根据式(9-41)得

$$\begin{cases} \begin{aligned} x' &= x \cdot \cos(-\beta) + z \cdot \sin(-\beta) \\ &= -2\ 116.789 \times \cos 45° + 2\ 058.304\ 5 \times \sin 45° \\ &= -41.354\ 786\ 54 \end{aligned} \\ \begin{aligned} z' &= -x \cdot \sin(-\beta) + z \cdot \cos(-\beta) \\ &= -2\ 116.789 \times \sin 45° - 2\ 058.304\ 5 \times \cos 45° \\ &= -2\ 952.236\ 926 \end{aligned} \end{cases}$$

得到新坐标：$x' = -41.354\ 786\ 54$ m，$y' = 454.586\ 82$ m，$z' = -2\ 952.236\ 926$ m。

再将坐标系绕 z 轴向回旋转 $-\alpha = 30°$，根据式(9-42)得

$$\begin{cases} \begin{aligned} x'' &= x' \cdot \cos(-\alpha) + y' \cdot \sin(-\alpha) \\ &= -41.354\ 786\ 54 \times \cos 30° + 454.586\ 82 \times \sin 30° \\ &= 191.479\ 114\ 3 \end{aligned} \\ \begin{aligned} y'' &= -x' \cdot \sin(-\alpha) + y' \cdot \cos(-\alpha) \\ &= 41.354\ 786\ 54 \times \sin 30° + 454.586\ 82 \times \cos 30° \\ &= 414.361\ 127\ 6 \end{aligned} \end{cases}$$

所以震源在原大地坐标系的坐标计算值为 $x'' = 191.479\ 114\ 3$ m，$y'' = 414.361\ 127\ 6$ m，$z'' = -2\ 952.236\ 926$ m。

实际震源坐标为 $x = 200$ m，$y = 400$ m，$z = -3\ 000$ m。

6.8.3　四层倾斜介质数值微震试验

表 6-8 为台站参数及各台站监测到时，在实际使用时，只取用到时时差，因此，表 6-8 中的监测到时默认初始发震时刻为 0。

表 6-8　定位条件及台站参数

台站号	X 坐标/m	Y 坐标/m	距分界面竖直距离 H/m	监测到时/s
1	1 901.332 840	866.794 919 2	1 272.792 206 0	1.922 150
2	1 725.640 646	211.102 725 4	933.380 951 2	1.740 355
3	1 549.948 452	−444.589 468 0	593.969 696 2	1.573 018
4	1 539.230 485	−266.025 404 0	707.106 781 2	1.622 308

表 6-8(续)

台站号	X 坐标/m	Y 坐标/m	距分界面竖直距离 H/m	监测到时/s
5	2 085.640 646	−412.435 565 0	424.264 068 7	1.520 661
6	2 432.050 808	−212.435 565 0	424.264 068 7	1.547 911
7	−2 285.640 646	758.845 726 8	2 687.005 769 0	2.601 359
8	1 178.460 969	2758.845 727 0	2 687.005 769 0	2.608 434
9	−1 553.589 838	3490.896 534 0	4 101.219 331 0	3.214 740
10	0	0	2 000	

将介质分界面延伸,设介质分界面的延伸面与地表水平面相交于直线 l;直线 l 与台站所在大地坐标系的 y 轴正向夹角为 $60°$;介质分界面法线与地表水平面法线的夹角为 $-45°$。

由于介质倾斜,各台站至第一层介质分界面的距离各不相同,台站至第一层介质分界面的竖直距离见表 6-8。四层介质的第二层介质分界面和第三层介质分界面与第一层介质分界面平行,第二层介质层厚 353.6 m,第三层介质层厚 707 m。

震源坐标为 $x=200$ m, $y=400$ m, $z=-4 500$ m。

首先将台站所在大地坐标系 y 轴旋转至与直线 l 平行。利用式(6-39),使台站所在原大地坐标系绕 z 轴旋转 $\alpha=-60°$,台站水平坐标变化见表 6-9。

表 6-9　第一次旋转后台站水平坐标

台站号	X 坐标/m	Y 坐标/m
1	200	2 080
2	680	1 600
3	1 160	1 120
4	1 000	1 200
5	1 400	1 600
6	1 400	2 000
7	−1 800	−1 600
8	−1 800	2 400
9	−3 800	400

再将台站所在坐标系绕 y 轴旋转 $\beta=45°$,使台站坐标系的 z 轴与介质分界

面法线方向平行。利用式(6-40),台站水平坐标变化见表6-10。

表6-10   第二次旋转后台站水平坐标

台站号	X 坐标/m	Y 坐标/m	距分界面垂直距离 $(h=H \cdot \cos)/m$	监测到时/s
1	141.421 356 2	2 080	858.578 643 50	1.922 150
2	480.832 611 2	1 600	519.167 388 80	1.740 355
3	820.243 866 2	1 120	179.756 133 80	1.573 018
4	707.106 781 2	1 200	292.893 218 80	1.622 308
5	989.949 493 7	1 600	10.050 506 34	1.520 661
6	989.949 493 7	2 000	10.050 506 34	1.547 911
7	$-1\ 272.792\ 206\ 0$	$-1\ 600$	2 272.792 206 00	2.601 359
8	$-1\ 272.792\ 206\ 0$	2 400	2 272.792 206 00	2.608 434
9	$-2\ 687.005\ 769\ 0$	400	3 687.005 768 00	3.214 740
10	0	0	1 414.213 562 373 09	

将表6-10中的条件应用于二层波前正演法,可排除震源在第二层介质。

根据式(6-19),计算得到台站监测到时时差为 $a_1 = T_2 - T_1 = -0.349\ 131\ 598$, $a_2 = T_3 - T_2 = -0.025\ 107\ 07$, $a_3 = T_4 - T_3 = 1.666\ 829\ 058$。

根据上述条件,代入式(6-18)中的方程组,并将其中的 T_1、T_2、T_3、T_4、θ_1、θ_2、θ_3、θ_4 用式(6-20)、(6-21)、(6-22)、(6-23)、(6-24)代换,式(6-20)、(6-21)、(6-22)、(6-23)、(6-24)中只有一个未知数 m。

四组台站共 μ_1、φ_1、μ_2、φ_2、μ_3、φ_3、μ_4、φ_4 八个未知数,加上未知数 m,定位方程组共9个未知数。

将上述条件代入四组台站的定位公式(6-10)、(6-11)、(6-12),并分别联立,共 $3 \times (4-1) = 9$ 个方程。

这样9个未知数,9个方程,组成适定的方程组,有唯一解。

利用 Matlab 软件中的 fsolve 函数,取初值为

$(\mu_1, \varphi_1, \mu_2, \varphi_2, \mu_3, \varphi_3, \mu_4, \varphi_4, m) = (0.2, -3, 0.2, -3, 0.2, -3, 0.2, -3, 1.1)$

Matlab 命令窗口求解命令为

$x = fsolve('equation', [0.2, -3, 0.2, -3, 0.2, -3, 0.2, -3, 1.1]')$

解得定位参数为

$(\mu_1, \varphi_1, \mu_2, \varphi_2, \mu_3, \varphi_3, \mu_4, \varphi_4, m) = (0.243, -2.665\ 9, 0.242\ 7, -2.713,$

0.245 6,-2.684 1,0.220 5,-2.675 2,1.040 2)

代入四个台站的参数方程中,震源位置坐标取四个台站参数方程计算结果的平均值,即

$$\begin{cases} \overline{x_0} = -10\ 976 \\ \overline{y_0} = -3\ 898.816 \\ \overline{h_0} = 16\ 474.695 \end{cases}$$

可见震源深度 h_0 大于第 2 层介质层厚 353.6 m,因此震源应在更深的介质层。

类似地按照多层波前正演法排除震源在第 3 层介质。

对于第四层介质,选取台站 1、台站 3、台站 6 和台站 9,应用四层介质的波前正演法。

根据式(6-29),台站监测到时时差为 $a_1 = T_2 - T_1 = -0.349\ 131\ 598$,$a_2 = T_3 - T_2 = -0.025\ 107\ 07$,$a_3 = T_4 - T_3 = 1.666\ 829\ 058$。

根据上述条件,代入方程组(6-28),并将其中的 T_1、T_2、T_3、T_4、θ_1、θ_2、θ_3、θ_4 用式(6-30)和式(6-31)代换,式(6-30)和式(6-31)中只有一个未知数 m。

四组台站共 μ_1、φ_1、μ_2、φ_2、μ_3、φ_3、μ_4、φ_4 八个未知数,加上未知数 m,定位方程组共 9 个未知数。

将上述条件代入四组台站的定位公式(6-25)、(6-26)、(6-27),并分别联立,共 $3 \times (4-1) = 9$ 个方程。

这样 9 个未知数、9 个方程,组成适定的方程组,有唯一解。

利用 Matlab 软件中的 fsolve 函数,其 M 函数体见附录 D。

取初值为

$(\mu_1, \varphi_1, \mu_2, \varphi_2, \mu_3, \varphi_3, \mu_4, \varphi_4, m) = (0.25, -3, 0.25, -3, 0.25, -3, 0.25, -3, 1.2)$

Matlab 命令窗口求解命令为

x=fsolve($'$equation5$'$,[0.25,-3,0.25,-3,0.25,-3,0.25,-3,1.2]$'$)

解得定位参数为

$(\mu_1, \varphi_1, \mu_2, \varphi_2, \mu_3, \varphi_3, \mu_4, \varphi_4, m) = (0.297\ 6, -2.687\ 6, 0.254, -2.964\ 7, 0.241\ 9, -2.783\ 4, 0.150\ 6, -3.101\ 6, 1.222)$

代入四个台站的参数方程中,得到

$$\begin{cases} x_{01} = -3\,352.567\,669 \\ y_{01} = 374.972\,08 \\ h_{01} = 534.461\,07 \\ T_{01} = 1.921\,796\,5 \end{cases}, \begin{cases} x_{02} = -3\,362.514\,684 \\ y_{02} = 372.285\,51 \\ h_{02} = 530.599\,82 \\ T_{02} = 1.572\,664\,9 \end{cases}, \begin{cases} x_{03} = 93\,337.961\,664 \\ y_{03} = 379.886\,09 \\ h_{03} = 535.628\,89 \\ T_{03} = 1.547\,557\,8 \end{cases}, \begin{cases} x_{04} = -3\,356.000\,149 \\ y_{04} = 373.230\,87 \\ h_{04} = 531.355\,36 \\ T_{04} = 3.214\,386\,8 \end{cases}$$

对于震源位置坐标、发震时刻，取四个台站参数方程计算结果的平均值，即

$$\begin{cases} x_0 = -3\,352.261\,041 \\ y_0 = 375.093\,64 \\ h_0 = 533.011\,28 \\ t_0 = 0.000\,353\,1 \end{cases}$$

则震源在新坐标系下的坐标为 $x = -3\,352.261\,041$ m，$y = 375.093\,637\,6$ m，$z = -(1\,414.213\,562 + 353.553\,390\,6 + 707.106\,781\,2 + 533.011\,283\,6) = -3\,007.885\,018$ m。

上述震源坐标属于旋转后的坐标，不够直观。为了直观了解震源的位置，需将新坐标系下的震源坐标回代，旋转回原台站所在的大地坐标系。

首先将新坐标系绕 y 轴向回旋转 $-\beta = -45°$，根据式(9-41)得

$$\begin{cases} x' = x \cdot \cos(-\beta) + z \cdot \sin(-\beta) \\ \quad = -3\,352.261\,041 \times \cos 45° + 3\,007.885\,018 \times \sin 45° \\ \quad = -243.511 \\ z' = -x \cdot \sin(-\beta) + z \cdot \cos(-\beta) \\ \quad = -3\,352.261\,041 \times \sin 45° - 3\,007.885\,018 \times \cos 45° \\ \quad = -4\,497.302 \end{cases}$$

得到新坐标：$x' = -243.511$ m，$y' = 375.093\,64$ m，$z' = -4\,497.302$ m。

再将坐标系绕 z 轴顺时针向回旋转 $-\alpha = 60°$，根据式(9-42)得

$$\begin{cases} x'' = x' \cdot \cos(-\alpha) + y' \cdot \sin(-\alpha) \\ \quad = -243.511 \times \cos 60° + 375.093\,64 \times \sin 60° \\ \quad = 203.085\,121 \\ y'' = -x' \cdot \sin(-\alpha) + y' \cdot \cos(-\alpha) \\ \quad = 243.511 \times \sin 60° + 375.096\,64 \times \cos 60° \\ \quad = 398.436 \end{cases}$$

所以震源在原大地坐标系的坐标计算值为 $x'' = 203.085\,121$ m，$y'' = 398.436$ m，$z'' = -4\,497.302$ m。

实际震源坐标为 $x = 200$ m，$y = 400$ m，$z = -4\,500$ m。

6.8.4 倾斜介质中算法误差敏感性分析

图 6-19～图 6-21 为二层倾斜介质中定位误差对定位条件的敏感性,分别使介质波速、波速比和介质倾斜角度发生一定量扰动,走时数据维持原值不变,利用新定位条件重新求解,考察定位误差的变化。

从图 6-19 可以看出,当波速包含小量误差时,倾斜介质中的波前正演法与经典线性法的误差敏感性非常接近,波前正演法的误差敏感性稍高于经典线性法。

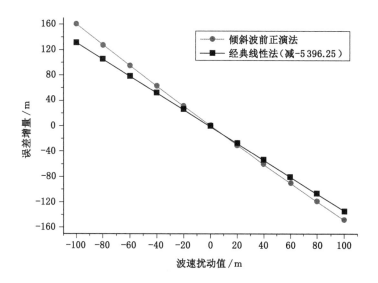

图 6-19 倾斜分层介质中不同波速扰动值条件下两种定位方法误差随定位参数敏感性

从图 6-20 可以看出,当波速比很小,即两介质层波速相差很大时,波前正演法的误差敏感性显著增加,远高于经典线性法。当波速比由中值 0.5 趋向于 1 时,波前正演法的误差敏感性先略微高于经典线性法,随后增长放缓,低于经典线性法。一般岩土介质的测取误差不会很大,波速测取误差不会导致波速比变化非常大,因此波前正演法的误差敏感性适用于一般的工程应用。

图 6-21 考察了介质层倾斜角度的误差敏感性,从图中可以看出波前正演法的误差对倾斜角度扰动与经典线性法基本相当。且角度误差分别取正负值时波前正演法的误差敏感性增长情况相对一致。

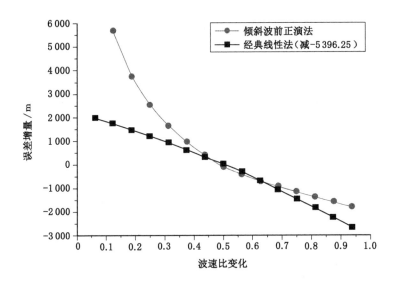

图 6-20　倾斜分层介质中不同波速比条件下两种定位方法误差随定位参数敏感性

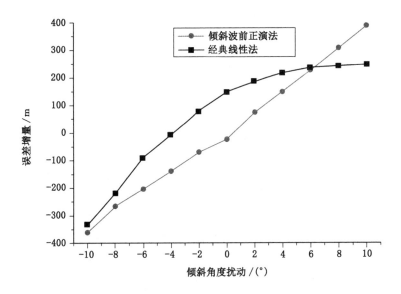

图 6-21　倾斜分层介质中不同倾斜角度扰动条件下两种定位方法
误差随定位参数敏感性

6.9 波前正演法的条件数及病态程度衡量

对一个数值问题本身而言,如果输入数据有微小扰动(即误差),引起输出数据(即问题解)相对误差很大,这就是病态问题[175]。例如,计算函数值 $f(x)$ 时,若 x 有扰动 $\Delta x = x - x^*$,其相对误差为 $\dfrac{\Delta x}{x}$,函数值 $f(x^*)$ 的相对误差为 $\dfrac{f(x) - f(x^*)}{f(x)}$,相对误差比值为式(6-43)。

$$\left| \frac{f(x) - f(x^*)}{f(x)} \right| \bigg/ \left| \frac{\Delta x}{x} \right| \approx \left| \frac{x f'(x)}{f(x)} \right| = C_p \tag{6-43}$$

C_p 称为计算函数值问题的条件数[176]。自变量相对误差一般不会太大,如条件数 C_p 很大,将引起函数值相对误差很大,出现此情况就称问题病态[176]。

一般情况下,条件数 $C_p \geqslant 10$ 则认为是病态,条件数越大病态越严重。问题病态不是因为计算方法,而是数值问题自身固有的,但可以采取特殊方法减少误差的危害。

波前正演法在实际数值计算中采用了确定性计算模型,特别是对模型层速度给予确定性的数值后,虽然层速度可测,但实际生产过程中或应用过程中,完全水平成层或倾斜平行的情况少见,且准确获取波速十分困难。介质信息存在误差,特别是介质速度结构存在一定的误差,从理论上分析衡量波前正演法的病态程度,对保证实际生产中的定位精度、提高波前正演法的适用性尤为重要。

下文主要采用"计算函数值问题的条件数"来衡量波前正演法的病态程度。为了计算和表示的方便以节省篇幅,以二层介质中的波前正演法为研究对象。由于多层水平或倾斜介质中的波前正演法与二层介质中的体系和结构相同,只是介质速度结构参数的多少不同,因此二层介质中的波前正演法不但具备代表性,而且更方便计算衡量病态程度的条件数。

为了衡量介质波速 $v_{层1}$、$v_{层2}$ 和介质层厚 h_i^1 的误差引起定位参数 μ_1、φ_1、T_1、θ_1、μ_2、φ_2、T_2、θ_2、μ_3、φ_3、T_3、θ_3、μ_4、φ_4、T_4、θ_4 的偏差,需要求这 16 个参数对 $v_{层1}$、$v_{层2}$ 和 h_i^1 的偏导数。

根据多元隐函数方程组的隐函数存在定理,波前正演法共有 16 个非线性方程,对应 16 个未知参数,因此只要其对应偏导数组成的函数行列式(或称雅可比式)在方程解处不为 0,则该非线性方程组可确定 16 个存在导数的一元隐函数。16 个一元隐函数在方程解处的导数计算方法是:16 个非线性方程分别对每个未知参数求偏导数,组成的雅可比式每一行分别是某一非线性方程对 16 个未知参数的偏导数,雅可比式每一列是 16 个非线性方程对某一未知参数的偏导数,由此构成 16 行 16 列的函数行列式,作为 16 个未知参数对某一速度结构参数($v_{层1}$、$v_{层2}$ 或 h_i^1)偏导数的分母[177]。

对于未知参数对速度结构参数导数的分子,计算各非线性方程对某一速度结构参数的偏导数,组成 16 维列向量,用该列向量替换雅可比式的某一列,被替换的列对应哪个未知参数,由该分子、分母组成的分数值就是这个未知参数对速度结构参数的偏导数[177]。

对于二层介质中的波前正演法,16 个非线性方程分别为:

方程 1:

$$v_1 T_1 - \frac{h_1}{\cos \theta_1} = 0 \tag{6-44}$$

方程 2:

$$T_2 - T_1 = a_1 \tag{6-45}$$

方程 3:

$$\left[v_2 T_1 - \frac{v_2}{v_1} \frac{h_1}{\cos(\mu_1 \theta_1)} \right] \sqrt{1 - \frac{v_2^2}{v_1^2} \sin^2(\mu_1 \theta_1)}$$
$$= \left[v_2 T_2 - \frac{v_2}{v_1} \frac{h_2}{\cos(\mu_2 \theta_2)} \right] \sqrt{1 - \frac{v_2^2}{v_1^2} \sin^2(\mu_2 \theta_2)} \tag{6-46}$$

方程 4:

$$x_1 + \left[\frac{v_2^2}{v_1} T_1 \sin(\mu_1 \theta_1) + (1 - \frac{v_2^2}{v_1^2}) h_1 \tan(\mu_1 \theta_1) \right] \cos \varphi_1$$
$$= x_2 + \left[\frac{v_2^2}{v_1} T_2 \sin(\mu_2 \theta_2) + (1 - \frac{v_2^2}{v_1^2}) h_2 \tan(\mu_2 \theta_2) \right] \cos \varphi_2 \tag{6-47}$$

方程 5:

$$y_1 + \left[\frac{v_2^2}{v_1} T_1 \sin(\mu_1 \theta_1) + (1 - \frac{v_2^2}{v_1^2}) h_1 \tan(\mu_1 \theta_1) \right] \sin \varphi_1$$
$$= y_2 + \left[\frac{v_2^2}{v_1} T_2 \sin(\mu_2 \theta_2) + (1 - \frac{v_2^2}{v_1^2}) h_2 \tan(\mu_2 \theta_2) \right] \sin \varphi_2 \tag{6-48}$$

方程 6:

$$v_1 T_2 - \frac{h_2}{\cos \theta_2} = 0 \tag{6-49}$$

方程 7:

$$T_3 - T_2 = a_2 \tag{6-50}$$

方程 8：

$$\left[v_2 T_2 - \frac{v_2}{v_1} \frac{h_2}{\cos(\mu_2 \theta_2)} \right] \sqrt{1 - \frac{v_2^2}{v_1^2} \sin^2(\mu_2 \theta_2)}$$

$$= \left[v_2 T_3 - \frac{v_2}{v_1} \frac{h_3}{\cos(\mu_3 \theta_3)} \right] \sqrt{1 - \frac{v_2^2}{v_1^2} \sin^2(\mu_3 \theta_3)} \tag{6-51}$$

方程 9：

$$x_2 + \left[\frac{v_2^2}{v_1} T_2 \sin(\mu_2 \theta_2) + (1 - \frac{v_2^2}{v_1^2}) h_2 \tan(\mu_2 \theta_2) \right] \cos \varphi_2$$

$$= x_3 + \left[\frac{v_2^2}{v_1} T_3 \sin(\mu_3 \theta_3) + (1 - \frac{v_2^2}{v_1^2}) h_3 \tan(\mu_3 \theta_3) \right] \cos \varphi_3 \tag{6-52}$$

方程 10：

$$y_2 + \left[\frac{v_2^2}{v_1} T_2 \sin(\mu_2 \theta_2) + (1 - \frac{v_2^2}{v_1^2}) h_2 \tan(\mu_2 \theta_2) \right] \sin \varphi_2$$

$$= y_3 + \left[\frac{v_2^2}{v_1} T_3 \sin(\mu_3 \theta_3) + (1 - \frac{v_2^2}{v_1^2}) h_3 \tan(\mu_3 \theta_3) \right] \sin \varphi_3 \tag{6-53}$$

方程 11：

$$v_1 T_3 - \frac{h_3}{\cos \theta_3} = 0 \tag{6-54}$$

方程 12：

$$T_4 - T_3 = a_3 \tag{6-55}$$

方程 13：

$$\left[v_2 T_3 - \frac{v_2}{v_1} \frac{h_3}{\cos(\mu_3 \theta_3)} \right] \sqrt{1 - \frac{v_2^2}{v_1^2} \sin^2(\mu_3 \theta_3)}$$

$$= \left[v_2 T_4 - \frac{v_2}{v_1} \frac{h_4}{\cos(\mu_4 \theta_4)} \right] \sqrt{1 - \frac{v_2^2}{v_1^2} \sin^2(\mu_4 \theta_4)} \tag{6-56}$$

方程 14：

$$x_3 + \left[\frac{v_2^2}{v_1} T_3 \sin(\mu_3 \theta_3) + (1 - \frac{v_2^2}{v_1^2}) h_3 \tan(\mu_3 \theta_3) \right] \cos \varphi_3$$

$$= x_4 + \left[\frac{v_2^2}{v_1} T_4 \sin(\mu_4 \theta_4) + (1 - \frac{v_2^2}{v_1^2}) h_4 \tan(\mu_4 \theta_4) \right] \cos \varphi_4 \tag{6-57}$$

方程 15：

$$y_3 + \left[\frac{v_2^2}{v_1^2}T_3\sin(\mu_3\theta_3) + \left(1-\frac{v_2^2}{v_1^2}\right)h_3\tan(\mu_3\theta_3)\right]\sin\varphi_3$$

$$= y_4 + \left[\frac{v_2^2}{v_1^2}T_4\sin(\mu_4\theta_4) + \left(1-\frac{v_2^2}{v_1^2}\right)h_4\tan(\mu_4\theta_4)\right]\sin\varphi_4 \qquad (6\text{-}58)$$

方程 16：

$$v_1 T_4 - \frac{h_4}{\cos\theta_4} = 0 \qquad (6\text{-}59)$$

二层介质中波前正演法的 16 个非线性方程相对于 16 个未知参数的雅可比行列式是 16 维的，对应一个 16 行 16 列的方阵，图 6-22 给出了这个雅可比行列式对应方阵的取值分布。图中空白代表该分量恒等于 0，"$*$"代表该分量的值有表达式，但该值表达式不一定等于 v_1 或 ± 1。

	F_1	F_2	F_3	F_4	F_5	F_6	F_7	F_8	F_9	F_{10}	F_{11}	F_{12}	F_{13}	F_{14}	F_{15}	F_{16}
T_1	v_1	-1	$*$	$*$	$*$											
θ_1	$*$		$*$	$*$	$*$											
μ_1			$*$		$*$											
φ_1			$*$	$*$												
T_2		1	$*$	$*$	$*$	v_1	-1	$*$	$*$	$*$						
θ_2			$*$	$*$	$*$	$*$		$*$	$*$	$*$						
μ_2			$*$	$*$	$*$			$*$	$*$	$*$						
φ_2			$*$	$*$				$*$	$*$							
T_3						1	$*$	$*$	$*$	v_1	-1	$*$	$*$	$*$		
θ_3							$*$	$*$	$*$	$*$		$*$	$*$	$*$		
μ_3							$*$	$*$	$*$			$*$	$*$			
φ_3							$*$	$*$				$*$	$*$			
T_4										1	$*$	$*$	$*$	v_1		
θ_4											$*$	$*$	$*$	$*$		
μ_4											$*$	$*$	$*$			
φ_4													$*$	$*$		

图 6-22　二层介质波前正演法 16 个非线性方程对于 16 个未知参数的雅可比行列式

分别给出图 6-22 中雅可比行列式的前 5 列的各分量的解析表达式，其余分量的解析表达式与前 5 列规律类似。

雅可比式的第 1 列第 2 行分量表达式为

$$\frac{\partial F_1}{\partial \theta_1} = -h_1 \sec \theta_1 \tan \theta_1 \tag{6-60}$$

雅可比式的第 3 列第 1~3 行、第 5~7 行各分量表达式为

$$\frac{\partial F_3}{\partial T_1} = v_2 \sqrt{1 - \frac{v_2^2}{v_1^2} \sin^2(\mu_1 \theta_1)} \tag{6-61}$$

$$\frac{\partial F_3}{\partial \theta_1} = -\frac{\mu_1}{\sqrt{\frac{v_1^2}{v_2^2} \csc^2(\mu_1 \theta_1) - 1}} \left[\frac{v_2^2}{v_1} T_1 \cos(\mu_1 \theta_1) + h_1 \sec^2(\mu_1 \theta_1) - \frac{v_2^2}{v_1^2} h_1 \tan^2(\mu_1 \theta_1) - \frac{v_2^2}{v_1^2} h_1 \right]$$

$$\tag{6-62}$$

$$\frac{\partial F_3}{\partial \mu_1} = -\frac{\theta_1}{\sqrt{\frac{v_1^2}{v_2^2} \csc^2(\mu_1 \theta_1) - 1}} \left[\frac{v_2^2}{v_1} T_1 \cos(\mu_1 \theta_1) + h_1 \sec^2(\mu_1 \theta_1) - \frac{v_2^2}{v_1^2} h_1 \tan^2(\mu_1 \theta_1) - \frac{v_2^2}{v_1^2} h_1 \right]$$

$$\tag{6-63}$$

$$\frac{\partial F_3}{\partial T_2} = -v_2 \sqrt{1 - \frac{v_2^2}{v_1^2} \sin^2(\mu_2 \theta_2)} \tag{6-64}$$

$$\frac{\partial F_3}{\partial \theta_2} = \frac{\mu_2}{\sqrt{\frac{v_1^2}{v_2^2} \csc^2(\mu_1 \theta_1) - 1}} \left[\frac{v_2^2}{v_1} T_2 \cos(\mu_2 \theta_2) + h_2 \sec^2(\mu_2 \theta_2) - \frac{v_2^2}{v_1^2} h_2 \tan^2(\mu_2 \theta_2) - \frac{v_2^2}{v_1^2} h_2 \right]$$

$$\tag{6-65}$$

$$\frac{\partial F_3}{\partial \mu_2} = \frac{\theta_2}{\sqrt{\frac{v_1^2}{v_2^2} \csc^2(\mu_2 \theta_2) - 1}} \left[\frac{v_2^2}{v_1} T_2 \cos(\mu_2 \theta_2) + h_2 \sec^2(\mu_2 \theta_2) - \frac{v_2^2}{v_1^2} h_2 \tan^2(\mu_2 \theta_2) - \frac{v_2^2}{v_1^2} h_2 \right]$$

$$\tag{6-66}$$

雅可比式的第 4 列第 1~8 行各分量表达式为

$$\frac{\partial F_4}{\partial T_1} = \frac{v_2^2}{v_1} \sin(\mu_1 \theta_1) \cos \varphi_1 \tag{6-67}$$

$$\frac{\partial F_4}{\partial \theta_1} = \mu_1 \left[\frac{v_2^2}{v_1} T_1 \cos(\mu_1 \theta_1) + \left(1 - \frac{v_2^2}{v_1^2}\right) h_1 \sec^2(\mu_1 \theta_1) \right] \cos(\varphi_1 \mu_1) \tag{6-68}$$

$$\frac{\partial F_4}{\partial \mu_1} = \left[\theta_1 \frac{v_2^2}{v_1} T_1 \cos(\mu_1 \theta_1) + \theta_1 \left(1 - \frac{v_2^2}{v_1^2}\right) h_1 \sec^2(\mu_1 \theta_1) \right] \cos \varphi_1 \tag{6-69}$$

$$\frac{\partial F_4}{\partial \varphi_1} = -\left[\frac{v_2^2}{v_1} T_1 \sin(\mu_1 \theta_1) + \left(1 - \frac{v_2^2}{v_1^2}\right) h_1 \tan(\mu_1 \theta_1) \right] \sin(\varphi_1 \mu_2) \tag{6-70}$$

$$\frac{\partial F_4}{\partial T_2} = -\frac{v_2^2}{v_1}\sin(\mu_2\theta_2)\cos\varphi_2 \tag{6-71}$$

$$\frac{\partial F_4}{\partial \theta_2} = -\mu_2\left[\frac{v_2^2}{v_1}T_2\cos(\mu_2\theta_2) + (1-\frac{v_2^2}{v_1^2})h_2\sec^2(\mu_2\theta_2)\right]\cos\varphi_2 \tag{6-72}$$

$$\frac{\partial F_4}{\partial \mu_2} = -\left[\theta_2\frac{v_2^2}{v_1}T_2\cos(\mu_2\theta_2) + \theta_2(1-\frac{v_2^2}{v_1^2})h_2\sec^2(\mu_2\theta_2)\right]\cos\varphi_2 \tag{6-73}$$

$$\frac{\partial F_4}{\partial \varphi_2} = \left[\frac{v_2^2}{v_1}T_2\sin(\mu_2\theta_2) + (1-\frac{v_2^2}{v_1^2})h_2\tan(\mu_2\theta_2)\right]\sin\varphi_2 \tag{6-74}$$

雅可比式的第 5 列第 1~8 行各分量表达式为

$$\frac{\partial F_5}{\partial T_1} = \frac{v_2^2}{v_1}\sin(\mu_1\theta_1)\sin(\varphi_1\mu_1) \tag{6-75}$$

$$\frac{\partial F_5}{\partial \theta_1} = \mu_1\left[\frac{v_2^2}{v_1}T_1\cos(\mu_1\theta_1) + (1-\frac{v_2^2}{v_1^2})h_1\sec^2(\mu_1\theta_1)\right]\sin\varphi_1 \tag{6-76}$$

$$\frac{\partial F_5}{\partial \mu_1} = \left[\theta_1\frac{v_2^2}{v_1}T_1\cos(\mu_1\theta_1) + \theta_1(1-\frac{v_2^2}{v_1^2})h_1\sec^2(\mu_1\theta_1)\right]\sin\varphi_1 \tag{6-77}$$

$$\frac{\partial F_5}{\partial \varphi_1} = \left[\frac{v_2^2}{v_1}T_1\sin(\mu_1\theta_1) + (1-\frac{v_2^2}{v_1^2})h_1\tan(\mu_1\theta_1)\right]\cos(\varphi_1\mu_2) \tag{6-78}$$

$$\frac{\partial F_5}{\partial T_2} = -\frac{v_2^2}{v_1}\sin(\mu_2\theta_2)\sin\varphi_2 \tag{6-79}$$

$$\frac{\partial F_5}{\partial \theta_2} = -\mu_2\left[\frac{v_2^2}{v_1}T_2\cos(\mu_2\theta_2) + (1-\frac{v_2^2}{v_1^2})h_2\sec^2(\mu_2\theta_2)\right]\sin\varphi_2 \tag{6-80}$$

$$\frac{\partial F_5}{\partial \mu_2} = -\left[\theta_2\frac{v_2^2}{v_1}T_2\cos(\mu_2\theta_2) + \theta_2(1-\frac{v_2^2}{v_1^2})h_2\sec^2(\mu_2\theta_2)\right]\sin\varphi_2 \tag{6-81}$$

$$\frac{\partial F_5}{\partial \varphi_2} = -\left[\frac{v_2^2}{v_1}T_2\sin(\mu_2\theta_2) + (1-\frac{v_2^2}{v_1^2})h_2\tan(\mu_2\theta_2)\right]\cos\varphi_2 \tag{6-82}$$

16 个非线性方程分别对第一层介质波速 v_1 求偏导数,16 个表达式分别为

方程 1:

$$\frac{\partial F_1}{\partial v_1} = T_1 \tag{6-83}$$

方程 2:

$$\frac{\partial F_2}{\partial v_1} = 0 \tag{6-84}$$

方程 3:

$$\frac{\partial F_3}{\partial v_1} = \frac{1}{\sqrt{1 - \frac{v_2^2}{v_1^2}\sin^2(\mu_1\theta_1)}}\left[\frac{v_2}{v_1^2}\frac{h_1}{\cos(\mu_1\theta_1)} + \frac{v_2^3}{v_1^3}T_1\sin^2(\mu_1\theta_1) - \frac{2v_2^3}{v_1^4}\sin^2(\mu_1\theta_1)\frac{h_1}{\cos(\mu_1\theta_1)}\right] -$$

$$\frac{1}{\sqrt{1 - \frac{v_2^2}{v_1^2}\sin^2(\mu_2\theta_2)}}\left[\frac{v_2}{v_1^2}\frac{h_2}{\cos(\mu_2\theta_2)} + \frac{v_2^3}{v_1^3}T_2\sin^2(\mu_2\theta_2) - \frac{2v_2^3}{v_1^4}\sin^2(\mu_2\theta_2)\frac{h_2}{\cos(\mu_2\theta_2)}\right]$$

$$(6\text{-}85)$$

方程 4：

$$\frac{\partial F_4}{\partial v_1} = \left[-\frac{v_2^2}{v_1^2}T_1\sin(\mu_1\theta_1) + \frac{2v_2^2}{v_1^3}h_1\tan(\mu_1\theta_1)\right]\cos\varphi_1 +$$

$$\left[\frac{v_2^2}{v_1^2}T_2\sin(\mu_2\theta_2) - \frac{2v_2^2}{v_1^3}h_2\tan(\mu_2\theta_2)\right]\cos\varphi_2 \qquad (6\text{-}86)$$

方程 5：

$$\frac{\partial F_5}{\partial v_1} = \left[-\frac{v_2^2}{v_1^2}T_1\sin(\mu_1\theta_1) + \frac{2v_2^2}{v_1^3}h_1\tan(\mu_1\theta_1)\right]\sin\varphi_1 +$$

$$\left[\frac{v_2^2}{v_1^2}T_2\sin(\mu_2\theta_2) - \frac{2v_2^2}{v_1^3}h_2\tan(\mu_2\theta_2)\right]\sin\varphi_2 \qquad (6\text{-}87)$$

方程 6：

$$\frac{\partial F_6}{\partial v_1} = T_2 \qquad (6\text{-}88)$$

方程 7：

$$\frac{\partial F_7}{\partial v_1} = 0 \qquad (6\text{-}89)$$

方程 8：

$$\frac{\partial F_8}{\partial v_1} = \frac{1}{\sqrt{1 - \frac{v_2^2}{v_1^2}\sin^2(\mu_2\theta_2)}}\left[\frac{v_2}{v_1^2}\frac{h_2}{\cos(\mu_2\theta_2)} + \frac{v_2^3}{v_1^3}T_2\sin^2(\mu_2\theta_2) - \frac{2v_2^3}{v_1^4}\sin^2(\mu_2\theta_2)\frac{h_2}{\cos(\mu_2\theta_2)}\right] -$$

$$\frac{1}{\sqrt{1 - \frac{v_2^2}{v_1^2}\sin^2(\mu_3\theta_3)}}\left[\frac{v_2}{v_1^2}\frac{h_3}{\cos(\mu_3\theta_3)} + \frac{v_2^3}{v_1^3}T_3\sin^2(\mu_3\theta_3) - \frac{2v_2^3}{v_1^4}\sin^2(\mu_3\theta_3)\frac{h_3}{\cos(\mu_3\theta_3)}\right]$$

$$(6\text{-}90)$$

方程 9：

$$\frac{\partial F_9}{\partial v_1} = \left[-\frac{v_2^2}{v_1^2}T_2\sin(\mu_2\theta_2) + \frac{2v_2^2}{v_1^3}h_2\tan(\mu_2\theta_2)\right]\cos\varphi_2 +$$

$$\left[\frac{v_2^2}{v_1^2}T_3\sin(\mu_3\theta_3)-\frac{2v_2^2}{v_1^3}h_3\tan(\mu_3\theta_3)\right]\cos\varphi_3 \qquad (6\text{-}91)$$

方程 10：

$$\frac{\partial F_{10}}{\partial v_1}=\left[-\frac{v_2^2}{v_1^2}T_2\sin(\mu_2\theta_2)+\frac{2v_2^2}{v_1^3}h_2\tan(\mu_2\theta_2)\right]\sin\varphi_2+$$

$$\left[\frac{v_2^2}{v_1^2}T_3\sin(\mu_3\theta_3)-\frac{2v_2^2}{v_1^3}h_3\tan(\mu_3\theta_3)\right]\sin\varphi_3 \qquad (6\text{-}92)$$

方程 11：

$$\frac{\partial F_{11}}{\partial v_1}=T_3 \qquad (6\text{-}93)$$

方程 12：

$$\frac{\partial F_{12}}{\partial v_1}=0 \qquad (6\text{-}94)$$

方程 13：

$$\frac{\partial F_{13}}{\partial v_1}=\frac{1}{\sqrt{1-\frac{v_2^2}{v_1^2}\sin^2(\mu_3\theta_3)}}\left[\frac{v_2}{v_1^2}\frac{h_3}{\cos(\mu_3\theta_3)}+\frac{v_2^3}{v_1^3}T_3\sin^2(\mu_3\theta_3)-\frac{2v_2^3}{v_1^4}\sin^2(\mu_3\theta_3)\frac{h_3}{\cos(\mu_3\theta_3)}\right]-$$

$$\frac{1}{\sqrt{1-\frac{v_2^2}{v_1^2}\sin^2(\mu_4\theta_4)}}\left[\frac{v_2}{v_1^2}\frac{h_4}{\cos(\mu_4\theta_4)}+\frac{v_2^3}{v_1^3}T_4\sin^2(\mu_4\theta_4)-\frac{2v_2^3}{v_1^4}\sin^2(\mu_4\theta_4)\frac{h_4}{\cos(\mu_4\theta_4)}\right]$$

$$(6\text{-}95)$$

方程 14：

$$\frac{\partial F_{14}}{\partial v_1}=\left[-\frac{v_2^2}{v_1^2}T_3\sin(\mu_3\theta_3)+\frac{2v_2^2}{v_1^3}h_3\tan(\mu_3\theta_3)\right]\cos\varphi_3+$$

$$\left[\frac{v_2^2}{v_1^2}T_4\sin(\mu_4\theta_4)-\frac{2v_2^2}{v_1^3}h_4\tan(\mu_4\theta_4)\right]\cos\varphi_4 \qquad (6\text{-}96)$$

方程 15：

$$\frac{\partial F_{15}}{\partial v_1}=\left[-\frac{v_2^2}{v_1^2}T_3\sin(\mu_3\theta_3)+\frac{2v_2^2}{v_1^3}h_3\tan(\mu_3\theta_3)\right]\sin\varphi_3+$$

$$\left[\frac{v_2^2}{v_1^2}T_4\sin(\mu_4\theta_4)-\frac{2v_2^2}{v_1^3}h_4\tan(\mu_4\theta_4)\right]\sin\varphi_4 \qquad (6\text{-}97)$$

方程 16：

$$\frac{\partial F_{16}}{\partial v_1}=T_4 \qquad (6\text{-}98)$$

16 个非线性方程分别对第二层介质波速 v_2 求偏导数，16 个表达式分别为

方程 1：

$$\frac{\partial F_1}{\partial v_2} = 0 \tag{6-99}$$

方程 2：

$$\frac{\partial F_2}{\partial v_2} = 0 \tag{6-100}$$

方程 3：

$$\frac{\partial F_3}{\partial v_2} = \frac{1}{\sqrt{1 - \frac{v_2^2}{v_1^2}\sin^2(\mu_1\theta_1)}}\left[T_1 - \frac{h_1}{v_1 \cdot \cos(\mu_1\theta_1)} - \frac{2v_2^2}{v_1^2}T_1\sin^2(\mu_1\theta_1) + \frac{2v_2^2}{v_1^3}\sin^2(\mu_1\theta_1)\frac{h_1}{\cos(\mu_1\theta_1)}\right] -$$

$$\frac{1}{\sqrt{1 - \frac{v_2^2}{v_1^2}\sin^2(\mu_2\theta_2)}}\left[T_2 - \frac{h_2}{v_1\cos(\mu_2\theta_2)} - \frac{2v_2^2}{v_1^2}T_2\sin^2(\mu_2\theta_2) + \frac{2v_2^2}{v_1^3}\sin^2(\mu_2\theta_2)\frac{h_2}{\cos(\mu_2\theta_2)}\right]$$

$$\tag{6-101}$$

方程 4：

$$\frac{\partial F_4}{\partial v_2} = \left[\frac{2v_2}{v_1}T_1\sin(\mu_1\theta_1) - \frac{2v_2}{v_1^2}h_1\tan(\mu_1\theta_1)\right]\cos\varphi_1 -$$

$$\left[\frac{2v_2}{v_1}T_2\sin(\mu_2\theta_2) - \frac{2v_2}{v_1^2}h_2\tan(\mu_2\theta_2)\right]\cos\varphi_2 \tag{6-102}$$

方程 5：

$$\frac{\partial F_5}{\partial v_2} = \left[\frac{2v_2}{v_1}T_1\sin(\mu_1\theta_1) - \frac{2v_2}{v_1^2}h_1\tan(\mu_1\theta_1)\right]\sin\varphi_1 -$$

$$\left[\frac{2v_2}{v_1}T_2\sin(\mu_2\theta_2) - \frac{2v_2}{v_1^2}h_2\tan(\mu_2\theta_2)\right]\sin\varphi_2 \tag{6-103}$$

方程 6：

$$\frac{\partial F_6}{\partial v_2} = 0 \tag{6-104}$$

方程 7：

$$\frac{\partial F_7}{\partial v_2} = 0 \tag{6-105}$$

方程 8：

$$\frac{\partial F_8}{\partial v_2} = \frac{1}{\sqrt{1 - \dfrac{v_2^2}{v_1^2}\sin^2(\mu_2\theta_2)}}\left[T_2 - \frac{h_2}{v_1 \cdot \cos(\mu_2\theta_2)} - \frac{2v_2^2}{v_1^2}T_2\sin^2(\mu_2\theta_2) + \frac{2v_2^2}{v_1^3}\sin^2(\mu_2\theta_2)\frac{h_2}{\cos(\mu_2\theta_2)}\right] -$$

$$\frac{1}{\sqrt{1 - \dfrac{v_2^2}{v_1^2}\sin^2(\mu_2\theta_2)}}\left[T_3 - \frac{h_2}{v_1\cos(\mu_3\theta_3)} - \frac{2v_2^2}{v_1^2}T_3\sin^2(\mu_3\theta_3) + \frac{2v_2^2}{v_1^3}\sin^2(\mu_3\theta_3)\frac{h_3}{\cos(\mu_3\theta_3)}\right]$$

$$(6\text{-}106)$$

方程 9：

$$\frac{\partial F_9}{\partial v_2} = \left[\frac{2v_2}{v_1}T_2\sin(\mu_2\theta_2) - \frac{2v_2}{v_1^2}h_2\tan(\mu_2\theta_2)\right]\cos\varphi_2 -$$

$$\left[\frac{2v_2}{v_1}T_3\sin(\mu_3\theta_3) - \frac{2v_2}{v_1^2}h_3\tan(\mu_3\theta_3)\right]\cos\varphi_3 \qquad (6\text{-}107)$$

方程 10：

$$\frac{\partial F_{10}}{\partial v_2} = \left[\frac{2v_2}{v_1}T_2\sin(\mu_2\theta_2) - \frac{2v_2}{v_1^2}h_2\tan(\mu_2\theta_2)\right]\sin\varphi_2 -$$

$$\left[\frac{2v_2}{v_1}T_3\sin(\mu_3\theta_3) - \frac{2v_2}{v_1^2}h_3\tan(\mu_3\theta_3)\right]\sin\varphi_3 \qquad (6\text{-}108)$$

方程 11：

$$\frac{\partial F_{11}}{\partial v_2} = 0 \qquad (6\text{-}109)$$

方程 12：

$$\frac{\partial F_{12}}{\partial v_2} = 0 \qquad (6\text{-}110)$$

方程 13：

$$\frac{\partial F_{13}}{\partial v_2} = \frac{1}{\sqrt{1 - \dfrac{v_2^2}{v_1^2}\sin^2(\mu_3\theta_3)}}\left[T_3 - \frac{h_3}{v_1\cos(\mu_3\theta_3)} - \frac{2v_2^2}{v_1^2}T_3\sin^2(\mu_3\theta_3) + \frac{2v_2^2}{v_1^3}\sin^2(\mu_3\theta_3)\frac{h_3}{\cos(\mu_3\theta_3)}\right] -$$

$$\frac{1}{\sqrt{1 - \dfrac{v_2^2}{v_1^2}\sin^2(\mu_4\theta_4)}}\left[T_4 - \frac{h_4}{v_1\cos(\mu_4\theta_4)} - \frac{2v_2^2}{v_1^2}T_4\sin^2(\mu_4\theta_4) + \frac{2v_2^2}{v_1^3}\sin^2(\mu_4\theta_4)\frac{h_4}{\cos(\mu_4\theta_4)}\right]$$

$$(6\text{-}111)$$

方程 14：

$$\frac{\partial F_{14}}{\partial v_2} = \left[\frac{2v_2}{v_1}T_3\sin(\mu_3\theta_3) - \frac{2v_2}{v_1^2}h_3\tan(\mu_3\theta_3)\right]\cos\varphi_3 +$$

$$\left[\frac{2v_2}{v_1}T_4\sin(\mu_4\theta_4)-\frac{2v_2}{v_1^2}h_4\tan(\mu_4\theta_4)\right]\cos\varphi_4 \tag{6-112}$$

方程 15：

$$\frac{\partial F_{15}}{\partial v_2}=\left[\frac{2v_2}{v_1}T_3\sin(\mu_3\theta_3)-\frac{2v_2}{v_1^2}h_3\tan(\mu_3\theta_3)\right]\sin\varphi_3+$$

$$\left[\frac{2v_2}{v_1}T_4\sin(\mu_4\theta_4)-\frac{2v_2}{v_1^2}h_4\tan(\mu_4\theta_4)\right]\sin\varphi_4 \tag{6-113}$$

方程 16：

$$\frac{\partial F_{16}}{\partial v_2}=0 \tag{6-114}$$

16 个非线性方程分别对第一层介质层厚 h_1 求偏导数，16 个表达式分别为

方程 1：

$$\frac{\partial F_1}{\partial h_1}=-\frac{1}{\cos\theta_1} \tag{6-115}$$

方程 2：

$$\frac{\partial F_2}{\partial h_1}=0 \tag{6-116}$$

方程 3：

$$\frac{\partial F_3}{\partial h_1}=-\frac{v_2}{v_1}\frac{1}{\cos(\mu_1\theta_1)}\sqrt{1-\frac{v_2^2}{v_1^2}\sin^2(\mu_1\theta_1)}+\frac{v_2}{v_1}\frac{1}{\cos(\mu_2\theta_2)}\sqrt{1-\frac{v_2^2}{v_1^2}\sin^2(\mu_2\theta_2)}$$

$$\tag{6-117}$$

方程 4：

$$\frac{\partial F_4}{\partial h_1}=(1-\frac{v_2^2}{v_1^2})\tan(\mu_1\theta_1)\cos\varphi_1-(1-\frac{v_2^2}{v_1^2})\tan(\mu_2\theta_2)\cos\varphi_2 \tag{6-118}$$

方程 5：

$$\frac{\partial F_5}{\partial h_1}=(1-\frac{v_2^2}{v_1^2})\tan(\mu_1\theta_1)\sin\varphi_1-(1-\frac{v_2^2}{v_1^2})\tan(\mu_2\theta_2)\sin\varphi_2 \tag{6-119}$$

方程 6：

$$\frac{\partial F_6}{\partial h_1}=-\frac{1}{\cos\theta_2} \tag{6-120}$$

方程 7：

$$\frac{\partial F_7}{\partial h_1}=0 \tag{6-121}$$

方程 8：

$$\frac{\partial F_8}{\partial h_1} = -\frac{v_2}{v_1} \frac{1}{\cos(\mu_2\theta_2)} \sqrt{1 - \frac{v_2^2}{v_1^2}\sin^2(\mu_2\theta_2)} + \frac{v_2}{v_1} \frac{1}{\cos(\mu_3\theta_3)} \sqrt{1 - \frac{v_2^2}{v_1^2}\sin^2(\mu_3\theta_3)}$$

$$(6\text{-}122)$$

方程 9:

$$\frac{\partial F_9}{\partial h_1} = (1 - \frac{v_2^2}{v_1^2})\tan(\mu_2\theta_2)\cos\varphi_2 - (1 - \frac{v_2^2}{v_1^2})\tan(\mu_3\theta_3)\cos\varphi_3 \quad (6\text{-}123)$$

方程 10:

$$\frac{\partial F_{10}}{\partial h_1} = (1 - \frac{v_2^2}{v_1^2})\tan(\mu_2\theta_2)\sin\varphi_2 - (1 - \frac{v_2^2}{v_1^2})\tan(\mu_3\theta_3)\sin\varphi_3 \quad (6\text{-}124)$$

方程 11:

$$\frac{\partial F_{11}}{\partial h_1} = -\frac{1}{\cos\theta_3} \quad\quad (6\text{-}125)$$

方程 12:

$$\frac{\partial F_{12}}{\partial h_1} = 0 \quad\quad (6\text{-}126)$$

方程 13:

$$\frac{\partial F_{13}}{\partial h_1} = -\frac{v_2}{v_1} \frac{1}{\cos(\mu_3\theta_3)} \sqrt{1 - \frac{v_2^2}{v_1^2}\sin^2(\mu_3\theta_3)} + \frac{v_2}{v_1} \frac{1}{\cos(\mu_4\theta_4)} \sqrt{1 - \frac{v_2^2}{v_1^2}\sin^2(\mu_4\theta_4)}$$

$$(6\text{-}127)$$

方程 14:

$$\frac{\partial F_{14}}{\partial h_1} = (1 - \frac{v_2^2}{v_1^2})\tan(\mu_3\theta_3)\cos\varphi_3 - (1 - \frac{v_2^2}{v_1^2})\tan(\mu_4\theta_4)\cos\varphi_4 \quad (6\text{-}128)$$

方程 15:

$$\frac{\partial F_{15}}{\partial h_1} = (1 - \frac{v_2^2}{v_1^2})\tan(\mu_3\theta_3)\sin\varphi_3 - (1 - \frac{v_2^2}{v_1^2})\tan(\mu_4\theta_4)\sin\varphi_4 \quad (6\text{-}129)$$

方程 16:

$$\frac{\partial F_{16}}{\partial h_1} = -\frac{1}{\cos\theta_4} \quad\quad (6\text{-}130)$$

根据上述解析表达式,虽然理论上可以得到波前正演法任意一个未知参数对某一速度结构参数的导数的解析表达式,但波前正演法有 16 个非线性方程,对应 16 维的函数行列式,写出偏导数的具体表达式是困难的,也没有必要。

借助 Matlab 软件行列式函数(det 函数),编写出分子、分母行列式每一个分量表达式,充分借助循环语句和思想,代替重复性的计算,就能自动高效地得到行列式的值,进而得到偏导数,就可以利用式(6-43)计算条件数 C_p。

本节分析选取不同波速比、不同台站间距、不同介质层厚度比、不同震源深度的若干算例,借助 Matlab 等软件解出这些算例对应的 16 维非线性方程组,然后采用前文所述方法计算偏导数以及条件数。

需要指出的是,图 6-23～图 6-26 中没有未知参数 φ_4 相对于速度结构参数的条件数数据,原因是各个算例中预先设计的台站以及震源位置恰好使参数 φ_4 为 0,而 φ_4 相当于式(6-43)分母中的因变量 $f(x)$,因此 φ_4 无法计算条件数,下文分析中将其略去。

从图 6-23(a)可以看出,随着波速比变小,即二层介质波速相差增大,各未知参数对波速 v_1 的条件数明显增大,意味着对参数 v_1 的敏感性增大,即 v_1 的误差所引起的定位参数的相对误差变大。除 μ_4 外,图 6-24(a)中最大条件数也小于 10,图 6-23(b)、(c)中对 v_2、h_1 的条件数变化规律虽有不同,但总体均远远小于 10。对于 μ_4 关于 v_1 的条件数,也是在波速比极小的小范围变化内急剧增加到略高于 10,这种悬殊的波速比只有理论计算意义,在实际岩土工程中不可能遇到如此小的波速比,而观察图中岩土工程中常见的波速比范围,μ_4 关于 v_1 的条件数也远小于 10。因此,在波速比变化过程中,波前正演法总体上不体现病态性。

从图 6-24 中可以看出,除了 μ_1、μ_2、μ_3、μ_4 体现的规律不同外,其余参数都体现出较好的规律性,且图 6-25 三个分图中的条件数最大值均不大于 1.5,远小于 10,可见从台站间距的不同变化角度看,波前正演法也不体现出数值病态性。

从图 6-25(a)中可以看出,与图 6-23 相似,当震源深度增加到相当大的值之后,未知参数 μ_4 对 v_1 的条件数明显大于其他未知参数的条件数,但也不大于 5.5,条件数小于 10。图 6-25(b)对 v_2 的条件数小于 2,图 6-26(c)对 h_1 的条件数小于 0.4。因此,随着埋深增加,虽然未知参数相对于速度结构参数的条件数有增大趋势,但仍远小于判断问题为病态的临界值。

从图 6-26(a)中可以看出,相对于 v_1 的条件数 μ_2、μ_4、T_1、T_2、T_3、T_4 呈先增大、后减小的趋势,存在一个条件数最大的介质层厚度比,该比值大于 0 小于 1,不等于 1。综合观察图 6-26 中相对于 v_1、v_2 和 h_1 的条件数均不大于 2,因此随着介质层厚度比变化,问题也不体现数值病态性。

波前正演法利用了震源坐标的新参数化,是震源定位问题的一种新提法,这种新提法的条件数指标是否合格,还是条件数已达病态,关系未知参数对定位条

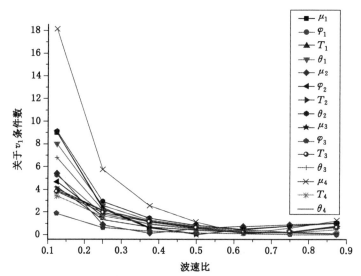

(a) 不同波速比下 16 个未知参数对第一层介质波速 v_1 的条件数

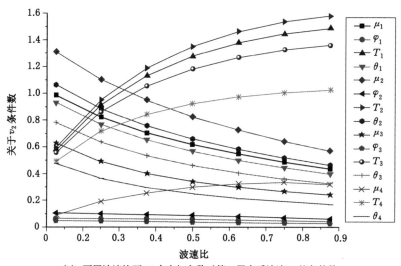

(b) 不同波速比下 16 个未知参数对第二层介质波速 v_2 的条件数

图 6-23 不同波速比下 16 个未知参数对三个速度结构参数的条件数

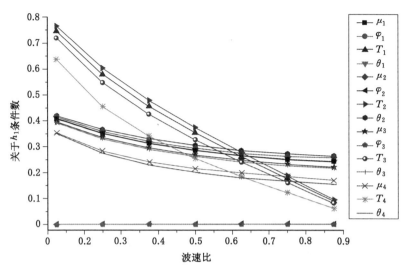

(c) 不同波速比下 16 个未知参数对第一层介质层厚 h_1 的条件数

图 6-23(续)

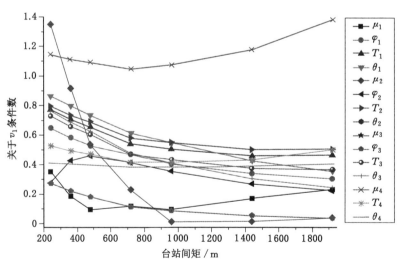

(a) 不同台站间距下 16 个未知参数对第一层介质波速 v_1 的条件数

图 6-24 不同台站间距下 16 个未知参数对三个速度结构参数的条件数

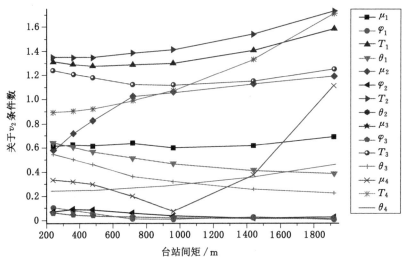

(b) 不同台站间距下16个未知参数对第二层介质波速 v_2 的条件数

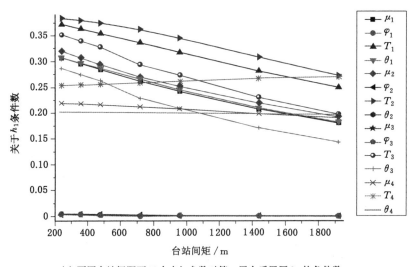

(c) 不同台站间距下16个未知参数对第一层介质层厚 h_1 的条件数

图 6-24(续)

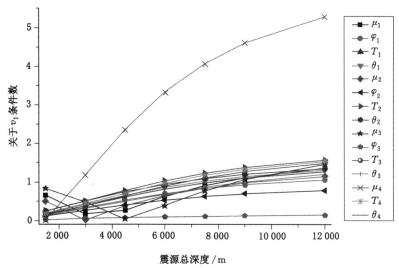

(a) 不同震源深度下 16 个未知参数对第一层介质波速 v_1 的条件数

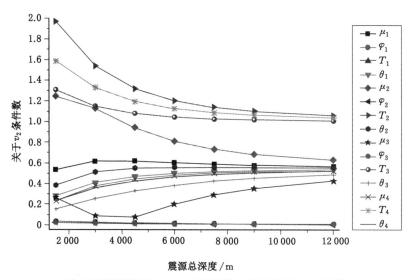

(b) 不同震源深度下 16 个未知参数对第二层介质波速 v_2 的条件数

图 6-25　不同震源深度下 16 个未知参数对三个速度结构参数的条件数

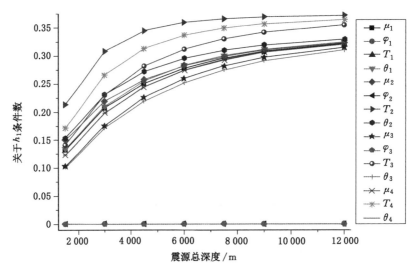

(c) 不同震源深度下 16 个未知参数对第一层介质层厚 h_1 的条件数

图 6-25(续)

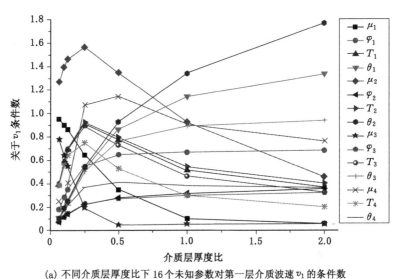

(a) 不同介质层厚度比下 16 个未知参数对第一层介质波速 v_1 的条件数

图 6-26　不同介质层厚度比下 16 个未知参数对三个速度结构参数的条件数

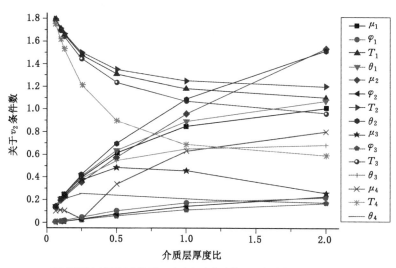

(b) 不同介质层厚度比下16个未知参数对第二层介质波速 v_2 的条件数

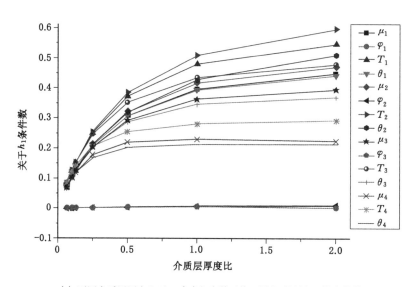

(c) 不同介质层厚度比下16个未知参数对第一层介质层厚 h_1 的条件数

图 6-26(续)

件的敏感性,也直接关系该算法的可行性。综合图 6-23 至图 6-26 的条件数分析比较,可以看出波前正演法各变量的条件数总体上都不高,在岩土工程微震定位中常见的条件参数范围内,所有变量对速度结构参数的条件数都远小于 10,可见波前正演法的提法并不是一个病态问题,利用常规数值解法即可满足计算要求。

6.10　小结

为了从定位模型角度改进震源定位方法,针对二层水平介质中的几何平均法和正反演联用法存在的问题,提出了波前正演法,试图改进前面两种定位方法的不足。

以正反演联用法为雏形,基于二层水平介质中的波前正演法震源定位模型,推导了多层水平介质中的波前分布非线性方程,对台站 1 发出的球面波在 k 层介质中的传播过程进行正演,得到在第 k 层介质中的波阵面方程为

$$x_0 = x_1 + \left[\left(\frac{h_1^1}{v_{\text{层}1}\cos\theta} - \sum_{j=1}^{k-1} \frac{h_1^j}{v_{\text{层}j}\cos\theta_j} \right) \cdot v_k \sin\theta_k + \sum_{j=1}^{k-1} h_1^j \tan\theta_j \right] \cdot \cos\varphi_1$$

$$y_0 = y_1 + \left[\left(\frac{h_1^1}{v_{\text{层}1}\cos\theta} - \sum_{j=1}^{k-1} \frac{h_1^j}{v_j\cos\theta_j} \right) \cdot v_k \sin\theta_k + \sum_{j=1}^{k-1} h_1^j \tan\theta_j \right] \cdot \sin\varphi_1$$

$$h_0 = \left(\frac{h_1^1}{v_{\text{层}1}\cos\theta} - \sum_{j=1}^{k-1} \frac{h_1^j}{v_j\cos\theta_j} \right) \cdot v_k \cos\theta_k$$

仿照二层情形,建立了多层水平介质中的波前正演法,并对比了多层水平波前正演法与多层水平正反演联用法在四层水平横观各向同性介质中震源定位效果。

基于三维地壳速度结构层析成像的研究成果,针对地层构造的多样性,提出了一系列针对性较强的特殊地层结构下的震源定位方法。倾斜产状的地质结构在自然界中广泛存在,本章提出了多层倾斜介质中的震源定位方法。

① 分析推导了三种定位方法采用震波实际走时和台站监测到时的区别,波前正演法基于台站监测到时时差建立定位方案,不但满足了实际工程的现实需要,而且提高了定位精度。

② 正反演联用法的误差主要来源于发震时刻的拟合修正,波前正演法则将发震时刻作为未知变量引入非线性方程组求解,采用未知数个数等于非线性方程个数的适定方程组求解震源参数,波前正演法算法中只含有舍入误差,无论是在

二层水平介质还是多层水平介质中,均不包含模型误差。

③ 波前正演法是基于任意观测系统的定位方法,在台站与震源的水平距离与竖直距离比逐渐增大,观测系统变得更特殊、更不规则的情况下,波前正演法的定位效果均良好,且远优于正反演联用法。介质层的层厚相差较大,介质的非均匀性减弱,性质更趋近于均匀介质的情况下,波前正演法的定位精度仍然很高,非常适用于多层水平介质层厚组合不规则的情形。

④ 为了简化非线性方程组系统的复杂度,本章采用了变量代换的方法,将待解未知数由三维 16 个(二维 9 个)减少为三维 9 个(二维 4 个),从而减小了确定迭代初值的困难。

设 $\dfrac{T_1}{T_2}=m$,简化后的方程为

$$
\begin{cases}
T_1 = \dfrac{ma_1}{1-m} \\[2mm]
T_2 = \dfrac{a_1}{1-m} \\[2mm]
T_3 = \dfrac{a_1}{1-m} + a_2 \\[2mm]
T_4 = \dfrac{a_1}{1-m} + a_2 + a_3 \\[2mm]
\cos\theta_1 = \dfrac{h_1}{v_{层1}} \cdot \dfrac{1-m}{ma_1} \\[2mm]
\cos\theta_2 = \dfrac{h_2}{v_{层1}} \cdot \dfrac{1-m}{a_1} \\[2mm]
\cos\theta_3 = \dfrac{h_3}{v_{层1}} \cdot \dfrac{1-m}{a_1+a_2-ma_2} \\[2mm]
\cos\theta_4 = \dfrac{h_4}{v_{层1}} \cdot \dfrac{1-m}{a_1+a_2+a_3-ma_2-ma_3}
\end{cases}
$$

⑤ 波前正演法对应的非线性系统比正反演联用法更复杂,因此定位误差对于波速的敏感性略高,与经典线性法基本相当。四层介质的波前正演法对应的非线性系统比二层介质情况更复杂,因此定位误差对于波速的敏感性略高于二层介质的波前正演法,但仍然能满足工程所需。

⑥ 在介质层相对于地表平面倾斜,各介质层之间平行的多层倾斜介质中,更适宜采用波前正演法。波前正演法是可应用于不规则观测系统下多层水平介

质中的震源定位方法。

⑦ 通过将台站所在的大地坐标系进行两次旋转,使得新坐标系的坐标轴与倾斜介质的产状平行正交,从而将多层倾斜介质中的震源定位问题转化为不规则观测系统下多层水平介质中的震源定位问题。

第一次旋转后台站的水平坐标由(x_i, y_i)变为

$$\begin{cases} x_i' = x_i \cos \alpha + y_i \sin \alpha \\ y_i' = -x_i \sin \alpha + y_i \cos \alpha \end{cases}$$

第二次旋转后台站的三维坐标由(x_i', y_i', z_i)变为

$$\begin{cases} x_i'' = x_i' \cos \beta + z_i \sin \beta = (x_i \cos \alpha + y_i \sin \alpha) \cos \beta + z_i \sin \beta \\ y_i' = -x_i \sin \alpha + y_i \cos \alpha \\ z_i' = -x_i' \sin \beta + z_i \cos \beta = -(x_i \cos \alpha + y_i \sin \alpha) \sin \beta + z_i \cos \beta \end{cases}$$

⑧ 提出了台站所在大地坐标系的正交旋转变换计算公式,在得到震源坐标计算值后,为了直观了解震源位置,分析推导了将计算坐标重新旋转回原大地坐标系的方法与公式。

将震源坐标旋转回原台站所在大地坐标系,需要旋转两次,两次旋转的公式为

$$\begin{cases} x' = x \cdot \cos(-\beta) + z \cdot \sin(-\beta) \\ z' = -x \cdot \sin(-\beta) + z \cdot \cos(-\beta) \end{cases}$$

$$\begin{cases} x'' = x' \cdot \cos(-\alpha) + y' \cdot \sin(-\alpha) \\ y'' = -x' \cdot \sin(-\alpha) + y' \cdot \cos(-\alpha) \end{cases}$$

⑨ 采用多层水平介质中的波前正演法以及多层倾斜介质中的波前正演法,对四层水平介质、二层倾斜介质和四层倾斜介质中的震源定位问题进行了试算。数值微震试验算例计算结果表明,波前正演法较好地解决了多层水平或倾斜介质中的震源定位问题。

⑩ 计算了波前正演法16个未知参数对3个速度结构参数的条件数。多种定位条件下的条件数计算结果表明,在岩土工程常见的条件参数范围内,条件数均远小于10,因此波前正演法对震源定位问题的新提法是良态的,速度结构条件参数的误差,不会导致待解未知参数的较大误差,因此采用常规数值计算方法即可对问题求解。

7 结论与展望

7.1 主要结论

本书采用理论分析、模型试验、数值计算等方法,研究了矿震波在均匀介质中的传播机理。为了研究矿震波经煤矿采空区的传播规律,将矿震动荷载等效为敲击动荷载,试验分析了敲击动荷载作用下带圆孔介质的加速度分布情况。

为了考察应力波在多层介质中的传播特性是否会对多层介质中的定位算法产生影响,设计了多层介质间波速差异对应力波折射透射效应的影响试验。

基于三维地壳速度结构层析成像的研究成果,针对地层构造的多样性,提出了多层水平或倾斜介质中的三种震源定位方法。如二层水平介质中的几何平均法、正反演联用法,多层水平或倾斜介质中的波前正演法。

① 点源二维横波微分方程与点源球面纵波微分方程一样,其解也是考虑几何衰减的达朗贝尔解:$r\Phi = f_1(r - c_2 t) + f_2(r + c_2 t)$。提出了位移通量源与位移漩涡源的概念,根据 Helmholtz 定理将中心对称点源位移场表示为位移通量源与位移漩涡源的叠加,作为任意中心对称点源位移场的解析表示。

位移通量源激发的点源无旋场的复势为 $W_1 = \Psi + i\Phi = \dfrac{S}{2\pi}(\ln R + i\theta)$;

位移漩涡源激发的点源无散场的复势为 $W_2 = \Psi + i\Phi = \dfrac{\Gamma}{2\pi}(\theta - i \cdot \ln r)$。

② 基于带圆孔圆板动荷载敲击试验,采空区孔洞远离震源的一侧监测到指向圆心的负加速度。在垂直震源与圆孔之间连线方向的圆板边缘处,不但产生径向加速度,而且产生切向加速度。试验结果可以作为采空区、矿震动荷载同时存在导致地表沉陷加剧、中夹岩柱产生侧向动载加速度、地表产生水平剪切加速度加剧建筑物破坏的试验依据。

③ 二层介质敲击试验表明,无论敲击低强度侧,还是敲击高强度侧,随着二层介质强度相差增大,透射信号不断增强,且强度与透射信号呈线性关系,即增

强的速率不会减慢。说明介质层波速相差增大时,震波的折射透射效应不会减弱。根据试验结论,介质层波速相差增大,震波的折射透射效应不会减弱,这种特性对于纵波震相的识别、纵波初至时刻的拾取非常有利,从而证明了研究基于纵波初至时刻的定位算法是合理的。

④ 基于惠更斯原理推导折射定律的过程提出了等时线概念,得到二层水平介质中的走时方程为 $b+a \cdot MN^2 = v_2^2 \cdot (t_1 - t_2)^2$。利用合理的台站布局,将非线性问题简化为线性问题,简化后的线性方程组为 $\begin{cases} m_{11} \cdot a + m_{12} \cdot t_0 = n_1 \\ m_{21} \cdot a + m_{22} \cdot t_0 = n_2 \end{cases}$。求解线性方程组后,取几何平均数对震源深度进行修正,震源深度的修正公式为 $\sqrt{a \cdot a'} = \dfrac{v_1^2}{v_2^2}\left[1 - \left(\dfrac{v_1}{v_2} - \dfrac{v_2}{v_1}\right) \cdot \dfrac{h_1}{h_0 + h_1}\right]^2$。得到了限定条件下二层水平介质中震源深度的解析确定方法——几何平均法。

⑤ 推导得到的三维空间中震源可能位置曲面的参数方程为

$$
\begin{aligned}
x_0 &= x_1 + \left[\frac{v_2}{v_1}\left(\frac{h_1}{\cos\theta} - \frac{h_1}{\cos(\mu\theta)}\right)\sin\theta_2 + h_1\tan(\mu\theta)\right]\cos\varphi \\
&= x_1 + \left[\frac{v_2^2}{v_1}T_1\sin(\mu\theta) + \left(1 - \frac{v_2^2}{v_1^2}\right)h_1\tan(\mu\theta)\right]\cos\varphi \\
y_0 &= y_1 + \left[\frac{v_2}{v_1}\left(\frac{h_1}{\cos\theta} - \frac{h_1}{\cos(\mu\theta)}\right)\sin\theta_2 + h_1\tan(\mu\theta)\right]\sin\varphi \\
&= y_1 + \left[\frac{v_2^2}{v_1}T_1\sin(\mu\theta) + \left(1 - \frac{v_2^2}{v_1^2}\right)h_1\tan(\mu\theta)\right]\sin\varphi \\
h_0 &= \frac{v_2}{v_1}\left(\frac{h_1}{\cos\theta} - \frac{h_1}{\cos(\mu\theta)}\right)\cos\theta_2 \\
&= \left(v_2 T_1 - \frac{v_2}{v_1}\frac{h_1}{\cos(\mu\theta)}\right)\sqrt{1 - \frac{v_2^2}{v_1^2}\sin^2(\mu\theta)}
\end{aligned}
$$

利用该参数方程建立了二层水平介质中的正反演联用法,新方法不但能够确定震源深度,而且能准确计算震源水平坐标。考察了定位结果对定位参数的敏感性。同时,考虑正反演联用法水平、竖直坐标定位偏差,在各种定位条件下,定位精度都不低于几何平均法。

⑥ 针对二层水平介质中的几何平均法和正反演联用法存在的问题,提出了波前正演法,波前正演法基于台站监测到时时差建立定位方案。波前正演法是基于任意观测系统的定位方法,在定位误差分析中,在几何平均法和正反演联用法使用效果不佳的几种定位条件中,波前正演法的定位效果均良好。

⑦ 以正反演联用法为雏形,基于二层水平介质中的波前正演法震源定位模型,推导了多层水平介质中的波前分布非线性方程,对台站 1 发出的球面波在第 k 层介质中的传播过程进行正演,得到在第 k 层介质中的波阵面方程为

$$x_0 = x_1 + \left[\left(\frac{h_1^1}{v_{\text{层}1} \cos \theta} - \sum_{j=1}^{k-1} \frac{h_1^j}{v_{\text{层}j} \cos \theta_j} \right) \cdot v_k \sin \theta_k + \sum_{j=1}^{k-1} h_1^j \tan \theta_j \right] \cdot \cos \varphi_1$$

$$y_0 = y_1 + \left[\left(\frac{h_1^1}{v_{\text{层}1} \cos \theta} - \sum_{j=1}^{k-1} \frac{h_1^j}{v_j \cos \theta_j} \right) \cdot v_k \sin \theta_k + \sum_{j=1}^{k-1} h_1^j \tan \theta_j \right] \cdot \sin \varphi_1$$

$$h_0 = \left(\frac{h_1^1}{v_{\text{层}1} \cos \theta} - \sum_{j=1}^{k-1} \frac{h_1^j}{v_j \cos \theta_j} \right) \cdot v_k \cos \theta_k$$

仿照二层情形,建立了多层水平介质中的波前正演法,该法也是基于任意观测系统的定位方法,有效解决了多层水平介质中的震源定位问题。

⑧ 倾斜产状的地质结构在自然界中广泛存在,本书提出了多层倾斜介质中的震源定位方法。通过将台站所在的大地坐标系进行两次旋转,使得新坐标系的坐标轴与倾斜介质的产状平行正交,从而将多层倾斜介质中的震源定位问题转化为不规则观测系统下多层水平介质中的震源定位问题,利用波前正演法有效解决了多层倾斜介质中的震源定位问题。

⑨ 计算了波前正演法 16 个未知参数对 3 个速度结构参数的条件数。多种定位条件下的条件数计算结果表明,在岩土工程常见的条件参数范围内,条件数均远小于 10,因此波前正演法对震源定位问题的新提法是良态的,速度结构条件参数的误差,不会导致待解未知参数的较大误差,因此采用常规数值计算方法即可对问题求解。

7.2 创新点

① 推导了二维极坐标下的点源横波微分方程,并直接求解,提出了位移通量源与位移漩涡源的概念,得到了点源球面纵波和二维点源横波的叠加传播机理。试验分析了点源波动在带圆孔介质中的传播规律。得到了矿震波在均匀介质中的传播机理以及经煤矿采空区后的传播规律。

② 基于惠更斯原理推导折射定律的过程提出了等时线概念,推导了震源深度与水平坐标分离的走时方程,选取规则观测系统降维降幂,并合理修正,提出了确定二层水平介质中震源深度的解析计算方法——几何平均法。

③ 对二层水平介质中的发震时刻进行反演,根据震波路径可逆性,假设台

站发出震波并对球面波波前面正演模拟,得到了包含震源位置参数的非线性方程组,从而提出了确定二层水平介质中震源三维坐标的方法——正反演联用法。

④ 将发震时刻作为未知数引入多层介质中球面波波前面的正演非线性方程组,基于 4 个监测台站到时时差,提出了多层介质中基于任意观测系统的震源定位方法——波前正演法。该方法有效解决了多层水平或倾斜介质中的震源定位问题。

7.3 展望

本书采用理论推导和试验验证等方法研究复杂介质中球面波传播规律和正反演方法,并将其应用于工程实践。本书的研究工作还有进一步研究、发展的空间。更进一步的研究,可以从以下几个方面展开:使介质的复杂性进一步提高并更加充分地考虑介质复杂性;增大试验模型的尺寸并增加试验对照组的数量;尝试推导建立简洁明了的解析计算方法,来替代复杂敏感的数值迭代计算方法。将上述扩展思路具体应用到本书各章的进一步研究中,具体讨论如下:

① 均匀介质中的纵波、横波生成机理,只考虑了波源效应,但实际矿震问题中,纵波、横波的生成及介质的不均匀性也起到很大的作用,因此下一步研究的重点应放在从介质的不均匀性角度解释纵波、横波的产生机理,并考察其对震波传播规律和震源机理的影响。

② 在矿震波经煤矿采空区后传播规律的试验中,由于人为限制,只设置了两个完全一致的模型相互验证,接下来的研究可以采用不同的采空区圆孔直径,制作一系列圆孔直径由小到大的模型,将比数值模拟方法更有说服力。

③ 充分利用地壳三维速度结构模型改进定位方法,提高定位精度,是震源定位未来的发展方向。本书尝试提出了专门针对水平或倾斜横观各向同性介质的震源定位方法。这是充分利用地壳三维速度结构的第一步。本书提出的三种定位方法,只有几何平均法是解析法,正反演联用法和波前正演法都是数值迭代方法。对于层数较多的波前正演模型,虽然定位参数得到了简化,但数值计算的复杂程度仍应引起注意,数值计算的高复杂性会引起定位结果对定位参数的高敏感性,同时对于一些特定定位条件下的多层介质,当多层介质层厚组合特殊、观测台站与震源相对位置特殊、观测系统自身分布特殊时,定位方程组体现出数值病态性,这都直接影响了定位精度。下一步可考虑建立多层介质中震源定位的解析方法,甚至是多层曲面介质中震源定位的解析法。

④ 下一步研究可以将提出的三种震源定位方法整合到一个程序中,设计图形交互用户界面,使微震试验验证和震源定位等设计计算过程可视化,以利于研究成果的推广应用。

参 考 文 献

[1] 哈里森.工程岩石力学 下卷[M].冯夏庭,译.北京:科学出版社,2009.

[2] 黄理兴.岩石动力学研究成就与趋势[J].岩土力学,2011,32(10):2889-2900.

[3] SIMONS N E,MENZIES B K.A short course in foundation engineering [M].Guildford:IPC Science and Technology Press,1975.

[4] King G J K.An introduction to superstruction-raft-soil interaction [D]. Rookee:University of Rookee,1971.

[5] 丁皓江.横观各向同性弹性力学[M].杭州:浙江大学出版社,1997.

[6] 赵本钧.抚顺龙凤矿冲击地压的防治研究[J].岩石力学与工程学报,1987,6 (1):30-38.

[7] 张少泉,张兆平,杨懋源,等.矿山冲击的地震学研究与开发[J].中国地震, 1993,9(1):1-8.

[8] 潘一山,李忠华,章梦涛.我国冲击地压分布、类型、机理及防治研究[J].岩石 力学与工程学报,2003,22(11):1844-1851.

[9] 叶根喜,姜福兴,郭延华,等.煤矿深部采场爆破地震波传播规律的微震原位 试验研究[J].岩石力学与工程学报,2008,27(5):1053-1058.

[10] 言志信,蔡汉成,王群敏,等.岩土体在地震作用下的破坏研究[J].煤炭学 报,2010,35(10):1621-1626.

[11] 李铁,孙学会,吕毓国,等.强矿震临界破裂阶段的岩体弹性波场[J].煤炭学 报,2011,36(5):747-751.

[12] 杨凯,吕淑然,董华兴.地下采矿爆破振动对地面环境影响的监测与分析 [J].金属矿山,2013(10):144-147.

[13] 余永强,杨小林,王伟.矿山爆破开采对周围建筑物的影响[J].金属矿山, 2004(10):69-72.

[14] 邵良杉,赵琳琳.爆破振动对民房破坏的鱼骨图-SVM预测模型[J].中国安 全科学学报,2014,24(8):56-61.

[15] 姜德义,侯亚彬,任松,等.城市大跨度隧道爆破对地面建筑物影响的研究[J].中国安全科学学报,2008,18(7):99-104.

[16] 叶洲元,周志华.爆破震动安全距离的优化计算[J].中国安全科学学报,2005,15(3):57-60.

[17] 邵良杉,赵琳琳.露天采矿爆破振动对民房破坏的旋转森林预测模型[J].中国安全科学学报,2013,23(2):58-63.

[18] 曾晟,杨仕教,谭凯旋,等.爆破振动对地表建筑稳定性影响试验[J].采矿与安全工程学报,2008,25(2):176-179.

[19] 魏晓刚,麻凤海,刘书贤.爆破开采对采空区地面建筑抗震性能的影响分析[J].中国安全科学学报,2015,25(9):102-108.

[20] 魏晓刚.煤矿巷道与采空区岩体结构地震动力灾变及地面建筑抗震性能劣化研究[D].阜新:辽宁工程技术大学,2015.

[21] 吴浩艺,刘慧,史雅语,等.邻近侧向爆破作用下既有隧道减震问题分析[J].爆破,2002,19(4):74-76.

[22] 王正帅.老采空区残余沉降非线性预测理论及应用研究[D].徐州:中国矿业大学,2011.

[23] 胡聿贤.地震工程学[M].北京:地震出版社,2006.

[24] 欧进萍.结构振动控制:主动、半主动和智能控制[M].北京:科学出版社,2003.

[25] 周福霖.工程结构减震控制[M].北京:地震出版社,1997.

[26] 沈聚敏,周锡元,高小旺,等.抗震工程学[M].北京:中国建筑工业出版社,2000.

[27] 瓦尔夫.土-结构动力相互作用[M].吴世明,唐有职,陈龙珠,等译.北京:地震出版社,1989.

[28] 陈国兴.岩土地震工程学[M].北京:科学出版社,2007.

[29] 中华人民共和国住房和城乡建设部,国家质量监督检验检疫总局.建筑抗震设计规范:GB 50011—2010[S].北京:中国建筑工业出版社,2010.

[30] 张克绪,谢君斐.土动力学[M].北京:地震出版社,1989.

[31] 克拉夫,彭津.结构动力学[M].王光远,等,译.2版.北京:高等教育出版社,2006.

[32] 廖振鹏.工程波动理论导论[M].2版.北京:科学出版社,2002.

[33] 钱家欢,殷宗泽.土工原理与计算[M].2版.北京:中国水利水电出版

社,1996.

[34] 庄海洋.土-地下结构非线性动力相互作用及其大型振动台试验研究[D].南京:南京工业大学,2006.

[35] 王璐.地下建筑结构实用抗震分析方法研究[D].重庆:重庆大学,2011.

[36] 李彬.地铁地下结构抗震理论分析与应用研究[D].北京:清华大学,2005.

[37] 耿萍.铁路隧道抗震计算方法研究[D].成都:西南交通大学,2012.

[38] 严松宏.地下结构随机地震响应分析及其动力可靠度研究[D].成都:西南交通大学,2003.

[39] 孙超.地铁地下结构抗震性能及分析方法研究[D].哈尔滨:中国地震局工程力学研究所,2009.

[40] 张波.地铁车站地震破坏机理及密贴组合结构的地震响应研究[D].北京:北京工业大学,2012.

[41] 姜耀东,赵毅鑫,宋彦琦,等.放炮震动诱发煤矿巷道动力失稳机理分析[J].岩石力学与工程学报,2005,24(17):3131-3136.

[42] 李华晔.地下洞室围岩稳定性分析[M].北京:中国水利水电出版社,1999.

[43] 章梦涛.积极开展矿山岩体变形稳定性的研究[J].岩石力学与工程学报,1993,12(3):290-291.

[44] 许增会,宋宏伟,赵坚.地震对隧道围岩稳定性影响的数值模拟分析[J].中国矿业大学学报,2004,33(1):41-44.

[45] 田玥,陈晓非.地震定位研究综述[J].地球物理学进展,2002,17(1):147-155.

[46] 朱元清,赵仲和.提高地震定位精度新方法的研究[J].地震地磁观测与研究,1997,18(5):59-67.

[47] 杨文东,金星,李山有,等.地震定位研究及应用综述[J].地震工程与工程振动,2005,25(1):14-20.

[48] 李楠.微震震源定位的关键因素作用机制及可靠性研究[D].徐州:中国矿业大学,2014.

[49] 傅淑芳,刘宝诚.地震学教程[M].北京:地震出版社,1991.

[50] GEIGER L. Probability method for the determination of earthquake epicenters from arrival time only[J]. Bulletin of St. Louis University, 1912,8(1):56-71.

[51] LEE W H K,LAHR J C.HYPO 71(revised):A computer program for

determining hypocenter, magnitude, and first-motion pattern of local earthquakes[R].[S. l.]: United States Geological Survey Open File Report, 1975.

[52] LAHR J C.HYPOELLIPSE: A computer program for determining local earthquake hypocentral parameters, magnitude, and first-motion pattern [R].[S.l.: s.n.], 1989.

[53] KLEIN F W. Hypocenter location program HYPOINVERSE: Part Ⅰ. Users guide to versions 1, 2, 3 and 4[R].[S.l.]: United States Geological Survey Open File Report, 1978.

[54] LIENERT B R, BERG E, FRAZER L N.HYPOCENTER: An earthquake location method using centered, scaled, and adaptively damped least squares[J].Bulletin of the Seismological Society of America, 1986, 76(3): 771-783.

[55] NELSON G D, VIDALE J E.Earthquake locations by 3-D finite-difference travel times[J].Bulletin of the Seismological Society of America, 1990, 80 (2):395-410.

[56] 赵仲和.多重模型地震定位程序及其在北京台网的应用[J].地震学报, 1983, 5(2):242-254.

[57] 吴明熙, 王鸣, 孙次昌, 等.1985 年禄劝地震部分余震的精确定位[J].地震学报, 1990, 12(2):121-129.

[58] 赵卫明, 金延龙, 任庆维, 等.1988 年灵武地震序列的精确定位和发震构造 [J].地震学报, 1992, 14(4):416-422.

[59] PRUGGER A F, GENDZWILL D J. Microearthquake location: A nonlinear approach that makes use of a simplex stepping procedure[J]. Bulletin of the Seismological Society of America, 1988, 78(2):799-815.

[60] DOUGLAS A.Joint epicentre determination[J].Nature, 1967, 215:47-48.

[61] DEWEY J W.Seismicity and tectonics of western Venezuela[J].Bulletin of the Seismological Society of America, 1972, 62(6):1711-1751.

[62] PAVLIS G L, BOOKER J R.Progressive multiple event location (PMEL) [J]. Bulletin of the Seismological Society of America, 1983, 73 (6): 1753-1777.

[63] PUJOL J.Comments on the joint determination of hypocenter and station

corrections[J].Bulletin of the Seismological Society of America，1988，78 (3)：1179-1189.

[64] PUJOL J.Joint event location-the JHD technique and applications to data from local seismic networks [J]//THURBER C，RABINOWITZ N. Advances in seismic event location.[S.l.]：Kluwer Academic Publishers，2000，163-204.

[65] 王椿镛，王溪莉，颜其中.昆明地震台网多事件定位问题的初步研究[J].地震学报，1993，15(2)：136-145.

[66] CROSSON R S.Crustal structure modeling of earthquake data：1.Simultaneous least squares estimation of hypocenter and velocity parameters[J].Journal of Geophysical Research Atmospheres，1976，81(17)：3036-3046.

[67] AKI K，LEE W H K. Determination of three-dimensional velocity anomalies under a seismic array using first P arrival times from local earthquakes：1. A homogeneous initial model[J].Journal of Geophysical Research Atmospheres，1976，81(23)：4381-4399.

[68] AKI K，CHRISTOFFERSSON A，HUSEBYE E S.Determination of the three-dimensional seismic structure of the lithosphere [J]. Journal of Geophysical Research Atmospheres，1977，82(2)：277-296.

[69] PAVLIS G L，BOOKER J R. The mixed discrete-continuous inverse problem：Application to the simultaneous determination of earthquake hypocenters and velocity structure[J].Journal of Geophysical Research Atmospheres，1980，85(B9)：4801-4810.

[70] SPENCER C，GUBBINS D. Travel-time inversion for simultaneous earthquake location and velocity structure determination in laterally varying media[J].Geophysical Journal International，1980，63(1)：95-116.

[71] 赵仲和.北京地区地震参数与速度结构的联合测定[J].地球物理学报，1983，26(2)：131-139.

[72] 刘福田.震源位置和速度结构的联合反演（Ⅰ）：理论和方法[J].地球物理学报，1984，27(2)：167-175.

[73] 李强，刘福田.一种横向不均匀介质中地震基本参数的测定方法[J].中国地震，1991，7(3)：54-63.

[74] 孙若昧，郑斯华，马林，等.阻尼最小二乘法联合测定震源位置和介质速度

参数[J].地震,1986,6(4):29-37.

[75] 郭贵安,冯锐.新丰江水库三维速度结构和震源参数的联合反演[J].地球物理学报,1992,35(3):331-342.

[76] 赵燕来,孙若昧,梅世蓉.渤海地区地震参数的修定[J].中国地震,1993,9(2):129-137.

[77] 朱元清,范长青,浦小峰.南黄海地震序列时空参数的精细测定和分析[J].中国地震,1995,11(1):54-61.

[78] 周仕勇,许忠淮,韩京,等.主地震定位法分析以及 1997 年新疆伽师强震群高精度定位[J].地震学报,1999,21(3):258-265.

[79] WALDHAUSER F.A double-difference earthquake location algorithm: Method and application to the northern Hayward fault, California[J]. Bulletin of the Seismological Society of America,2000,90(6):1353-1368.

[80] 杨智娴,陈运泰,郑月军,等.双差地震定位法在我国中西部地区地震精确定位中的应用[J].中国科学(D辑),2003,33(增刊):129-134.

[81] SPENCE W.Relative epicenter determination using P-wave arrival-time differences[J].Bulletin of the Seismological Society of America,1980,70(1):171-183.

[82] LOMNITZ C.A fast epicenter location program[J].Bulletin of the Seismological Society of America,1977,67(2):425-431.

[83] CARZA T,LOMNITZ C,VELASCO C.An interactive epicenter location procedure for the RESMAC seismic array: II [J]. Bulletin of the Seismological Society of America,1979,69(4):1215-1236.

[84] ROMNEY C.Seismic waves from the dixie valley-fairview peak earthquakes[J].Bulletin of the Seismological Society of America,1957,47(4):301-319.

[85] 赵珠,曾融生.一种修定震源参数的方法[J].地球物理学报,1987,30(4):379-388.

[86] 丁志峰,曾融生.京津唐地区震源深度分布初探[J].地震学报,1990,12(3):242-247.

[87] LEE W H K,STEWART S W.Principles and applications of microearthquake networks[M]. New York:Academic Press,1981.

[88] THURBER C H.Nonlinear earthquake location:theory and examples[J].

Bulletin of the Seismological Society of America,1985,75(3):779-790.

[89] 赵珠,丁志峰,易桂喜,等.西藏地震定位:一种使用单纯形优化的非线性方法[J].地震学报,1994,16(2):212-219.

[90] BILLINGS S D, SAMBRIDGE M S, KENNETT B L N. Errors in hypocenter location: Picking, model, and magnitude dependence [J]. Bulletin of the Seismological Society of America,1994,84(6):1978-1990.

[91] XIE Z, SPENCER T W, RABINOWITZ P D, et al. A new regional hypocenter location method[J].Bulletin of the Seismological Society of America,1996,86(4):946-958.

[92] WAN Y G,LIU R F,LI H J.The inversion of 3-D crustal structure and hypocenter location in the Beijing-Tianjin-Tangshan-Zhangjiakou area by genetic algorithm[J].Acta Seismologica Sinica,1997,10(6):769-781.

[93] POWELL M J D.An efficient method for finding the minimum of a function of several variables without calculating derivatives [J]. The Computer Journal,1964,7(2):155-162.

[94] 唐国兴.用计算机确定地震参数的一个通用方法[J].地震学报,1979,1(2):186-196.

[95] 汪素云,许忠淮,俞言祥,等.北京西北地区现代微震重新定位[J].地震学报,1994,16(1):24-31.

[96] 严尊国,薛军蓉.长江三峡地区弱震重新定位[J].中国地震,1987,3(1):52-59.

[97] 汪素云,高阿甲,许忠淮,等.青藏高原东北地区地震重新定位及其活动特征[J].地震学报,2000,22(3):241-248.

[98] TARANTOLA A,VALETTE B.Inverse problems=Quest for information[J]. Journal of Geophysics,1982,50:159-170.

[99] MATSU'URA M.Bayesian estimation of hypocenter with origin time eliminated[J].Journal of Physics of the Earth,1984,32(6):469-483.

[100] JACKSON D D, MATSU'URA M. A Bayesian approach to nonlinear inversion[J]. Journal of Geophysical Research: Solid Earth, 1985, 90 (B1):581-591.

[101] INGLADA V.Die berechnung der herdkoordinaten eines nahbebens aus den eintrittszeiten der in einigen benachbarten stationen aufgezeichneten

P-Oder S-wellen[J].Gerlands Beitrage zur Geophysik,1928,19:73-98.

[102] LEIGHTON F,BLAKE W.Rock noise source location techniques[R].
[S.l.:s.n.],1970.

[103] LEIGHTON F,DUVALL W I.Least squares method for improving rock
noise source location techniques[R].[S.l.:s.n.],1972.

[104] ENGDAHL E R,VAN DER HILST R,BULAND R. Global teleseismic
earthquake relocation with improved travel times and procedures for
depth determination [J]. Bulletin of the Seismological Society of
America,1998,88(3):722-743.

[105] 赵爱华,丁志峰,孙为国,等.复杂介质地震定位中震源轨迹的计算[J].地
球物理学报,2008,51(4):1188-1195.

[106] 赵爱华,丁志峰,白志明.基于射线追踪技术计算地震定位中震源轨迹的
改进方法[J].地球物理学报,2015,58(9):3272-3285.

[107] 周建超,赵爱华.三维复杂速度模型的交切法地震定位[J].地球物理学报,
2012,55(10):3347-3354.

[108] 陈棋福,张跃勤,周静.数字观测时代的全球三维结构与地震定位研究[J].
地震,2001,21(2):29-40.

[109] JEFFREYS H,BULLEN K E.Seismological tables[M].London:British
Association for the Advancement of Science,1940.

[110] LAY T,WALLACE T C.Modern global seismicity[M].San Diego:
Academic Press,1995.

[111] SU W J,WOODWARD R L,DZIEWONSKI A M.Degree 12 model of
shear velocity heterogeneity in the mantle[J].Journal of Geophysical
Research Atmospheres,1994,99(B4):6945-6980.

[112] BIJWAARD H, SPAKMAN W, ENGDAHL E R. Closing the gap
between regional and global travel time tomography[J].Journal of
Geophysical Research:Solid Earth,1998,103(B12):30055-30078.

[113] KÁRASON H, VAN DER HILST R D. New constraints on 3D
variations in mantle P wave speed[J]. Eos, Transactions, American
Geophysical Union,1999,80:731.

[114] SU W J,DZIEWONSKI A M.Simultaneous inversion for 3-D variations
in shear and bulk velocity in the mantle[J].Physics of the Earth and

Planetary Interiors,1997,100(1/2/3/4):135-156.

[115] KENNETT B L N,WIDIYANTORO S,VAN DER HILST R D.Joint seismic tomography for bulk sound and shear wave speed in the Earth's mantle[J].Journal of Geophysical Research:Solid Earth,1998,103(B6): 12469-12493.

[116] ASAD A M, PULLAMMANAPPALLIL S, ANOOSHEHPOOR A, et al.Inversion of travel-time data for earthquake locations and three-dimensional velocity structure in the Eureka Valley area, eastern California[J].Bulletin of the Seismological Society of America,1999,89: 796-810.

[117] DODGE D A,BEROZA G C,ELLSWORTH W L.Detailed observations of California foreshock sequences: implications for the earthquake initiation process [J]. Journal of Geophysical Research: Solid Earth, 1996,101(B10):22371-22392.

[118] DZIEWONSKI A M, HAGER B H, O'CONNELL R J. Large-scale heterogeneities in the lower mantle[J].Journal of Geophysical Research Atmospheres,1977,82(2):239-255.

[119] CLAYTON R W,CORNER R P.A tomographic analysis of mantle heterogeneities from body wave travel time data[J].Eos,Transactions, American Geophysical Union,1983,64:776.

[120] NOLET G. Solving or resolving inadequate and noisy tomographic systems[J].Journal of Computational Physics,1985,61(3):463-482.

[121] DREGER D,UHRHAMMER R,PASYANOS M,et al.Regional and far-regional earthquake locations and source parameters using sparse broadband networks:A test on the Ridgecrest sequence[J].Bulletin of the Seismological Society of America,1998,88:1353-1362.

[122] MOONEY W D, LASKE G, MASTERS T G. CRUST 5.1: A global crustal model at $5° \times 5°$ [J]. Journal of Geophysical Research: Solid Earth,1998,103(B1):727-747.

[123] SMITH G P,EKSTRÖM G.Improving teleseismic event locations using a three-dimensional Earth model [J]. Bulletin of the Seismological Society of America,1996,86(3):788-796.

[124] 曹雷,张金海,姚振兴.利用三维高斯射线束成像进行地震定位[J].地球物理学报,2015,58(2):481-494.

[125] 金星,杨文东,李山有,等.一种新地震定位方法研究[J].地震工程与工程振动,2007,27(2):20-25.

[126] 谭玉阳,何川,张洪亮.基于初至旅行时差的微地震速度模型反演[J].石油地球物理勘探,2015,50(1):54-60.

[127] 赵忠,谭玉阳,张洪亮,等.基于Occam反演算法的微地震速度模型反演[J].北京大学学报(自然科学版),2015,51(1):43-49.

[128] 邓文泽,陈九辉,郭飚,等.龙门山断裂带精细速度结构的双差层析成像研究[J].地球物理学报,2014,57(4):1101-1110.

[129] 王小娜,于湘伟,章文波.芦山震区地壳三维P波速度精细结构及地震重定位研究[J].地球物理学报,2015,58(4):1179-1193.

[130] 王小娜,于湘伟,章文波.昭通地区地震层析成像及彝良震区构造分析[J].地球物理学进展,2014,29(4):1573-1580.

[131] 许力生,杜海林,严川,等.一种确定震源中心的方法:逆时成像技术(一):原理与数值实验[J].地球物理学报,2013,56(4):1190-1206.

[132] 李志伟,胥颐,郝天珧,等.利用DE算法反演地壳速度模型和地震定位[J].地球物理学进展,2006,21(2):370-378.

[133] 白超英,赵瑞,李忠生.三维复杂速度模型中地震的快速精确定位[J].地震学报,2009,31(4):385-395.

[134] 李文军,陈棋福.用震源扫描算法(SSA)进行微震的定位[J].地震,2006,26(3):107-115.

[135] 王培德,李春来,WETZIG E,等.用地震层析成像方法研究北京西北地区的活动断裂[J].地震学报,2007,29(1):11-19.

[136] 周龙泉,刘杰,张晓东.2003年大姚6.2和6.1级地震前三维波速结构的演化[J].地震学报,2007,29(1):20-30.

[137] 王长在,吴建平,房立华,等.2009年姚安地震序列定位及震源区三维P波速度结构研究[J].地震学报,2011,33(2):123-133.

[138] 叶秀薇,黄元敏,胡秀敏,等.广东东源MS4.8地震序列震源位置及周边地区P波三维速度结构[J].地震学报,2013,35(6):809-819.

[139] 赵珠,范军,郑斯华,等.龙门山断裂带地壳速度结构和震源位置的精确修定[J].地震学报,1997,19(6):615-622.

[140] 梁建宏,韩雪君,孙丽,等.中国地震台网初至P波区域三维走时表的建立[J].地震学报,2015,37(1):125-133.

[141] 杨智娴,于湘伟,郑月军,等.中国中西部地区地震的重新定位和三维地壳速度结构[J].地震学报,2004,26(1):19-29.

[142] 周龙泉,刘杰,马宏生,等.2003年大姚6.2级、6.1级地震序列震源位置及震源区速度结构的联合反演[J].地震,2009,29(2):12-24.

[143] 马宏生,张国民,周龙泉,等.川滇地区中小震重新定位与速度结构的联合反演研究[J].地震,2008,28(2):29-38.

[144] 王亮,周龙泉,焦明若,等.海城盖州地区速度结构和震源位置的联合反演研究[J].地震,2014,34(3):13-26.

[145] 张小涛,韩丽萍,王晓山,等.晋冀鲁豫交界地区震源位置及震源区速度结构的联合反演[J].地震,2011,31(4):26-35.

[146] 王亮,周龙泉,黄金水,等.紫坪铺水库地区震源位置和速度结构的联合反演[J].地震地质,2015,37(3):748-764.

[147] 王小龙,马胜利,雷兴林,等.重庆荣昌诱发地震区精细速度结构及2010年ML5.1地震序列精确定位[J].地震地质,2012,34(2):348-358.

[148] 潘一山,赵扬锋,官福海,等.矿震监测定位系统的研究及应用[J].岩石力学与工程学报,2007,26(5):1002-1011.

[149] 潘一山,贾宝新,王帅,等.矿震震波传播规律的三维模型及其应用[J].煤炭学报,2012,37(11):1810-1814.

[150] 王保国,刘淑艳,王新泉.流体力学[M].北京:机械工业出版社,2012.

[151] 张伯军,刘财,冯晅.弹性动力学简明教程[M].北京:科学出版社,2010.

[152] 车向凯,谢彦红,缪淑贤.数理方程[M].北京:高等教育出版社,2006.

[153] 徐芝纶.弹性力学:上册[M].4版.北京:高等教育出版社,2006.

[154] KOSHLYAKOV N S.Differential equations of mathematical physics[M].Amsterdam:North-Holland Publishing Company,1964.

[155] 吴崇试.数学物理方法专题:数理方程与特殊函数[M].北京:北京大学出版社,2012.

[156] 路宏敏,赵永久,朱满座.电磁场与电磁波基础[M].2版.北京:科学出版社,2012.

[157] 吴望一.流体力学[M].北京:北京大学出版社,1982.

[158] 符果行.电磁场与电磁波基础教程[M].2版.北京:电子工业出版社,2012.

[159] 刘晶波,谷音,杜义欣.一致黏弹性人工边界及黏弹性边界单元[J].岩土工程学报,2006,28(9):1070-1075.

[160] 刘晶波,李彬.三维黏弹性静-动力统一人工边界[J].中国科学 e 辑:工程科学 材料科学,2005,35(9):966-980.

[161] 刘晶波,王振宇,杜修力,等.波动问题中的三维时域黏弹性人工边界[J].工程力学,2005,22(6):46-51.

[162] 丁红旗,李国臻,贾宝新.微震振源激振模型及振动周期与震级的关系[J].辽宁工程技术大学学报(自然科学版),2009,28(3):352-354.

[163] 贾宝新,李国臻.矿山地震监测台站的空间分布研究与应用[J].煤炭学报,2010,35(12):2045-2048.

[164] 贾宝新.矿震监测的理论与应用研究[D].阜新:辽宁工程技术大学,2013.

[165] 贾宝新,赵培,姜明,等.非均匀介质条件下矿震震波三维传播模型构建及其应用[J].煤炭学报,2014,39(2):364-370.

[166] 张向东,王帅,赵彪,等.二层水平介质中震源的精确定位[J].岩土工程学报,2014,36(6):1044-1050.

[167] 黄琼,陈洁,孟升卫,等.一种快速超宽带穿墙雷达成像算法[J].电子与信息学报,2009,31(8):2001-2005.

[168] 金添,周智敏,常文革.基于两层均匀媒质的 GPEN SAR 地下目标成像方法及其性能分析[J].信号处理,2006,22(2):238-243.

[169] 田玥,陈晓非.水平层状介质中的快速两点间射线追踪方法[J].地震学报,2005,27(2):147-154.

[170] 赵近芳.大学物理学[M].2 版.北京:北京邮电大学出版社,2006.

[171] 张明新,王光力,吴仁彪.探地雷达成像中多层介质分界面折射点确定[J].中国民航学院学报,2002,20(6):20-24.

[172] 韩志勇,陈佳.一种有效确定多层介质分界面折射点位置的方法[J].河北师范大学学报(自然科学版),2010,34(1):50-53.

[173] 张向东,王帅,贾宝新.二层水平介质球面波正反演联用与震源定位[J].岩土工程学报,2015,37(2):225-234.

[174] ZADEH L A.Outline of a new approach to the analysis of complex systems and decision processes[J].IEEE Transactions on Systems, Man,and Cybernetics,1973,3(1):28-44.

[175] 曾繁慧.数值分析[M].徐州:中国矿业大学出版社,2009.

[176] 李庆扬,王能超,易大义.数值分析[M].5 版.北京:清华大学出版社,2008.
[177] 同济大学应用数学系.高等数学[M].5 版.北京:高等教育出版社,2002.

附　　录

附录 A　第 5 章数值微震试验 Matlab 函数体

（1）数值微震试验算例 5.3 中，M 函数体为

```
function q＝myfun_correct1440(p)
m1＝p(1);
n1＝p(2);
m2＝p(3);
n2＝p(4);
m3＝p(5);
n3＝p(6);
a1＝11733.517;
a2＝10703.668;
a3＝14368.34;
b＝－3000;
c1＝1.2229183;
c2＝1.1877975;
c3＝1.2886791;
d＝2000;
e＝4;
f1＝5866.758414;
f2＝5351.833814;
f3＝7184.170179;
q(1)＝(a1＊sin(m1＊c1)＋b＊tan(m1＊c1))＊cos(n1)＋200－(a2＊sin
(m2＊c2)＋b＊tan(m2＊c2))＊cos(n2)－3080;
```

$q(2) = (a1 * \sin(m1 * c1) + b * \tan(m1 * c1)) * \sin(n1) + 4000 - (a2 * \sin(m2 * c2) + b * \tan(m2 * c2)) * \sin(n2) - 1120;$

$q(3) = (f1 - d/\cos(m1 * c1)) * (1 - e * (\sin(m1 * c1))^2)^{0.5} - (f2 - d/\cos(m2 * c2)) * (1 - e * (\sin(m2 * c2))^2)^{0.5};$

$q(4) = (a1 * \sin(m1 * c1) + b * \tan(m1 * c1)) * \cos(n1) + 200 - (a3 * \sin(m3 * c3) + b * \tan(m3 * c3)) * \cos(n3) - 3800;$

$q(5) = (a1 * \sin(m1 * c1) + b * \tan(m1 * c1)) * \sin(n1) + 4000 - (a3 * \sin(m3 * c3) + b * \tan(m3 * c3)) * \sin(n3) - 4000;$

$q(6) = (f1 - d/\cos(m1 * c1)) * (1 - e * (\sin(m1 * c1))^2)^{0.5} - (f3 - d/\cos(m3 * c3)) * (1 - e * (\sin(m3 * c3))^2)^{0.5};$

end

其中，

$m_i = \mu_i$

$n_i = \varphi_i$

$a_i = \dfrac{v_2^2}{v_1} \cdot t_i$

$b = \left(1 - (\dfrac{v_2}{v_1})^2\right) \cdot h_1$

$c_i = \theta_i$

$d = \dfrac{v_2}{v_1} \cdot h_1$

$e = (\dfrac{v_2}{v_1})^2$

$f_i = v_2 \cdot t_i$

（2）数值微震试验算例 5.6 中，M 函数体为

function q＝myfun_correct5(p)

m1＝p(1);

n1＝p(2);

m2＝p(3);

n2＝p(4);

m3＝p(5);

n3＝p(6);

a1＝718.5670758;

a2＝1314.636957；

a3＝1975.86959；

b＝450；

c1＝1.360500949；

c2＝1.456447349；

c3＝1.494807275；

d＝300；

e＝0.25；

f1＝1437.134152；

f2＝2629.273913；

f3＝3951.739179；

q(1)＝(a1 * sin(m1 * c1)＋b * tan(m1 * c1)) * cos(n1)－15875－(a2 * sin(m2 * c2)＋b * tan(m2 * c2)) * cos(n2)＋17875；

q(2)＝(a1 * sin(m1 * c1)＋b * tan(m1 * c1)) * sin(n1)＋4420814－(a2 * sin(m2 * c2)＋b * tan(m2 * c2)) * sin(n2)－4422814；

q(3)＝(f1－d/cos(m1 * c1)) * (1－e * (sin(m1 * c1))^2)^0.5－(f2－d/cos(m2 * c2)) * (1－e * (sin(m2 * c2))^2)^0.5；

q(4)＝(a1 * sin(m1 * c1)＋b * tan(m1 * c1)) * cos(n1)－15875－(a3 * sin(m3 * c3)＋b * tan(m3 * c3)) * cos(n3)＋20255；

q(5)＝(a1 * sin(m1 * c1)＋b * tan(m1 * c1)) * sin(n1)＋4420814－(a3 * sin(m3 * c3)＋b * tan(m3 * c3)) * sin(n3)－4423910；

q(6)＝(f1－d/cos(m1 * c1)) * (1－e * (sin(m1 * c1))^2)^0.5－(f3－d/cos(m3 * c3)) * (1－e * (sin(m3 * c3))^2)^0.5；

end

函数体中符号含义同前。

附录 B　第 6 章 6.4 节数值微震试验 Matlab 函数体

数值微震试验算例 6.4 中，M 函数体为

％a1＝t2－t1

％a2＝t3－t2

％a3＝t4－t3

```
%a＝v2＊v2/v1
%b＝(1－(v2/v1)＾2)h1
%d＝(v2/v1)＊h1
%e＝(v2/v1)＾2
%f＝v2
%g＝h1/v1
%h＝h1/v1/a1
%i＝a1＋a2
%j＝a1＋a2＋a3
function w＝equation(p)
m1＝p(1);
f1＝p(2);
m2＝p(3);
f2＝p(4);
m3＝p(5);
f3＝p(6);
m4＝p(7);
f4＝p(8);
m＝p(9);
a＝1125;
b＝450;
d＝300;
e＝0.25;
f＝2250;
g＝0.1333333;
h＝0.251648347;
i＝1.117602234;
j＝1.857410477;
a1＝0.529839894;
a2＝0.58776234;
a3＝0.739808243;
x1＝－15875;
```

y1＝4420814；

x2＝－17875；

y2＝4422814；

x3＝－20255；

y3＝4423910；

x4＝－24070；

y4＝4420580；

w(1)＝(a＊m＊a1/(1－m)＊sin(m1＊acos(h＊(1－m)/m))＋b＊tan(m1＊acos(h＊(1－m)/m)))＊cos(f1)＋x1－(a＊a1/(1－m)＊sin(m2＊acos(h＊(1－m)))＋b＊tan(m2＊acos(h＊(1－m))))＊cos(f2)－x2；

w(2)＝(a＊m＊a1/(1－m)＊sin(m1＊acos(h＊(1－m)/m))＋b＊tan(m1＊acos(h＊(1－m)/m)))＊sin(f1)＋y1－(a＊a1/(1－m)＊sin(m2＊acos(h＊(1－m)))＋b＊tan(m2＊acos(h＊(1－m))))＊sin(f2)－y2；

w(3)＝(f＊m＊a1/(1－m)－d/cos(m1＊acos(h＊(1－m)/m)))＊(1－e＊(sin(m1＊acos(h＊(1－m)/m)))＾2)＾0.5－(f＊a1/(1－m)－d/cos(m2＊acos(h＊(1－m))))＊(1－e＊(sin(m2＊acos(h＊(1－m))))＾2)＾0.5；

w(4)＝(a＊a1/(1－m)＊sin(m2＊acos(h＊(1－m)))＋b＊tan(m2＊acos(h＊(1－m))))＊cos(f2)＋x2－(a＊(a1/(1－m)＋a2)＊sin(m3＊acos(g＊(1－m)/(i－m＊a2)))＋b＊tan(m3＊acos(g＊(1－m)/(i－m＊a2))))＊cos(f3)－x3；

w(5)＝(a＊a1/(1－m)＊sin(m2＊acos(h＊(1－m)))＋b＊tan(m2＊acos(h＊(1－m))))＊sin(f2)＋y2－(a＊(a1/(1－m)＋a2)＊sin(m3＊acos(g＊(1－m)/(i－m＊a2)))＋b＊tan(m3＊acos(g＊(1－m)/(i－m＊a2))))＊sin(f3)－y3；

w(6)＝(f＊a1/(1－m)－d/cos(m2＊acos(h＊(1－m))))＊(1－e＊(sin(m2＊acos(h＊(1－m))))＾2)＾0.5－(f＊(a1/(1－m)＋a2)－d/cos(m3＊acos(g＊(1－m)/(i－m＊a2))))＊(1－e＊(sin(m3＊acos(g＊(1－m)/(i－m＊a2))))＾2)＾0.5；

w(7)＝(a＊(a1/(1－m)＋a2)＊sin(m3＊acos(g＊(1－m)/(i－m＊a2)))＋b＊tan(m3＊acos(g＊(1－m)/(i－m＊a2))))＊cos(f3)＋x3－(a＊(a1/(1－m)＋a2＋a3)＊sin(m4＊acos(g＊(1－m)/(j－m＊a2－m＊a3)))＋b＊tan(m4＊acos(g＊(1－m)/(j－m＊a2－m＊a3))))＊cos(f4)－x4；

w(8)＝(a＊(a1/(1－m)＋a2)＊sin(m3＊acos(g＊(1－m)/(i－m＊a2)))＋b＊tan(m3＊acos(g＊(1－m)/(i－m＊a2))))＊sin(f3)＋y3－(a＊(a1/(1－m)＋a2＋a3)＊sin(m4＊acos(g＊(1－m)/(j－m＊a2－m＊a3)))＋b＊tan(m4＊acos(g＊(1－m)/(j－m＊a2－m＊a3))))＊sin(f4)－y4;

w(9)＝(f＊(a1/(1－m)＋a2)－d/cos(m3＊acos(g＊(1－m)/(i－m＊a2))))＊(1－e＊(sin(m3＊acos(g＊(1－m)/(i－m＊a2))))^2)^0.5－(f＊(a1/(1－m)＋a2＋a3)－d/cos(m4＊acos(g＊(1－m)/(j－m＊a2))))＊(1－e＊(sin(m4＊acos(g＊(1－m)/(j－m＊a2－m＊a3))))^2)^0.5;

end

附录C 第6章6.7节数值微震试验Matlab函数体

(1)数值微震试验算例 6.7.4 第(1)部分二层介质中的正反演联用法中,M函数体为

```
function q＝myfun_correct5(p)
m1＝p(1);
n1＝p(2);
m2＝p(3);
n2＝p(4);
m3＝p(5);
n3＝p(6);
a1＝2617.740351;
a2＝2196.603615;
a3＝3146.495529;
b＝－355.5555556;
c1＝1.35694287;
c2＝1.315103567;
c3＝1.393302557;
d＝333.3333333;
e＝2.777777778;
f1＝1570.644211;
f2＝1317.962169;
```

f3＝1887.897317；

q(1)＝(a1 * sin(m1 * c1)＋b * tan(m1 * c1)) * cos(n1)－15875－(a2 * sin(m2 * c2)＋b * tan(m2 * c2)) * cos(n2)＋17875；

q(2)＝(a1 * sin(m1 * c1)＋b * tan(m1 * c1)) * sin(n1)＋4420814－(a2 * sin(m2 * c2)＋b * tan(m2 * c2)) * sin(n2)－4422814；

q(3)＝(f1－d/cos(m1 * c1)) * (1－e * (sin(m1 * c1))^2)^0.5－(f2－d/cos(m2 * c2)) * (1－e * (sin(m2 * c2))^2)^0.5；

q(4)＝(a1 * sin(m1 * c1)＋b * tan(m1 * c1)) * cos(n1)－15875－(a3 * sin(m3 * c3)＋b * tan(m3 * c3)) * cos(n3)＋20255；

q(5)＝(a1 * sin(m1 * c1)＋b * tan(m1 * c1)) * sin(n1)＋4420814－(a3 * sin(m3 * c3)＋b * tan(m3 * c3)) * sin(n3)－4423910；

q(6)＝(f1－d/cos(m1 * c1)) * (1－e * (sin(m1 * c1))^2)^0.5－(f3－d/cos(m3 * c3)) * (1－e * (sin(m3 * c3))^2)^0.5；

end

(2) 数值微震试验算例 6.7.4 第(1)部分四层介质中的正反演联用法中，M 函数体为

function q＝correct05(p)

m1＝p(1)；

n1＝p(2)；

m2＝p(3)；

n2＝p(4)；

m3＝p(5)；

n3＝p(6)；

v1＝1500；

v2＝2500；

v3＝3500；

v4＝4500；

h1＝200；

h2＝200；

h3＝300；

c1＝1.349599608；

c2＝1.29670795；

c3＝1.452335811；

cos1＝0.219397341；

cos2＝0.270669455；

cos3＝0.118183653；

A1＝h1＊v4/v1/cos1；

A2＝h1＊v4/v1/cos2；

A3＝h1＊v4/v1/cos3；

B＝h1/v1；

C＝h2/v2；

D＝h3/v3；

M＝v2/v1；

N＝v3/v1；

P＝v4/v1；

X1＝－13275；

Y1＝4422894；

X2＝－12475；

Y2＝4422014；

X3＝－17275；

Y3＝4421214；

x01＝((A1－v4＊B/cos(m1＊c1)－v4＊C/(1－(M＊sin(m1＊c1))^2)^0.5－v4＊D/(1－(N＊sin(m1＊c1))^2)^0.5)＊P＊sin(m1＊c1)＋h1＊tan(m1＊c1)＋h2＊sin(m1＊c1)/(1/M^2－sin(m1＊c1)^2)^0.5＋h3＊sin(m1＊c1)/(1/N^2－sin(m1＊c1)^2)^0.5)＊cos(n1)＋X1；

x02＝((A2－v4＊B/cos(m2＊c2)－v4＊C/(1－(M＊sin(m2＊c2))^2)^0.5－v4＊D/(1－(N＊sin(m2＊c2))^2)^0.5)＊P＊sin(m2＊c2)＋h1＊tan(m2＊c2)＋h2＊sin(m2＊c2)/(1/M^2－sin(m2＊c2)^2)^0.5＋h3＊sin(m2＊c2)/(1/N^2－sin(m2＊c2)^2)^0.5)＊cos(n2)＋X2；

x03＝((A3－v4＊B/cos(m3＊c3)－v4＊C/(1－(M＊sin(m3＊c3))^2)^0.5－v4＊D/(1－(N＊sin(m3＊c3))^2)^0.5)＊P＊sin(m3＊c3)＋h1＊tan(m3＊c3)＋h2＊sin(m3＊c3)/(1/M^2－sin(m3＊c3)^2)^0.5＋h3＊sin(m3＊c3)/(1/N^2－sin(m3＊c3)^2)^0.5)＊cos(n3)＋X3；

y01＝((A1－v4＊B/cos(m1＊c1)－v4＊C/(1－(M＊sin(m1＊c1))^2)^

0.5－v4 * D/(1－(N * sin(m1 * c1))^2)^0.5) * P * sin(m1 * c1)＋h1 * tan(m1 * c1)＋h2 * sin(m1 * c1)/(1/M^2－sin(m1 * c1)^2)^0.5＋h3 * sin(m1 * c1)/(1/N^2－sin(m1 * c1)^2)^0.5) * sin(n1)＋Y1;

y02＝((A2－v4 * B/cos(m2 * c2)－v4 * C/(1－(M * sin(m2 * c2))^2)^0.5－v4 * D/(1－(N * sin(m2 * c2))^2)^0.5) * P * sin(m2 * c2)＋h1 * tan(m2 * c2)＋h2 * sin(m2 * c2)/(1/M^2－sin(m2 * c2)^2)^0.5＋h3 * sin(m2 * c2)/(1/N^2－sin(m2 * c2)^2)^0.5) * sin(n2)＋Y2;

y03＝((A3－v4 * B/cos(m3 * c3)－v4 * C/(1－(M * sin(m3 * c3))^2)^0.5－v4 * D/(1－(N * sin(m3 * c3))^2)^0.5) * P * sin(m3 * c3)＋h1 * tan(m3 * c3)＋h2 * sin(m3 * c3)/(1/M^2－sin(m3 * c3)^2)^0.5＋h3 * sin(m3 * c3)/(1/N^2－sin(m3 * c3)^2)^0.5) * sin(n3)＋Y3;

z01＝(A1－v4 * B/cos(m1 * c1)－v4 * C/(1－(M * sin(m1 * c1))^2)^0.5－v4 * D/(1－(N * sin(m1 * c1))^2)^0.5) * (1－(P * sin(m1 * c1))^2)^0.5;

z02＝(A2－v4 * B/cos(m2 * c2)－v4 * C/(1－(M * sin(m2 * c2))^2)^0.5－v4 * D/(1－(N * sin(m2 * c2))^2)^0.5) * (1－(P * sin(m2 * c2))^2)^0.5;

z03＝(A3－v4 * B/cos(m3 * c3)－v4 * C/(1－(M * sin(m3 * c3))^2)^0.5－v4 * D/(1－(N * sin(m3 * c3))^2)^0.5) * (1－(P * sin(m3 * c3))^2)^0.5;

q(1)＝x01－x02;

q(2)＝y01－y02;

q(3)＝z01－z02;

q(4)＝x02－x03;

q(5)＝y02－y03;

q(6)＝z02－z03;

end

(3) 数值微震试验算例 6.7.4 第(2)部分二层介质中的波前正演法中,M 函数体为

％a1＝t2－t1

％a2＝t3－t2

％a3＝t4－t3

```
%a=v2 * v2/v1
%b=(1-(v2/v1)^2)h1
%d=(v2/v1) * h1
%e=(v2/v1)^2
%f=v2
%g=h1/v1
%h=h1/v1/a1
%i=a1+a2
%j=a1+a2+a3
function w=equation(p)
m1=p(1);
f1=p(2);
m2=p(3);
f2=p(4);
m3=p(5);
f3=p(6);
m4=p(7);
f4=p(8);
m=p(9);
a=4166.666667;
b=-355.5555556;
d=333.3333333;
e=2.777777778;
f=2500;
g=0.133333333;
h=-1.31918094;
i=0.126901243;
j=0.520462232;
a1=-0.101072817;
a2=0.227974059;
a3=0.393560989;
x1=-13275;
```

y1＝4422894;

x2＝－12315;

y2＝4421934;

x3＝－11675;

y3＝4422814;

x4＝－17275;

y4＝4421214;

w(1)＝(a＊m＊a1/(1－m)＊sin(m1＊acos(h＊(1－m)/m))＋b＊tan(m1＊acos(h＊(1－m)/m)))＊cos(f1)＋x1－(a＊a1/(1－m)＊sin(m2＊acos(h＊(1－m)))＋b＊tan(m2＊acos(h＊(1－m))))＊cos(f2)－x2;

w(2)＝(a＊m＊a1/(1－m)＊sin(m1＊acos(h＊(1－m)/m))＋b＊tan(m1＊acos(h＊(1－m)/m)))＊sin(f1)＋y1－(a＊a1/(1－m)＊sin(m2＊acos(h＊(1－m)))＋b＊tan(m2＊acos(h＊(1－m))))＊sin(f2)－y2;

w(3)＝(f＊m＊a1/(1－m)－d/cos(m1＊acos(h＊(1－m)/m)))＊(1－e＊(sin(m1＊acos(h＊(1－m)/m)))＾2)＾0.5－(f＊a1/(1－m)－d/cos(m2＊acos(h＊(1－m))))＊(1－e＊(sin(m2＊acos(h＊(1－m))))＾2)＾0.5;

w(4)＝(a＊a1/(1－m)＊sin(m2＊acos(h＊(1－m)))＋b＊tan(m2＊acos(h＊(1－m))))＊cos(f2)＋x2－(a＊(a1/(1－m)＋a2)＊sin(m3＊acos(g＊(1－m)/(i－m＊a2)))＋b＊tan(m3＊acos(g＊(1－m)/(i－m＊a2))))＊cos(f3)－x3;

w(5)＝(a＊a1/(1－m)＊sin(m2＊acos(h＊(1－m)))＋b＊tan(m2＊acos(h＊(1－m))))＊sin(f2)＋y2－(a＊(a1/(1－m)＋a2)＊sin(m3＊acos(g＊(1－m)/(i－m＊a2)))＋b＊tan(m3＊acos(g＊(1－m)/(i－m＊a2))))＊sin(f3)－y3;

w(6)＝(f＊a1/(1－m)－d/cos(m2＊acos(h＊(1－m))))＊(1－e＊(sin(m2＊acos(h＊(1－m))))＾2)＾0.5－(f＊(a1/(1－m)＋a2)－d/cos(m3＊acos(g＊(1－m)/(i－m＊a2))))＊(1－e＊(sin(m3＊acos(g＊(1－m)/(i－m＊a2))))＾2)＾0.5;

w(7)＝(a＊(a1/(1－m)＋a2)＊sin(m3＊acos(g＊(1－m)/(i－m＊a2)))＋b＊tan(m3＊acos(g＊(1－m)/(i－m＊a2))))＊cos(f3)＋x3－(a＊(a1/(1－m)＋a2＋a3)＊sin(m4＊acos(g＊(1－m)/(j－m＊a2－m＊a3)))＋b＊tan(m4＊acos(g＊(1－m)/(j－m＊a2－m＊a3))))＊cos(f4)－x4;

$w(8) = (a * (a1/(1-m) + a2) * \sin(m3 * a\cos(g * (1-m)/(i-m * a2))) + b * \tan(m3 * a\cos(g * (1-m)/(i-m * a2)))) * \sin(f3) + y3 - (a * (a1/(1-m) + a2 + a3) * \sin(m4 * a\cos(g * (1-m)/(j-m * a2 - m * a3))) + b * \tan(m4 * a\cos(g * (1-m)/(j-m * a2 - m * a3)))) * \sin(f4) - y4;$

$w(9) = (f * (a1/(1-m) + a2) - d/\cos(m3 * a\cos(g * (1-m)/(i-m * a2)))) * (1 - e * (\sin(m3 * a\cos(g * (1-m)/(i-m * a2))))^2)^{0.5} - (f * (a1/(1-m) + a2 + a3) - d/\cos(m4 * a\cos(g * (1-m)/(j-m * a2)))) * (1 - e * (\sin(m4 * a\cos(g * (1-m)/(j-m * a2 - m * a3))))^2)^{0.5};$

end

(4) 数值微震试验算例 6.7.4 第(2)部分四层介质中的波前正演法中,M 函数体为

```
function w=equation1440(p)
m1=p(1);
f1=p(2);
m2=p(3);
f2=p(4);
m3=p(5);
f3=p(6);
m4=p(7);
f4=p(8);
m=p(9);
b=0.133333333;
c=-1.31918094;
d=0.08;
e=2.777777778;
f=0.085714286;
g=5.444444444;
i=13500;
j=9;
h1=200;
h2=200;
h3=300;
```

v4＝4500；

a1＝－0.101072817；

a2＝0.227974059；

a3＝0.393560989；

x1＝－13275；

y1＝4422894；

x2＝－12315；

y2＝4421934；

x3＝－11675；

y3＝4422814；

x4＝－17275；

y4＝4421214；

w(1)＝((m＊a1/(1－m)－b/cos(m1＊acos(c＊(1－m)/m))－d/(1－e＊(sin(m1＊acos(c＊(1－m)/m)))＾2)＾0.5－f/(1－g＊(sin(m1＊acos(c＊(1－m)/m)))＾2)＾0.5)＊i＊sin(m1＊acos(c＊(1－m)/m))＋h1＊tan(m1＊acos(c＊(1－m)/m))＋h2＊sin(m1＊acos(c＊(1－m)/m))/(1/e－(sin(m1＊acos(c＊(1－m)/m)))＾2)＾0.5＋h3＊sin(m1＊acos(c＊(1－m)/m))/(1/g－(sin(m1＊acos(c＊(1－m)/m)))＾2)＾0.5)＊cos(f1)＋x1－((a1/(1－m)－b/cos(m2＊acos(c＊(1－m)))－d/(1－e＊(sin(m2＊acos(c＊(1－m))))＾2)＾0.5－f/(1－g＊(sin(m2＊acos(c＊(1－m))))＾2)＾0.5)＊i＊sin(m2＊acos(c＊(1－m)))＋h1＊tan(m2＊acos(c＊(1－m)))＋h2＊sin(m2＊acos(c＊(1－m)))/(1/e－(sin(m2＊acos(c＊(1－m))))＾2)＾0.5＋h3＊sin(m2＊acos(c＊(1－m)))/(1/g－(sin(m2＊acos(c＊(1－m))))＾2)＾0.5)＊cos(f2)－x2；

w(2)＝((m＊a1/(1－m)－b/cos(m1＊acos(c＊(1－m)/m))－d/(1－e＊(sin(m1＊acos(c＊(1－m)/m)))＾2)＾0.5－f/(1－g＊(sin(m1＊acos(c＊(1－m)/m)))＾2)＾0.5)＊i＊sin(m1＊acos(c＊(1－m)/m))＋h1＊tan(m1＊acos(c＊(1－m)/m))＋h2＊sin(m1＊acos(c＊(1－m)/m))/(1/e－(sin(m1＊acos(c＊(1－m)/m)))＾2)＾0.5＋h3＊sin(m1＊acos(c＊(1－m)/m))/(1/g－(sin(m1＊acos(c＊(1－m)/m)))＾2)＾0.5)＊sin(f1)＋y1－((a1/(1－m)－b/cos(m2＊acos(c＊(1－m)))－d/(1－e＊(sin(m2＊acos(c＊(1－m))))＾2)＾0.5－f/(1－g＊(sin(m2＊acos(c＊(1－m))))＾2)＾0.5)＊i＊sin(m2＊acos(c＊(1－m)))＋h1＊tan(m2＊acos(c＊(1－m)))＋h2＊sin(m2＊acos(c＊

$(1-m)))/(1/e-(\sin(m2*a\cos(c*(1-m))))^2)^0.5+h3*\sin(m2*a\cos(c*(1-m)))/(1/g-(\sin(m2*a\cos(c*(1-m))))^2)^0.5)*\sin(f2)-y2;$

$w(3)=(m*a1/(1-m)-b/\cos(m1*a\cos(c*(1-m)/m))-d/(1-e*(\sin(m1*a\cos(c*(1-m)/m)))^2)^0.5-f/(1-g*(\sin(m1*a\cos(c*(1-m)/m)))^2)^0.5)*v4*(1-j*(\sin(m1*a\cos(c*(1-m)/m)))^2)^0.5-(a1/(1-m)-b/\cos(m2*a\cos(c*(1-m)))-d/(1-e*(\sin(m2*a\cos(c*(1-m))))^2)^0.5-f/(1-g*(\sin(m2*a\cos(c*(1-m))))^2)^0.5)*v4*(1-j*(\sin(m2*a\cos(c*(1-m))))^2)^0.5;$

$w(4)=((a1/(1-m)-b/\cos(m2*a\cos(c*(1-m)))-d/(1-e*(\sin(m2*a\cos(c*(1-m))))^2)^0.5-f/(1-g*(\sin(m2*a\cos(c*(1-m))))^2)^0.5)*i*\sin(m2*a\cos(c*(1-m)))+h1*\tan(m2*a\cos(c*(1-m)))+h2*\sin(m2*a\cos(c*(1-m)))/(1/e-(\sin(m2*a\cos(c*(1-m))))^2)^0.5+h3*\sin(m2*a\cos(c*(1-m)))/(1/g-(\sin(m2*a\cos(c*(1-m))))^2)^0.5)*\cos(f2)+x2-(((a1+a2-m*a2)/(1-m)-b/\cos(m3*a\cos(b*(1-m)/(a1+a2-m*a2)))-d/(1-e*(\sin(m3*a\cos(b*(1-m)/(a1+a2-m*a2))))^2)^0.5-f/(1-g*(\sin(m3*a\cos(b*(1-m)/(a1+a2-m*a2))))^2)^0.5)*i*\sin(m3*a\cos(b*(1-m)/(a1+a2-m*a2)))+h1*\tan(m3*a\cos(b*(1-m)/(a1+a2-m*a2)))+h2*\sin(m3*a\cos(b*(1-m)/(a1+a2-m*a2)))/(1/e-(\sin(m3*a\cos(b*(1-m)/(a1+a2-m*a2))))^2)^0.5+h3*\sin(m3*a\cos(b*(1-m)/(a1+a2-m*a2)))/(1/g-(\sin(m3*a\cos(b*(1-m)/(a1+a2-m*a2))))^2)^0.5)*\cos(f3)-x3;$

$w(5)=((a1/(1-m)-b/\cos(m2*a\cos(c*(1-m)))-d/(1-e*(\sin(m2*a\cos(c*(1-m))))^2)^0.5-f/(1-g*(\sin(m2*a\cos(c*(1-m))))^2)^0.5)*i*\sin(m2*a\cos(c*(1-m)))+h1*\tan(m2*a\cos(c*(1-m)))+h2*\sin(m2*a\cos(c*(1-m)))/(1/e-(\sin(m2*a\cos(c*(1-m))))^2)^0.5+h3*\sin(m2*a\cos(c*(1-m)))/(1/g-(\sin(m2*a\cos(c*(1-m))))^2)^0.5)*\sin(f2)+y2-(((a1+a2-m*a2)/(1-m)-b/\cos(m3*a\cos(b*(1-m)/(a1+a2-m*a2)))-d/(1-e*(\sin(m3*a\cos(b*(1-m)/(a1+a2-m*a2))))^2)^0.5-f/(1-g*(\sin(m3*a\cos(b*(1-m)/(a1+a2-m*a2))))^2)^0.5)*i*\sin(m3*a\cos(b*(1-m)/(a1+a2-m*a2)))+h1*\tan(m3*a\cos(b*(1-m)/(a1+a2-m*a2)))+h2*\sin$

(m3 * acos(b * (1－m)/(a1＋a2－m * a2)))/(1/e－(sin(m3 * acos(b * (1－m)/(a1＋a2－m * a2))))^2)^0.5＋h3 * sin(m3 * acos(b * (1－m)/(a1＋a2－m * a2)))/(1/g－(sin(m3 * acos(b * (1－m)/(a1＋a2－m * a2))))^2)^0.5) * sin(f3)－y3;

　　w(6)＝(a1/(1－m)－b/cos(m2 * acos(c * (1－m)))－d/(1－e * (sin(m2 * acos(c * (1－m))))^2)^0.5－f/(1－g * (sin(m2 * acos(c * (1－m))))^2)^0.5) * v4 * (1－j * (sin(m2 * acos(c * (1－m))))^2)^0.5－((a1＋a2－m * a2)/(1－m)－b/cos(m3 * acos(b * (1－m)/(a1＋a2－m * a2)))－d/(1－e * (sin(m3 * acos(b * (1－m)/(a1＋a2－m * a2))))^2)^0.5－f/(1－g * (sin(m3 * acos(b * (1－m)/(a1＋a2－m * a2))))^2)^0.5) * v4 * (1－j * (sin(m3 * acos(b * (1－m)/(a1＋a2－m * a2))))^2)^0.5;

　　w(7)＝(((a1＋a2－m * a2)/(1－m)－b/cos(m3 * acos(b * (1－m)/(a1＋a2－m * a2)))－d/(1－e * (sin(m3 * acos(b * (1－m)/(a1＋a2－m * a2))))^2)^0.5－f/(1－g * (sin(m3 * acos(b * (1－m)/(a1＋a2－m * a2))))^2)^0.5) * i * sin(m3 * acos(b * (1－m)/(a1＋a2－m * a2)))＋h1 * tan(m3 * acos(b * (1－m)/(a1＋a2－m * a2)))＋h2 * sin(m3 * acos(b * (1－m)/(a1＋a2－m * a2)))/(1/e－(sin(m3 * acos(b * (1－m)/(a1＋a2－m * a2))))^2)^0.5＋h3 * sin(m3 * acos(b * (1－m)/(a1＋a2－m * a2)))/(1/g－(sin(m3 * acos(b * (1－m)/(a1＋a2－m * a2))))^2)^0.5) * cos(f3)＋x3－(((a1＋a2＋a3－m * a2－m * a3)/(1－m)－b/cos(m4 * acos(b * (1－m)/(a1＋a2＋a3－m * a2－m * a3)))－d/(1－e * (sin(m4 * acos(b * (1－m)/(a1＋a2＋a3－m * a2－m * a3))))^2)^0.5－f/(1－g * (sin(m4 * acos(b * (1－m)/(a1＋a2＋a3－m * a2－m * a3))))^2)^0.5) * i * sin(m4 * acos(b * (1－m)/(a1＋a2＋a3－m * a2－m * a3)))＋h1 * tan(m4 * acos(b * (1－m)/(a1＋a2＋a3－m * a2－m * a3)))＋h2 * sin(m4 * acos(b * (1－m)/(a1＋a2＋a3－m * a2－m * a3)))/(1/e－(sin(m4 * acos(b * (1－m)/(a1＋a2＋a3－m * a2－m * a3))))^2)^0.5＋h3 * sin(m4 * acos(b * (1－m)/(a1＋a2＋a3－m * a2－m * a3)))/(1/g－(sin(m4 * acos(b * (1－m)/(a1＋a2＋a3－m * a2－m * a3))))^2)^0.5) * cos(f4)－x4;

　　w(8)＝(((a1＋a2－m * a2)/(1－m)－b/cos(m3 * acos(b * (1－m)/(a1＋a2－m * a2)))－d/(1－e * (sin(m3 * acos(b * (1－m)/(a1＋a2－m * a2))))^2)^0.5－f/(1－g * (sin(m3 * acos(b * (1－m)/(a1＋a2－m *

a2))))^2)^0.5)*i*sin(m3*acos(b*(1−m)/(a1+a2−m*a2)))+h1*
tan(m3*acos(b*(1−m)/(a1+a2−m*a2)))+h2*sin(m3*acos(b*(1−
m)/(a1+a2−m*a2)))/(1/e−(sin(m3*acos(b*(1−m)/(a1+a2−m*
a2))))^2)^0.5+h3*sin(m3*acos(b*(1−m)/(a1+a2−m*a2)))/(1/g−
(sin(m3*acos(b*(1−m)/(a1+a2−m*a2))))^2)^0.5)*sin(f3)+y3−
(((a1+a2+a3−m*a2−m*a3)/(1−m)−b/cos(m4*acos(b*(1−m)/(a1
+a2+a3−m*a2−m*a3)))−d/(1−e*(sin(m4*acos(b*(1−m)/(a1+
a2+a3−m*a2−m*a3))))^2)^0.5−f/(1−g*(sin(m4*acos(b*(1−m)/
(a1+a2+a3−m*a2−m*a3))))^2)^0.5)*i*sin(m4*acos(b*(1−m)/
(a1+a2+a3−m*a2−m*a3)))+h1*tan(m4*acos(b*(1−m)/(a1+a2+
a3−m*a2−m*a3)))+h2*sin(m4*acos(b*(1−m)/(a1+a2+a3−m*
a2−m*a3)))/(1/e−(sin(m4*acos(b*(1−m)/(a1+a2+a3−m*a2−m*
a3))))^2)^0.5+h3*sin(m4*acos(b*(1−m)/(a1+a2+a3−m*a2−m*
a3)))/(1/g−(sin(m4*acos(b*(1−m)/(a1+a2+a3−m*a2−m*a3))))^
2)^0.5)*sin(f4)−y4；

　　w(9)=((a1+a2−m*a2)/(1−m)−b/cos(m3*acos(b*(1−m)/(a1+a2−
m*a2)))−d/(1−e*(sin(m3*acos(b*(1−m)/(a1+a2−m*a2))))^2)^
0.5−f/(1−g*(sin(m3*acos(b*(1−m)/(a1+a2−m*a2))))^2)^0.5)*v4*
(1−j*(sin(m3*acos(b*(1−m)/(a1+a2−m*a2))))^2)^0.5−((a1+a2+
a3−m*a2−m*a3)/(1−m)−b/cos(m4*acos(b*(1−m)/(a1+a2+a3−m*
a2−m*a3)))−d/(1−e*(sin(m4*acos(b*(1−m)/(a1+a2+a3−m*a2−
m*a3))))^2)^0.5−f/(1−g*(sin(m4*acos(b*(1−m)/(a1+a2+a3−m*
a2−m*a3))))^2)^0.5)*v4*(1−j*(sin(m4*acos(b*(1−m)/(a1+a2+
a3−m*a2−m*a3))))^2)^0.5；

　　end

附录 D　第 6 章 6.8 节数值微震试验 Matlab 函数体

(1) 数值微震试验算例 6.8.2 二层倾斜介质中的波前正演法中，M 函数体为
function w=equation(p)
m1=p(1)；
f1=p(2)；

m2＝p(3)；

f2＝p(4)；

m3＝p(5)；

f3＝p(6)；

m4＝p(7)；

f4＝p(8)；

m＝p(9)；

a＝8000；

b1＝－2575.735931；

b2＝－539.2684015；

b3＝－30.15151902；

b4＝－11061.01731；

d1＝1717.157288；

d2＝359.5122676；

d3＝20.10101268；

d4＝7374.011537；

e＝4；

f＝4000；

g3＝0.005025253；

g4＝1.843502884；

h1＝－1.733359657；

h2＝－0.362904473；

i＝－0.213614421；

j＝0.997127303；

a1＝－0.247663155；

a2＝0.034048734；

a3＝1.210741724；

x1＝141.4213562；

y1＝2080；

x2＝820.2438662；

y2＝1120；

x3＝989.9494937；

y3＝2000；

x4＝－2687.005769；

y4＝400；

w(1)＝(a * m * a1/(1－m) * sin(m1 * acos(h1 * (1－m)/m))＋b1 * tan(m1 * acos(h1 * (1－m)/m))) * cos(f1)＋x1－(a * a1/(1－m) * sin(m2 * acos(h2 * (1－m)))＋b2 * tan(m2 * acos(h2 * (1－m)))) * cos(f2)－x2；

w(2)＝(a * m * a1/(1－m) * sin(m1 * acos(h1 * (1－m)/m))＋b1 * tan(m1 * acos(h1 * (1－m)/m))) * sin(f1)＋y1－(a * a1/(1－m) * sin(m2 * acos(h2 * (1－m)))＋b2 * tan(m2 * acos(h2 * (1－m)))) * sin(f2)－y2；

w(3)＝(f * m * a1/(1－m)－d1/cos(m1 * acos(h1 * (1－m)/m))) * (1－e * (sin(m1 * acos(h1 * (1－m)/m)))^2)^0.5－(f * a1/(1－m)－d2/cos(m2 * acos(h2 * (1－m)))) * (1－e * (sin(m2 * acos(h2 * (1－m))))^2)^0.5；

w(4)＝(a * a1/(1－m) * sin(m2 * acos(h2 * (1－m)))＋b2 * tan(m2 * acos(h2 * (1－m)))) * cos(f2)＋x2－(a * (a1/(1－m)＋a2) * sin(m3 * acos(g3 * (1－m)/(i－m * a2)))＋b3 * tan(m3 * acos(g3 * (1－m)/(i－m * a2)))) * cos(f3)－x3；

w(5)＝(a * a1/(1－m) * sin(m2 * acos(h2 * (1－m)))＋b2 * tan(m2 * acos(h2 * (1－m)))) * sin(f2)＋y2－(a * (a1/(1－m)＋a2) * sin(m3 * acos(g3 * (1－m)/(i－m * a2)))＋b3 * tan(m3 * acos(g3 * (1－m)/(i－m * a2)))) * sin(f3)－y3；

w(6)＝(f * a1/(1－m)－d2/cos(m2 * acos(h2 * (1－m)))) * (1－e * (sin(m2 * acos(h2 * (1－m))))^2)^0.5－(f * (a1/(1－m)＋a2)－d3/cos(m3 * acos(g3 * (1－m)/(i－m * a2)))) * (1－e * (sin(m3 * acos(g3 * (1－m)/(i－m * a2))))^2)^0.5；

w(7)＝(a * (a1/(1－m)＋a2) * sin(m3 * acos(g3 * (1－m)/(i－m * a2)))＋b3 * tan(m3 * acos(g3 * (1－m)/(i－m * a2)))) * cos(f3)＋x3－(a * (a1/(1－m)＋a2＋a3) * sin(m4 * acos(g4 * (1－m)/(j－m * a2－m * a3)))＋b4 * tan(m4 * acos(g4 * (1－m)/(j－m * a2－m * a3)))) * cos(f4)－x4；

w(8)＝(a * (a1/(1－m)＋a2) * sin(m3 * acos(g3 * (1－m)/(i－m * a2)))＋b3 * tan(m3 * acos(g3 * (1－m)/(i－m * a2)))) * sin(f3)＋y3－(a * (a1/(1－m)＋a2＋a3) * sin(m4 * acos(g4 * (1－m)/(j－m * a2－m * a3)))＋

b4 * tan(m4 * acos(g4 * (1－m)/(j－m * a2－m * a3)))) * sin(f4)－y4；

w(9)＝(f * (a1/(1－m)＋a2)－d3/cos(m3 * acos(g3 * (1－m)/(i－m * a2)))) * (1－e * (sin(m3 * acos(g3 * (1－m)/(i－m * a2))))^2)^0.5－(f * (a1/(1－m)＋a2＋a3)－d4/cos(m4 * acos(g4 * (1－m)/(j－m * a2－m * a3)))) * (1－e * (sin(m4 * acos(g4 * (1－m)/(j－m * a2－m * a3))))^2)^0.5；

end

（2）数值微震试验算例 6.8.3 四层倾斜介质中的波前正演法中，M 函数体为

function w＝equation5(p)

m1＝p(1)；

f1＝p(2)；

m2＝p(3)；

f2＝p(4)；

m3＝p(5)；

f3＝p(6)；

m4＝p(7)；

f4＝p(8)；

m＝p(9)；

b1＝0.848528137；

b2＝0.395979797；

b3＝0.282842712；

b4＝2.734146221；

c1＝－2.430396278；

c2＝－1.13418493；

c3＝－0.810132093；

c4＝－7.831276895；

d＝0.141421356；

e＝2.777777778；

f＝0.202030509；

g＝5.444444444；

i＝13500；

j＝9；

h11＝1272.792206；

h12＝593.9696962；

h13＝424.2640687；

h14＝4101.219331；

h2＝353.5533906；

h3＝707.1067812；

v4＝4500；

a1＝－0.349131598；

a2＝－0.02510707；

a3＝1.666829058；

x1＝141.4213562；

y1＝2080；

x2＝820.2438662；

y2＝1120；

x3＝989.9494937；

y3＝2000；

x4＝－2687.005769；

y4＝400；

w(1)＝((m＊a1/(1－m)－b1/cos(m1＊acos(c1＊(1－m)/m))－d/(1－e＊(sin(m1＊acos(c1＊(1－m)/m)))＾2)＾0.5－f/(1－g＊(sin(m1＊acos(c1＊(1－m)/m)))＾2)＾0.5)＊i＊sin(m1＊acos(c1＊(1－m)/m))＋h11＊tan(m1＊acos(c1＊(1－m)/m))＋h2＊sin(m1＊acos(c1＊(1－m)/m))/(1/e－(sin(m1＊acos(c1＊(1－m)/m)))＾2)＾0.5＋h3＊sin(m1＊acos(c1＊(1－m)/m))/(1/g－(sin(m1＊acos(c1＊(1－m)/m)))＾2)＾0.5)＊cos(f1)＋x1－((a1/(1－m)－b2/cos(m2＊acos(c2＊(1－m)))－d/(1－e＊(sin(m2＊acos(c2＊(1－m))))＾2)＾0.5－f/(1－g＊(sin(m2＊acos(c2＊(1－m))))＾2)＾0.5)＊i＊sin(m2＊acos(c2＊(1－m)))＋h12＊tan(m2＊acos(c2＊(1－m)))＋h2＊sin(m2＊acos(c2＊(1－m)))/(1/e－(sin(m2＊acos(c2＊(1－m))))＾2)＾0.5＋h3＊sin(m2＊acos(c2＊(1－m)))/(1/g－(sin(m2＊acos(c2＊(1－m))))＾2)＾0.5)＊cos(f2)－x2；

w(2)＝((m＊a1/(1－m)－b1/cos(m1＊acos(c1＊(1－m)/m))－d/(1－e＊(sin(m1＊acos(c1＊(1－m)/m)))＾2)＾0.5－f/(1－g＊(sin(m1＊acos(c1＊(1－m)/m)))＾2)＾0.5)＊i＊sin(m1＊acos(c1＊(1－m)/m))＋h11＊tan

$(m1 * acos(c1 * (1-m)/m)) + h2 * sin(m1 * acos(c1 * (1-m)/m))/(1/e - (sin(m1 * acos(c1 * (1-m)/m)))^2)^0.5 + h3 * sin(m1 * acos(c1 * (1-m)/m))/(1/g - (sin(m1 * acos(c1 * (1-m)/m)))^2)^0.5) * sin(f1) + y1 - ((a1/(1-m) - b2/cos(m2 * acos(c2 * (1-m))) - d/(1-e * (sin(m2 * acos(c2 * (1-m))))^2)^0.5 - f/(1-g * (sin(m2 * acos(c2 * (1-m))))^2)^0.5) * i * sin(m2 * acos(c2 * (1-m))) + h12 * tan(m2 * acos(c2 * (1-m))) + h2 * sin(m2 * acos(c2 * (1-m)))/(1/e - (sin(m2 * acos(c2 * (1-m))))^2)^0.5 + h3 * sin(m2 * acos(c2 * (1-m)))/(1/g - (sin(m2 * acos(c2 * (1-m))))^2)^0.5) * sin(f2) - y2;$

$w(3) = (m * a1/(1-m) - b1/cos(m1 * acos(c1 * (1-m)/m)) - d/(1-e * (sin(m1 * acos(c1 * (1-m)/m)))^2)^0.5 - f/(1-g * (sin(m1 * acos(c1 * (1-m)/m)))^2)^0.5) * v4 * (1-j * (sin(m1 * acos(c1 * (1-m)/m)))^2)^0.5 - (a1/(1-m) - b2/cos(m2 * acos(c2 * (1-m))) - d/(1-e * (sin(m2 * acos(c2 * (1-m))))^2)^0.5 - f/(1-g * (sin(m2 * acos(c2 * (1-m))))^2)^0.5) * v4 * (1-j * (sin(m2 * acos(c2 * (1-m))))^2)^0.5;$

$w(4) = ((a1/(1-m) - b2/cos(m2 * acos(c2 * (1-m))) - d/(1-e * (sin(m2 * acos(c2 * (1-m))))^2)^0.5 - f/(1-g * (sin(m2 * acos(c2 * (1-m))))^2)^0.5) * i * sin(m2 * acos(c2 * (1-m))) + h12 * tan(m2 * acos(c2 * (1-m))) + h2 * sin(m2 * acos(c2 * (1-m)))/(1/e - (sin(m2 * acos(c2 * (1-m))))^2)^0.5 + h3 * sin(m2 * acos(c2 * (1-m)))/(1/g - (sin(m2 * acos(c2 * (1-m))))^2)^0.5) * cos(f2) + x2 - (((a1+a2-m * a2)/(1-m) - b3/cos(m3 * acos(b3 * (1-m)/(a1+a2-m * a2))) - d/(1-e * (sin(m3 * acos(b3 * (1-m)/(a1+a2-m * a2))))^2)^0.5 - f/(1-g * (sin(m3 * acos(b3 * (1-m)/(a1+a2-m * a2))))^2)^0.5) * i * sin(m3 * acos(b3 * (1-m)/(a1+a2-m * a2))) + h13 * tan(m3 * acos(b3 * (1-m)/(a1+a2-m * a2))) + h2 * sin(m3 * acos(b3 * (1-m)/(a1+a2-m * a2)))/(1/e - (sin(m3 * acos(b3 * (1-m)/(a1+a2-m * a2))))^2)^0.5 + h3 * sin(m3 * acos(b3 * (1-m)/(a1+a2-m * a2)))/(1/g - (sin(m3 * acos(b3 * (1-m)/(a1+a2-m * a2))))^2)^0.5) * cos(f3) - x3;$

$w(5) = ((a1/(1-m) - b2/cos(m2 * acos(c2 * (1-m))) - d/(1-e * (sin(m2 * acos(c2 * (1-m))))^2)^0.5 - f/(1-g * (sin(m2 * acos(c2 * (1-m))))^2)^0.5) * i * sin(m2 * acos(c2 * (1-m))) + h12 * tan(m2 * acos(c2 *$

$(1-m)))+h2*\sin(m2*\operatorname{acos}(c2*(1-m))))/(1/e-(\sin(m2*\operatorname{acos}(c2*(1-m))))^2)^0.5+h3*\sin(m2*\operatorname{acos}(c2*(1-m))))/(1/g-(\sin(m2*\operatorname{acos}(c2*(1-m))))^2)^0.5)*\sin(f2)+y2-(((a1+a2-m*a2)/(1-m)-b3/\cos(m3*\operatorname{acos}(b3*(1-m)/(a1+a2-m*a2)))-d/(1-e*(\sin(m3*\operatorname{acos}(b3*(1-m)/(a1+a2-m*a2))))^2)^0.5-f/(1-g*(\sin(m3*\operatorname{acos}(b3*(1-m)/(a1+a2-m*a2))))^2)^0.5)*i*\sin(m3*\operatorname{acos}(b3*(1-m)/(a1+a2-m*a2)))+h13*\tan(m3*\operatorname{acos}(b3*(1-m)/(a1+a2-m*a2)))+h2*\sin(m3*\operatorname{acos}(b3*(1-m)/(a1+a2-m*a2)))/(1/e-(\sin(m3*\operatorname{acos}(b3*(1-m)/(a1+a2-m*a2))))^2)^0.5+h3*\sin(m3*\operatorname{acos}(b3*(1-m)/(a1+a2-m*a2)))/(1/g-(\sin(m3*\operatorname{acos}(b3*(1-m)/(a1+a2-m*a2))))^2)^0.5)*\sin(f3)-y3;$

$w(6)=(a1/(1-m)-b2/\cos(m2*\operatorname{acos}(c2*(1-m)))-d/(1-e*(\sin(m2*\operatorname{acos}(c2*(1-m))))^2)^0.5-f/(1-g*(\sin(m2*\operatorname{acos}(c2*(1-m))))^2)^0.5)*v4*(1-j*(\sin(m2*\operatorname{acos}(c2*(1-m))))^2)^0.5-((a1+a2-m*a2)/(1-m)-b3/\cos(m3*\operatorname{acos}(b3*(1-m)/(a1+a2-m*a2)))-d/(1-e*(\sin(m3*\operatorname{acos}(b3*(1-m)/(a1+a2-m*a2))))^2)^0.5-f/(1-g*(\sin(m3*\operatorname{acos}(b3*(1-m)/(a1+a2-m*a2))))^2)^0.5)*v4*(1-j*(\sin(m3*\operatorname{acos}(b3*(1-m)/(a1+a2-m*a2))))^2)^0.5;$

$w(7)=(((a1+a2-m*a2)/(1-m)-b3/\cos(m3*\operatorname{acos}(b3*(1-m)/(a1+a2-m*a2)))-d/(1-e*(\sin(m3*\operatorname{acos}(b3*(1-m)/(a1+a2-m*a2))))^2)^0.5-f/(1-g*(\sin(m3*\operatorname{acos}(b3*(1-m)/(a1+a2-m*a2))))^2)^0.5)*i*\sin(m3*\operatorname{acos}(b3*(1-m)/(a1+a2-m*a2)))+h13*\tan(m3*\operatorname{acos}(b3*(1-m)/(a1+a2-m*a2)))+h2*\sin(m3*\operatorname{acos}(b3*(1-m)/(a1+a2-m*a2)))/(1/e-(\sin(m3*\operatorname{acos}(b3*(1-m)/(a1+a2-m*a2))))^2)^0.5+h3*\sin(m3*\operatorname{acos}(b3*(1-m)/(a1+a2-m*a2)))/(1/g-(\sin(m3*\operatorname{acos}(b3*(1-m)/(a1+a2-m*a2))))^2)^0.5)*\cos(f3)+x3-(((a1+a2+a3-m*a2-m*a3)/(1-m)-b4/\cos(m4*\operatorname{acos}(b4*(1-m)/(a1+a2+a3-m*a2-m*a3)))-d/(1-e*(\sin(m4*\operatorname{acos}(b4*(1-m)/(a1+a2+a3-m*a2-m*a3))))^2)^0.5-f/(1-g*(\sin(m4*\operatorname{acos}(b4*(1-m)/(a1+a2+a3-m*a2-m*a3))))^2)^0.5)*i*\sin(m4*\operatorname{acos}(b4*(1-m)/(a1+a2+a3-m*a2-m*a3)))+h14*\tan(m4*\operatorname{acos}(b4*(1-m)/(a1+a2+a3-m*a2-m*a3)))+h2*\sin(m4*\operatorname{acos}$

$(b4*(1-m)/(a1+a2+a3-m*a2-m*a3)))/(1/e-(\sin(m4*a\cos(b4*(1-m)/(a1+a2+a3-m*a2-m*a3))))^2)^0.5+h3*\sin(m4*a\cos(b4*(1-m)/(a1+a2+a3-m*a2-m*a3)))/(1/g-(\sin(m4*a\cos(b4*(1-m)/(a1+a2+a3-m*a2-m*a3))))^2)^0.5)*\cos(f4)-x4;$

$w(8)=(((a1+a2-m*a2)/(1-m)-b3/\cos(m3*a\cos(b3*(1-m)/(a1+a2-m*a2)))-d/(1-e*(\sin(m3*a\cos(b3*(1-m)/(a1+a2-m*a2))))^2)^0.5-f/(1-g*(\sin(m3*a\cos(b3*(1-m)/(a1+a2-m*a2))))^2)^0.5)*i*\sin(m3*a\cos(b3*(1-m)/(a1+a2-m*a2)))+h13*\tan(m3*a\cos(b3*(1-m)/(a1+a2-m*a2)))+h2*\sin(m3*a\cos(b3*(1-m)/(a1+a2-m*a2)))/(1/e-(\sin(m3*a\cos(b3*(1-m)/(a1+a2-m*a2))))^2)^0.5+h3*\sin(m3*a\cos(b3*(1-m)/(a1+a2-m*a2)))/(1/g-(\sin(m3*a\cos(b3*(1-m)/(a1+a2-m*a2))))^2)^0.5)*\sin(f3)+y3-(((a1+a2+a3-m*a2-m*a3)/(1-m)-b4/\cos(m4*a\cos(b4*(1-m)/(a1+a2+a3-m*a2-m*a3)))-d/(1-e*(\sin(m4*a\cos(b4*(1-m)/(a1+a2+a3-m*a2-m*a3))))^2)^0.5-f/(1-g*(\sin(m4*a\cos(b4*(1-m)/(a1+a2+a3-m*a2-m*a3))))^2)^0.5)*i*\sin(m4*a\cos(b4*(1-m)/(a1+a2+a3-m*a2-m*a3)))+h14*\tan(m4*a\cos(b4*(1-m)/(a1+a2+a3-m*a2-m*a3)))+h2*\sin(m4*a\cos(b4*(1-m)/(a1+a2+a3-m*a2-m*a3)))/(1/e-(\sin(m4*a\cos(b4*(1-m)/(a1+a2+a3-m*a2-m*a3))))^2)^0.5+h3*\sin(m4*a\cos(b4*(1-m)/(a1+a2+a3-m*a2-m*a3)))/(1/g-(\sin(m4*a\cos(b4*(1-m)/(a1+a2+a3-m*a2-m*a3))))^2)^0.5)*\sin(f4)-y4;$

$w(9)=((a1+a2-m*a2)/(1-m)-b3/\cos(m3*a\cos(b3*(1-m)/(a1+a2-m*a2)))-d/(1-e*(\sin(m3*a\cos(b3*(1-m)/(a1+a2-m*a2))))^2)^0.5-f/(1-g*(\sin(m3*a\cos(b3*(1-m)/(a1+a2-m*a2))))^2)^0.5)*v4*(1-j*(\sin(m3*a\cos(b3*(1-m)/(a1+a2-m*a2))))^2)^0.5-((a1+a2+a3-m*a2-m*a3)/(1-m)-b4/\cos(m4*a\cos(b4*(1-m)/(a1+a2+a3-m*a2-m*a3)))-d/(1-e*(\sin(m4*a\cos(b4*(1-m)/(a1+a2+a3-m*a2-m*a3))))^2)^0.5-f/(1-g*(\sin(m4*a\cos(b4*(1-m)/(a1+a2+a3-m*a2-m*a3))))^2)^0.5)*v4*(1-j*(\sin(m4*a\cos(b4*(1-m)/(a1+a2+a3-m*a2-m*a3))))^2)^0.5;$

end